普通高等院校计算机类专业规划教材·精品系列
江西省普通高校第五届优秀教材二等奖

数字逻辑

SHUZI LUOJI

(第四版)

殷 华 华 晶◎主 编
董利宏 杨小玲 王嘉旸◎副主编

中国铁道出版社有限公司
CHINA RAILWAY PUBLISHING HOUSE CO., LTD.

内 容 简 介

本书是江西省高等学校"数字逻辑"精品课程教材,全书分为两部分。第一部分是基础理论,主要包括数字电路基础、逻辑代数和逻辑函数化简、组合逻辑电路、触发器、时序逻辑电路、半导体存储器和可编程逻辑器件、数/模和模/数转换电路、脉冲波形的产生和变换、EDA 设计与数字系统综合实例等 9 章,学时数约 40 学时;第二部分是实验指导,设计了 10 个实验,学时数约 16 学时。

本书是作者在长期从事"数字逻辑"课程教学经验总结的基础上编写而成的,做到了精选教学内容,突出数字逻辑的分析方法和数字集成器件逻辑功能分析,具有概念清晰、重点突出、难点分散、简明易懂和实用等特点。为了帮助学生掌握本书的核心内容,本书从培养学生学习能力出发,把每节的重点教学内容精心设计成思考题,并配有适量的例题和习题供学生学习与训练。

本书适合作为高等院校计算机科学与技术、软件工程等信息类专业和相近专业"数字逻辑"课程的教材,也可作为相关读者学习"数字逻辑"课程的自学用书。

图书在版编目（CIP）数据

数字逻辑 / 殷华, 华晶主编. -- 4 版. -- 北京：中国铁道出版社有限公司, 2025. 1. -- （普通高等院校计算机类专业规划教材）. -- ISBN 978-7-113-31818-5

Ⅰ. TP302.2

中国国家版本馆 CIP 数据核字第 20242035HC 号

书　　名：	数字逻辑
作　　者：	殷　华　华　晶

策　　划：	曹莉群	编辑部电话：	(010) 63549501
责任编辑：	贾　星　包　宁		
封面设计：	刘　颖		
责任校对：	苗　丹		
责任印制：	赵星辰		

出版发行：中国铁道出版社有限公司（100054，北京市西城区右安门西街 8 号）
网　　址：https://www.tdpress.com/51eds
印　　刷：河北宝昌佳彩印刷有限公司
版　　次：2010 年 8 月第 1 版　2025 年 1 月第 4 版　2025 年 1 月第 1 次印刷
开　　本：787mm×1 092mm　1/16　印张：16.25　字数：404 千
书　　号：ISBN 978-7-113-31818-5
定　　价：49.80 元

版权所有　侵权必究

凡购买铁道版图书,如有印制质量问题,请与本社教材图书营销部联系调换。电话：(010) 63550836
打击盗版举报电话：(010) 63549461

第四版前言

本书是江西省高等学校"数字逻辑"精品课程教材,第一版于2013年获江西省普通高校第五届优秀教材二等奖。

"数字逻辑"(数字逻辑电路)课程是计算机科学与技术、软件工程等电气信息类本科专业的必修主干课程,在专业课程体系中是系列硬件课程的先修课。根据上述专业的人才培养目标,以培养学生能力为宗旨,本书力求做到与时俱进,精选教学内容,通俗易懂,适于读者自学,使读者掌握数字逻辑的基本知识、基本分析方法的同时具备应用数字集成芯片设计逻辑电路的能力。本次修订编者主要做了以下工作:

(1)增加了第1章中"进制的转换"相关内容。

(2)增加了4.3节"主从RS触发器、维持阻塞D触发器"等内容。

(3)增加了5.2.4小节"时序逻辑电路的基本设计方法"。

(4)增加了第8章"脉冲波形的产生和变换"。

(5)增加了第二部分"实验指导"。

(6)更新了所有习题,并给出了相应的参考答案。

本书具有内容精练、知识点全面、易读易懂、理论结合实际等特色,可培养读者具备初步设计数字系统的能力。

本书由江西农业大学殷华、华晶主编,董利宏、杨小玲、王嘉旸任副主编。具体编写分工如下:第2、4、6章由殷华编写,第1、3章由华晶编写,第5、7章由董利宏编写,第8章由杨小玲编写,第9章由王嘉旸编写,全书由殷华统稿。对于第四版的修订工作,何火娇教授给出了宝贵的意见,同时也得到江西农业大学软件学院、计算机与信息工程学院、工学院、教务处和中国铁道出版社有限公司的大力支持,在此表示衷心的感谢!

限于编者水平,书中难免存在疏漏和不足,敬请广大读者批评指正。编者邮箱:youki1234@163.com。

编 者
2024年9月

第一版前言

本书是江西省高等学校数字逻辑精品课程教材,学时数为 54~60。

数字逻辑课程是计算机科学与技术、软件工程等电气信息类专业必修的专业基础课程,在专业课程体系中,它是硬件系列课程的先修课。本书是根据计算机科学与技术、软件工程等专业人才培养目标,围绕着培养学生的学习能力、分析问题和解决问题的能力来编写的。因此,本教材具有以下特点:

(1) 精选教学内容。在选取教学内容时,注重教学内容的基础性、实用性和先进性,使学生在学习完本书后对数字系统有全面的了解。

(2) 突出重点。对于本书的重点章节作了深入浅出的阐述,如在第3章逻辑代数与逻辑函数化简中,通过列举大量的例题详细地介绍逻辑代数化简逻辑函数的方法;在介绍卡诺图化简逻辑函数时,循序渐进、图文并茂地介绍卡诺图化简逻辑函数的方法,帮助学生较好地掌握逻辑函数化简的方法。在第4章组合逻辑一章中重点介绍了组合逻辑电路的分析;由于触发器是时序逻辑电路的基础,所以在第5章中,重点介绍了各触发器的状态表及使用状态表分析触发器的工作过程,对状态表、状态图的转换和波形图作了较详尽的叙述。

(3) 强调实用性。突出逻辑电路的分析方法和集成逻辑器件的使用方法,还突出了数字电路的分析方法、数字集成电路组件逻辑功能分析和集成逻辑器件的使用。

(4) 突出对学习能力的培养。从学生的角度出发,把每节的重点教学内容精心设计成思考题,学生通过思考题的训练,能够掌握本节的知识,达到教学要求;书中还配有大量的例题和习题供学生学习与训练。

本书由江西农业大学何火娇担任主编,并完成统稿工作,河北农业大学任力生和河南农业大学姚传安等担任副主编。其中,第1章~第3章、第5、6章由何火娇、任力生、姚传安等编写,第4章、第7章、第8、9章分别由江西农业大学华晶、殷华和肖志勇等编写。

本书中有"*"号的章节是可选的教学内容。

"数字逻辑"精品课程网址为 http://jwc.jxau.edu.cn/。

由于编者水平有限,书中难免有疏漏和不足之处,敬请广大读者和专家批评指正。

编 者
2010年6月

第二版前言

本书是江西省高等学校数字逻辑精品课程教材,并于2013年获江西省普通高校第五届优秀教材二等奖。

"数字逻辑"课程是计算机科学与技术、软件工程等电气信息类专业必修的专业基础课程,在专业课程体系中,它是硬件系列课程的先修课。本书是根据计算机科学与技术、软件工程等专业人才培养目标,围绕着培养学生的学习能力、分析问题和解决问题的能力来编写的。本书在第一版的基础上,经过几个教学循环使用后,进行了勘误和对部分章节的内容修改而成,基本保留了第一版教材的内容。

本次改版进行修改的内容如下:

(1) 第6章"时序逻辑电路",增加了集成时序逻辑部件的应用举例。

(2) 第7章"半导体存储器和可编程逻辑器件",增加了"RAM存储器的组成及其工作原理"的介绍;强化了存储器扩展的内容,增加了全译码编址的内容;对存储器ROM的等效电路简化的画法做了修改。这一章的编写内容和修改的内容,主要是考虑到计算机类专业和软件类专业学生的需求而编写的,为学生学习后续课程和将来从事计算机应用与软件开发打下基础。

(3) 对第一版中的错误进行了勘误和修正。

本书学时数仍然为54~60学时。

本书由江西农业大学何火娇任主编,华晶、殷华、肖志勇任副主编。全书共分为9章,其中,第1、2、3、5、6章由何火娇编写,第4章由华晶编写,第7、9章由殷华编写,第8章由肖志勇编写。

本书再版得到了江西农业大学软件学院、教务处和中国铁道出版社的大力支持,黄双根老师认真、负责地提出了修改意见。

"数字逻辑"精品课程网址为http://jwc.jxau.edu.cn。

对于书中存在的疏漏和不足,敬请读者批评指正。

编 者
2013年7月

第三版前言

本书是江西省高等学校"数字逻辑"精品课程教材("数字逻辑"精品课程网址：www.jxau.edu.cn)，并于2013年获江西省普通高校第五届优秀教材二等奖。

"数字逻辑"(数字逻辑电路)课程是计算机科学与技术、软件工程等信息类本科专业的必修主干课程，在专业课程体系中是系列硬件课程的先修课。根据上述专业的人才培养目标，以培养学生能力为宗旨，本书力求做到与时俱进，精选教学内容，通俗易懂，适于读者自学，使读者在掌握数字逻辑的基本知识、基本分析方法的同时，具备应用数字集成芯片设计逻辑电路的能力。本次修订我们主要做了以下工作：

(1) 将第二版中第2章"逻辑运算门电路"内容进行了修改。删除了三极管TTL门电路的内部线路的分析。由于该类专业属于用户端，既要使读者掌握TTL集成芯片的选择与应用，又要使读者理解逻辑运算在电路上是如何实现的，因此，将二极管与、或和三极管非逻辑的实现电路移至第1章基本逻辑运算电路部分中介绍，在讲述数字电路基本逻辑运算的同时，结合逻辑运算电路的实现进行讲解，这样不但内容结构紧凑，而且能使读者更深入地了解数字逻辑运算的本质是逻辑电路的作用。

(2) 将第二版中第4章的"应用举例"内容进行了分解。编码器、译码器、数据选择器、全加器和数值比较器的应用内容分别移至相应的章节中，这样突出了理论联系实际。

(3) 删除了第二版的习题答案，有利于培养读者独立思考和独立作业的能力。

(4) 对第二版中存在的个别漏字及错别字进行了纠正。

本书具有内容精练、知识点全面、易读易懂、理论结合实际等特色，可培养读者具备初步设计数字系统的能力。

本书由江西农业大学何火娇任主编，华晶、殷华、肖志勇任副主编。全书共分8章，其中，第1、2、4、5章由何火娇编写，第3章由华晶编写，第6、8章由殷华编写，第7章由肖志勇编写。全书由何火娇统稿。第三版的修订工作得到江西农业大学软件学院、江西农业大学教务处和中国铁道出版社的大力支持，在此表示衷心的感谢！

对于书中存在的疏漏和不足，敬请广大读者批评指正，邮箱：hhojj@sina.com。

编　者
2017年2月

目 录

第一部分 基 础 理 论

第1章 数字电路基础 ………………………………………………………………… 2

1.1 数字电路概述 ………………………………………………………………… 2
   1.1.1 数字逻辑电路的发展史 ……………………………………………… 2
   1.1.2 数字信号与数字电路 ………………………………………………… 4
   1.1.3 逻辑变量、常量和逻辑函数 ………………………………………… 5
1.2 基本逻辑和复合逻辑 ………………………………………………………… 6
   1.2.1 基本逻辑 ……………………………………………………………… 6
   1.2.2 复合逻辑 ……………………………………………………………… 9
1.3 基本逻辑运算电路 …………………………………………………………… 11
   1.3.1 二极管与门电路 ……………………………………………………… 11
   1.3.2 二极管或门电路 ……………………………………………………… 12
   1.3.3 三极管非门电路 ……………………………………………………… 13
1.4 数制和码制 …………………………………………………………………… 14
   1.4.1 十进制 ………………………………………………………………… 14
   1.4.2 二进制 ………………………………………………………………… 14
   1.4.3 八进制 ………………………………………………………………… 15
   1.4.4 十六进制 ……………………………………………………………… 15
   1.4.5 数制转换 ……………………………………………………………… 15
   1.4.6 二进制数算术运算 …………………………………………………… 18
1.5 数字电路中的常用编码 ……………………………………………………… 19
   1.5.1 二-十进制码（BCD 码）……………………………………………… 19
   1.5.2 奇偶校验码 …………………………………………………………… 20
   1.5.3 ASCII 码 ……………………………………………………………… 21
小 结 ……………………………………………………………………………… 21
习 题 ……………………………………………………………………………… 22

第2章 逻辑代数和逻辑函数化简 ……………………………………………… 24

2.1 逻辑代数的基本定律 ………………………………………………………… 24
   2.1.1 逻辑代数运算法则 …………………………………………………… 24
   2.1.2 三个基本法则 ………………………………………………………… 27
   2.1.3 逻辑代数的应用举例 ………………………………………………… 27
2.2 逻辑函数的最小项标准表达式 ……………………………………………… 29

  2.2.1 最小项的定义及其性质 ………………………………………………………… 29
  2.2.2 最小项标准式 …………………………………………………………………… 30
 2.3 逻辑函数的化简 ……………………………………………………………………… 31
  2.3.1 最简逻辑函数 …………………………………………………………………… 31
  2.3.2 逻辑代数化简法 ………………………………………………………………… 32
  2.3.3 卡诺图的结构 …………………………………………………………………… 33
  2.3.4 逻辑函数的卡诺图表示 ………………………………………………………… 35
  2.3.5 与或逻辑函数的化简 …………………………………………………………… 35
  2.3.6 无关项的化简 …………………………………………………………………… 38
 小　结 ………………………………………………………………………………………… 39
 习　题 ………………………………………………………………………………………… 40

第 3 章　组合逻辑电路 …………………………………………………………………… 42

 3.1 组合逻辑电路的结构与特点 ………………………………………………………… 42
 3.2 组合逻辑电路的分析 ………………………………………………………………… 43
  3.2.1 组合逻辑电路的分析方法 ……………………………………………………… 43
  3.2.2 组合逻辑电路的分析举例 ……………………………………………………… 44
 3.3 组合逻辑电路的设计 ………………………………………………………………… 46
  3.3.1 组合逻辑电路的设计方法 ……………………………………………………… 47
  3.3.2 组合逻辑电路的设计举例 ……………………………………………………… 47
 3.4 组合逻辑电路中的竞争与冒险 ……………………………………………………… 50
  3.4.1 产生竞争冒险现象的原因 ……………………………………………………… 51
  3.4.2 冒险的分类 ……………………………………………………………………… 51
  3.4.3 冒险现象的判别 ………………………………………………………………… 52
  3.4.4 冒险现象的消除 ………………………………………………………………… 53
 3.5 常用中规模组合逻辑器件 …………………………………………………………… 54
  3.5.1 编码器 …………………………………………………………………………… 54
  3.5.2 译码器 …………………………………………………………………………… 60
  3.5.3 数据选择器和数据分配器 ……………………………………………………… 69
  3.5.4 加法器 …………………………………………………………………………… 77
  3.5.5 数值比较器 ……………………………………………………………………… 84
 小　结 ………………………………………………………………………………………… 87
 习　题 ………………………………………………………………………………………… 88

第 4 章　触发器 ……………………………………………………………………………… 92

 4.1 基本 RS 触发器 ……………………………………………………………………… 92
  4.1.1 基本 RS 触发器的结构 ………………………………………………………… 92
  4.1.2 触发器逻辑功能分析 …………………………………………………………… 93
 4.2 可控 RS 触发器 ……………………………………………………………………… 96

4.2.1　可控 RS 触发器的结构 …………………………………………………… 96
　　4.2.2　逻辑功能分析 ……………………………………………………………… 96
　　4.2.3　带直接置位、复位的可控 RS 触发器 …………………………………… 97
　　4.2.4　触发器的空翻问题 ………………………………………………………… 98
　4.3　集成触发器 ………………………………………………………………………… 99
　　4.3.1　主从 RS 触发器 …………………………………………………………… 99
　　4.3.2　维持阻塞 D 触发器 ……………………………………………………… 100
　　4.3.3　JK 触发器 ………………………………………………………………… 102
　　4.3.4　触发器之间的转换 ………………………………………………………… 104
　　4.3.5　触发器分析举例 …………………………………………………………… 106
　　4.3.6　触发器的选用和使用注意事项 …………………………………………… 109
　小　结 ………………………………………………………………………………… 111
　习　题 ………………………………………………………………………………… 111

第 5 章　时序逻辑电路 ……………………………………………………………… 113

　5.1　概述 ………………………………………………………………………………… 113
　　5.1.1　时序逻辑电路的组成 ……………………………………………………… 113
　　5.1.2　时序逻辑电路的分类 ……………………………………………………… 114
　5.2　时序逻辑电路分析与设计 ………………………………………………………… 115
　　5.2.1　分析步骤 …………………………………………………………………… 115
　　5.2.2　同步时序逻辑电路分析 …………………………………………………… 115
　　5.2.3　异步时序逻辑电路分析 …………………………………………………… 118
　　5.2.4　时序逻辑电路的基本设计方法 …………………………………………… 120
　5.3　寄存器 ……………………………………………………………………………… 125
　　5.3.1　数码寄存器 ………………………………………………………………… 125
　　5.3.2　集成移位寄存器 …………………………………………………………… 125
　5.4　计数器 ……………………………………………………………………………… 127
　　5.4.1　同步二进制计数器 ………………………………………………………… 127
　　5.4.2　异步计数器 ………………………………………………………………… 130
　5.5　中规模集成计数器 ………………………………………………………………… 132
　　5.5.1　同步四位二进制计数器 74LS161 ………………………………………… 132
　　5.5.2　二进制可逆计数器 74LS169 ……………………………………………… 136
　　5.5.3　异步集成计数器 74LS90 ………………………………………………… 137
　　5.5.4　十进制可逆集成计数器 74LS192 ………………………………………… 139
　小　结 ………………………………………………………………………………… 141
　习　题 ………………………………………………………………………………… 141

第 6 章　半导体存储器和可编程逻辑器件 ……………………………………… 146

　6.1　概述 ………………………………………………………………………………… 146

6.2 半导体存储器 ··· 147
　6.2.1 只读存储器 ·· 147
　6.2.2 随机存储器 ·· 148
　6.2.3 存储器的内部结构 ··· 149
6.3 存储器容量扩展 ·· 153
　6.3.1 存储器与 CPU 的连接 ·· 153
　6.3.2 扩展方法 ·· 154
　6.3.3 存储空间物理地址范围的计算 ····································· 158
6.4 可编程逻辑器件 ·· 160
　6.4.1 可编程逻辑器件的发展 ·· 160
　6.4.2 VHDL 简介 ··· 161
　6.4.3 可编程逻辑器件的开发流程 ·· 162
小　结 ··· 163
习　题 ··· 163

第7章　数/模和模/数转换电路 ··· 164

7.1 概述 ·· 164
7.2 数/模转换电路 ·· 165
　7.2.1 数/模转换器的原理与结构 ·· 165
　7.2.2 数/模转换器的性能指标 ··· 166
　7.2.3 典型数/模转换器的应用 ··· 167
7.3 模/数转换电路 ·· 169
　7.3.1 模/数转换器的原理与结构 ·· 169
　7.3.2 模/数转换器的性能指标 ··· 170
　7.3.3 典型模/数转换器的应用 ··· 171
小　结 ··· 172
习　题 ··· 172

第8章　脉冲波形的产生和变换 ··· 174

8.1 555 芯片的电路结构与工作原理 ······································· 174
　8.1.1 555 芯片的电路结构 ·· 174
　8.1.2 555 芯片的工作原理 ·· 176
8.2 单稳态触发电路 ·· 177
　8.2.1 单稳态触发电路简介 ··· 177
　8.2.2 555 芯片构成单稳态触发电路 ····································· 177
　8.2.3 单稳态电路实用案例 ··· 178
8.3 施密特触发电路 ·· 179
　8.3.1 施密特触发电路简介 ··· 179
　8.3.2 555 芯片构成施密特触发电路 ····································· 179

8.3.3　施密特触发电路实用案例 ································ 180
 8.4　多谐振荡器 ·· 181
  8.4.1　多谐振荡器简介 ·· 181
  8.4.2　555 芯片构成多谐振荡器 ··· 182
  8.4.3　多谐振荡器应用实例 ·· 184
 小　结 ·· 185
 习　题 ·· 185

第 9 章　EDA 设计与数字系统综合设计实例 ································ 187

 9.1　EDA 概述 ··· 187
  9.1.1　EDA 技术的发展概况 ··· 187
  9.1.2　EDA 常用软件 ·· 188
 9.2　Protel 辅助电路板设计软件简介 ··· 189
 9.3　Protel 软件设计举例 ·· 189
  9.3.1　原理图设计 ·· 189
  9.3.2　PCB 设计 ·· 192
 9.4　数字系统综合设计实例：八路数字抢答器 ······························· 195
  9.4.1　数字抢答器的功能需求与工作过程 ··································· 195
  9.4.2　数字抢答器的设计 ··· 196
  9.4.3　原理分析 ··· 197
 小　结 ·· 198
 习　题 ·· 198

第二部分　实 验 指 导

实验一　CMOS 集成逻辑门的功能测试 ··· 200
实验二　半加器和全加器 ·· 202
实验三　编码器和译码器 ·· 204
实验四　组合逻辑电路实验分析 ··· 209
实验五　数据选择器的设计 ··· 213
实验六　触发器基本功能使用 ·· 214
实验七　时序电路设计 ··· 218
实验八　移位寄存器 ·· 220
实验九　计数器的设计 ··· 224
实验十　综合实验——设计 24 时制数字电子钟 ································· 228

习题参考答案 ··· 229

参考文献 ··· 248

第一部分

基础理论

第 1 章 数字电路基础

学习目标

- 了解数字信号的特点,掌握逻辑变量、逻辑常量、逻辑函数和真值表等概念。
- 具备进行三种基本逻辑运算和复合逻辑运算的能力,会建立真值表。
- 熟悉数制与编码,掌握二-十进制编码及其运算规则。

本章介绍数字电路的入门知识。通过本章的学习,读者能够了解数字逻辑电路的发展史、数字信号及其特点、逻辑变量和逻辑函数、基本逻辑和常见复合逻辑的运算方法、数制与编码间的关系等,从而掌握数字逻辑的基本知识。

1.1 数字电路概述

数字电路是用数字信号完成对数字量进行**算术运算**和**逻辑运算**的电路,或称为数字系统。由于它具有逻辑运算和逻辑处理功能,所以又称数字逻辑电路或数字逻辑。

1.1.1 数字逻辑电路的发展史

数字逻辑电路伴随着计算机一起共同经历了几个时代:

1. 早期的继电器逻辑运算电路

贝尔实验室第一部二进制加法器(1937年)和后来的复数运算器(1940年),都是采用继电器逻辑(relay logic)来实现的,如图1-1所示。图1-1(a)是早期继电器逻辑运算电路的实物外形图,图1-1(b)是图1-1(a)所示外形图的继电器触点开关电路。

(a)早期继电器逻辑运算电路的实物外形图

(b)继电器触点开关电路

图1-1 早期的继电器逻辑

2. 由电子真空管构成的逻辑运算电路

20世纪40年代出现了电子真空管,因此就有电子真空管构成的逻辑运算电路。电子真空管及其构成的计算机如图1-2所示。该计算机使用了18 800个电子真空管,占地457 m²,质量约为30 t,功率约为160 kW,每秒可以完成5 000次加法运算,或385次乘法运算,或40次除法运算,或3次开方运算。该计算机开始用来计算导弹的弹道,后来也用于天气预测、原子能计算等。

(a) 电子真空管　　　　(b) 电子真空管构成的计算机

图1-2　电子真空管及其构成的计算机

3. 晶体管和场效应管构成的逻辑运算电路

20世纪50年代出现了晶体管,如图1-3所示。20世纪60年代TTL(transistor-transistor logic)逻辑出现。随后,集成电路(integrated circuit,IC)出现,包括小规模集成电路(SSI)、中规模集成电路(MSI)、大规模集成电路(LSI)和超大规模集成电路(VLSI)等。

20世纪60年代,MOS场效应管(metal-oxide semiconductor field effect transistor,MOSFET)出现。从20世纪80年代开始,MOS电路开始逐步取代由晶体管构成的TTL电路,现在,CMOS(complementary MOS,CMOS)占据了世界IC市场的绝大部分。2000年,Pentium 4计算机的CPU约有4 200万个晶体管,如图1-4所示。

图1-3　双极型晶体管　　　　**图1-4　Pentium 4 CPU**

由此可见，数字逻辑电路的发展依赖于电子元器件的发展，而电子计算机的发展又依赖于数字逻辑电路的发展，所以电子计算机的发展史也就是数字逻辑电路的发展史，二者密不可分。

1.1.2 数字信号与数字电路

1. 数字信号

数字信号在时间上和数值上都是离散的和量化的，它们的值是阶跃变化并发生在某一瞬间，图 1-5（a）的矩形波是数字信号的典型代表。图 1-5（a）所示的数字信号与图 1-6 所示的模拟信号是不同的，因为模拟信号在时间上和数值上都随时间连续变化，即它是连续函数。由图 1-5 所示的数字信号波形可见它是跃变信号，并且持续时间短暂，可短至几微秒（μs）甚至几纳秒（ns，$1\text{ns}=10^{-3}\mu\text{s}$），也可把矩形波称为脉冲波形。

（a）理想的数字信号波形　　　　（b）实际的数字信号波形

图 1-5　数字信号波形图

图 1-5（a）所示的波形是理想的数字信号波形，图 1-5（b）所示的是图 1-5（a）的实际波形，下面以图 1-5（b）说明数字信号波形的一些参数。

（1）波形的幅度 A——脉冲信号变化的最大值。

（2）脉冲上升沿 t_r——脉冲幅度从 10% 上升到 90% 所需的时间。

（3）脉冲下降沿 t_f——脉冲幅度从 90% 下降到 10% 所需的时间。

（4）脉冲宽度 t_p——从上升沿的脉冲幅度的 50% 到下降沿的脉冲幅度的 50% 所需的时间，这段时间也称为脉冲持续时间。

（5）脉冲周期 T——周期性脉冲信号相邻两个上升沿（或下降沿）的脉冲幅度的 10% 两点之间的时间间隔。

（6）脉冲频率 f——单位时间的脉冲数，$f=1/T$。

此外，数字信号有正负之分，图 1-7（a）为正脉冲，图 1-7（b）为负脉冲。

图 1-6　模拟信号波形

图 1-7　正脉冲和负脉冲

人们把工作在数字信号下的电路称为数字电路。数字电路广泛应用于电子计算机、数字自动控制系统、工业逻辑系统和数字式仪表中。

2. 数字集成电路的分类

数字集成电路按集成度来分有以下几种：

小规模集成电路（small-scale integrated circuit，SSI）：在一块硅片上有 10~100 个元件，例如逻辑门、计数器、加法器等。

中规模集成电路（medium-scale integrated circuit，MSI）：在一块硅片上有 100~1 000 个元件，例如小型存储器、门阵列等。

大规模集成电路（large-scale integrated circuit，LSI）：在一块硅片上有 1 000 个以上元件，例如大型存储器、微处理器。

超大规模集成电路（very large-scale integrated circuit，VLSI）：在一块硅片上有 10^5 个以上元件。例如，可编程逻辑器件、多功能集成电路等。

3. 数字电路的特点

1）同时具有算术运算和逻辑运算功能

数字电路是以二进制逻辑代数为数学基础，使用二进制数字信号，既能进行算术运算，又能方便地进行逻辑运算（与、或、非、判断、比较、处理等）。

2）实现简单，系统可靠

以二进制 0 和 1 两个数码来表示电路的两个状态，如电压的高低（若以高电平为"1"态，则低电平就为"0"态）、晶体管的饱和与截止、开关的接通与断开等，电路简单可靠，准确性高。

3）集成度高、功耗低、体积小，功能实现容易

集成度高、功耗低、体积小是数字电路突出的优点之一。电路的设计、维修、维护灵活方便。随着集成电路技术的高速发展，数字逻辑电路的集成度越来越高，集成电路块的功能随着小规模集成电路（SSI）、中规模集成电路（MSI）、大规模集成电路（LSI）、超大规模集成电路（VLSI）的发展也从元件级、器件级、部件级、板卡级上升到系统级。只须采用一些标准的集成电路块单元连接即可组成电路。对于非标准的特殊电路还可以使用可编程序逻辑阵列，通过编程的方法实现任意的逻辑功能。

由于数字电路容易实现对数字信号的存储、传输和处理，因此，数字电路是电子计算机的基本电路。

1.1.3 逻辑变量、常量和逻辑函数

1. 逻辑变量和常量

逻辑电路中的输入信号和输出信号统称逻辑变量，由 A、B、C 等字母来标识逻辑电路的输入变量，用 F、L、Z 等字母来标识逻辑电路的输出变量。

逻辑常量用 0 和 1 来表示。

值得指出的是，这里的 0 和 1 不是数学中的 0 和 1，没有大小之分，而是表示逻辑电路的状态。

2. 逻辑函数

如果输入逻辑变量 A，B，C，…的取值确定以后，输出逻辑变量 F 的值也被唯一地确定

了，那么，就称 F（或 L、Z 等）是 A，B，C，…的逻辑函数。例如，$F=ABC$。式中，F 为逻辑函数，A，B，C 为逻辑变量。

3. 正负逻辑

在逻辑电路中有正负逻辑之分。人们约定用 1 表示高电平，0 表示低电平，这是正逻辑；反之为负逻辑。在设计逻辑电路时可以采用正逻辑，也可以采用负逻辑，有时正、负逻辑混合使用。本书中如无特殊说明，均采用正逻辑。

> **本节思考题**
>
> 1. 为什么说电子计算机的发展史就是数字逻辑电路的发展史？
> 2. 什么是数字信号？它与模拟信号有何区别？
> 3. 数字信号的波形有哪几个参数？
> 4. 数字电路有何特点？
> 5. 数字电路中的逻辑常量 0 和 1 与数学中的 0 和 1 的概念是否相同？它们各有什么含义？
> 6. 正负逻辑是如何定义的？请举几个正负逻辑的例子。

1.2 基本逻辑和复合逻辑

在数字逻辑电路中有三种基本的逻辑，即与、或、非逻辑，任何一个复杂的逻辑都可以由这三种基本逻辑或它们的适当组合来表示。

1.2.1 基本逻辑

1. 与逻辑

1）与逻辑的概念

与逻辑又称逻辑乘，其逻辑函数表达式为

$$F=A \cdot B \cdot C \quad \text{或} \quad F=A \times B \times C$$

简写为

$$F=ABC$$

理解与逻辑中的"与"的含义，可以参考图 1-8 所示的例子。

图 1-8 是一个灯电路，开关 A、B 和 C 是条件，灯 F 亮是结果。开关的闭合与灯亮有这样一种因果关系，即只有当 A、B 和 C 三个开关均闭合时，灯才会亮，A、B 和 C 三个开关中任意一个开关不闭合，灯都不会亮。也就是说，当决定一件事情（灯亮）的所有条件全部具备（开关 A、B 和 C 均闭合）时，这件事情才会发生，这种关系称为与逻辑关系。**与逻辑强调的是所有条件必须全部满足**。与逻辑符号如图 1-9 所示。

图 1-8 与逻辑举例

图 1-9 与逻辑符号

2）与逻辑运算规则

$$0 \cdot 0 \cdot 0 = 0; \qquad 0 \cdot 0 \cdot 1 = 0;$$
$$0 \cdot 1 \cdot 0 = 0; \qquad 0 \cdot 1 \cdot 1 = 0;$$
$$1 \cdot 0 \cdot 0 = 0; \qquad 1 \cdot 0 \cdot 1 = 0;$$
$$1 \cdot 1 \cdot 0 = 0; \qquad 1 \cdot 1 \cdot 1 = 1。$$

3）与逻辑真值表

按照正逻辑用 1 表示高电平，用 0 表示低电平，可把上述输入端 A、B、C 与输出端 F 的关系用表 1-1 来表示。在表 1-1 中，输入变量列在左边，输出变量（即逻辑函数）列在右边，三个输入变量有八种可能的输出情况，这种表格能全面地列出逻辑函数的所有取值，所以称它为真值表。

表 1-1　与逻辑真值表

输	入		输	出
A	B	C	F	
0	0	0	0	
0	0	1	0	
0	1	0	0	
0	1	1	0	
1	0	0	0	
1	0	1	0	
1	1	0	0	
1	1	1	1	

由表 1-1 可知，与逻辑有如下性质：

输入变量的取值有 0，输出逻辑函数的值必为 0；输入变量的取值全 1，输出逻辑函数的值为 1。

2. 或逻辑运算

1）或逻辑的概念

或逻辑又称逻辑加，其逻辑函数表达式为

$$F = A + B + C$$

理解或逻辑中"或"的含义，可以参考图 1-10 所示的灯电路。

在图 1-10 的电路中，只要有一个开关闭合，灯就会亮。也就是说，在决定一件事情（灯亮）的几个条件中，只要有一个条件（开关 A、B 或 C）得到满足时，这件事情就会发生，这种关系称为或逻辑关系。**或逻辑强调的是在多个条件中只要满足一个条件即可**。或逻辑符号如图 1-11 所示。

图 1-10　或逻辑举例

图 1-11　或逻辑符号

2）或逻辑运算规则

$$0+0+0=0; \quad 0+0+1=1;$$
$$0+1+0=1; \quad 0+1+1=1;$$
$$0+1+0=1; \quad 1+0+1=1;$$
$$1+1+0=1; \quad 1+1+1=1。$$

3）或逻辑真值表

将上述输入与输出关系列成真值表，见表1-2。

表 1-2 或逻辑真值表

输入			输出
A	B	C	F
0	0	0	0
0	0	1	1
0	1	0	1
0	1	1	1
1	0	0	1
1	0	1	1
1	1	0	1
1	1	1	1

由表1-2可知，或逻辑有如下性质：

输入变量的取值有1，输出逻辑函数的值为1，输入变量的取值全0，输出逻辑函数的值为0。

3. 非逻辑运算

1）非逻辑概念

非逻辑运算较为简单，当输入为0时，输出为1；输入为1时，输出为0。因此，输入与输出具有两种对立的逻辑状态。非逻辑符号如图1-12所示，其逻辑表达式为

$$F = \overline{A}$$

2）非逻辑运算规则

$$\overline{1} = 0; \quad \overline{0} = 1。$$

3）非逻辑真值表

非逻辑的真值表见表1-3。

表 1-3 非逻辑真值表

输入	输出
A	F
0	1
1	0

图 1-12 非逻辑符号

由表1-3可知，非逻辑有如下性质：

输入变量取值为1，输出变量的值为0；反之，输出变量的值为1。其逻辑表达式为

$$F = \overline{A}$$

式中：A上的一横表示为"非"的意思，读作"A非"或"非A"。

1.2.2 复合逻辑

前面介绍了与、或、非三种基本的逻辑及运算规则,由这三种基本的逻辑可以把它们组合成复合逻辑,以丰富逻辑功能。下面介绍常用的与非、或非等复合逻辑。

1. 与非逻辑

由与逻辑和非逻辑组合成与非逻辑,其逻辑表达式为

$$F = \overline{A \cdot B \cdot C}$$

上式的运算顺序是先进行与运算,后进行非运算。与非逻辑符号如图 1-13 所示。

图 1-13　与非逻辑符号

与非逻辑真值表见表 1-4,由真值表可知,与非逻辑有如下性质:输入有 0,输出为 1;输入全 1,输出为 0。

表 1-4　与非逻辑真值表

输		入	输　出
A	*B*	*C*	*F*
0	0	0	1
0	0	1	1
0	1	0	1
0	1	1	1
1	0	0	1
1	0	1	1
1	1	0	1
1	1	1	0

2. 或非逻辑

由或逻辑和非逻辑组合成或非逻辑,其逻辑表达式为

$$F = \overline{A + B + C}$$

图 1-14　或非逻辑符号

上式的运算顺序是先进行或运算,后进行非运算。或非逻辑符号如图 1-14 所示。或非逻辑真值表见表 1-5。

表 1-5　或非逻辑真值表

输		入	输　出
A	*B*	*C*	*F*
0	0	0	1
0	0	1	0
0	1	0	0
0	1	1	0
1	0	0	0
1	0	1	0
1	1	0	0
1	1	1	0

由真值表可知,或非逻辑有如下性质:
输入有 1,输出为 0;输入全 0,输出为 1。

3. 异或逻辑

异或逻辑也是常用的复合逻辑,其逻辑表达式为

$$F = \bar{A}B + A\bar{B}$$

异或逻辑符号如图 1-15 所示,其逻辑真值表见表 1-6。

视频
异或逻辑

图 1-15 异或逻辑符号

表 1-6 异或逻辑真值表

输 入		输 出
A	B	F
0	0	0
0	1	1
1	0	1
1	1	0

观察表 1-6 可知:当两输入变量取值相同时,输出的逻辑状态为 0;当两输入变量的取值不同时,输出的逻辑状态为 1,这就是异或逻辑的特点。

4. 同或逻辑

同或逻辑也是常用的复合逻辑,其逻辑表达式为

$$F = \bar{A}\bar{B} + AB$$

同或逻辑符号如图 1-16 所示,其逻辑真值表见表 1-7。

图 1-16 同或逻辑符号

表 1-7 同或逻辑真值表

输 入		输 出
A	B	F
0	0	1
0	1	0
1	0	0
1	1	1

观察表 1-7 可知:当两输入变量取值相同时,输出的逻辑状态为 1;当两输入变量的取值不同时,输出的逻辑状态为 0,这就是同或逻辑的特点。

异或逻辑与同或逻辑是互为相反的逻辑。

本节思考题

1. 什么是与逻辑?试举出生活中与逻辑的例子。
2. 与逻辑的运算规则是什么?它与数学乘运算有区别吗?
3. 什么是真值表?请写出具有 2 个变量、4 个变量的与逻辑真值表。
4. 什么是或逻辑?试举出生活中或逻辑的例子。
5. 或逻辑的运算规则是什么?它与数学加运算有区别吗?
6. 请写出具有 2 个变量、4 个变量的或逻辑真值表。
7. 与非逻辑有何特性?试写出 2 个变量、4 个变量的与非逻辑真值表和逻辑表达式。
8. 或非逻辑有何特性?试写出 2 个变量、4 个变量的或非逻辑真值表和逻辑表达式。
9. 异或逻辑与同或逻辑各有何特点?它们之间有联系吗?

1.3 基本逻辑运算电路

上述逻辑运算在电路上是如何实现的呢？下面以二极管和三极管为例分析与、或、非三种基本逻辑实现的原理与过程。

1.3.1 二极管与门电路

1. 工作原理

实现与逻辑运算的电路称为与门电路，简称与门，如图 1-17 所示。这是一个二输入变量的与逻辑电路，其中，A、B 两个输入端作为条件，F 输出端作为结果，输入与输出满足与逻辑关系。

（a）原理图　　　　　　　　（b）逻辑符号

图 1-17　二极管与门电路和逻辑符号

设输入信号高电位为 +5 V，低电位为 0 V。为了便于分析，假定二极管导通时的正向压降很小可略去不计，即二极管正向导通时，二极管的正极与负极之间可看作短路线，反向截止时正极和负极之间可看作开路。

下面讨论三种不同输入条件下的输出情况：

二极管实现与逻辑的工作过程见表 1-8。

表 1-8　二极管与门功能表

输入变量		二极管导通状态		输出电位
U_A/V	U_B/V	D_A	D_B	U_F/V
0	0	通	通	0
0	5	通	止	0
5	0	止	通	0
5	5	通	通	5

（1）当两个输入端都是低电位 $U_A = U_B = 0$ V 时，两个二极管 D_A 和 D_B 都处于正向导通状态，输出端 F 为低电位 0 V，即 $U_F = 0$ V。

（2）两个输入端中有任意一个是低电位，例如 $U_A = 0$ V，$U_B = +5$ V，这时，D_A 两端的电位差最大，它优先导通后，使输出端 F 的电位被钳制在 0 V，使 D_B 的正极电位低于负极的电位，所以 D_B 因承受反向电压而截止，输出端 F 为低电位 0 V，即 $U_F = 0$ V。

(3) 当两个输入端都是高电位 $U_A = U_B = +5$ V 时,两个二极管 D_A 和 D_B 都处于截止状态,输出端 F 为高电位 +5 V,即 $U_F = +5$ V。

上述分析结果表明:**只有当所有输入端都是高电位时,输出端才是高电位;否则输出端就是低电位。**它符合与逻辑关系(对正逻辑而言),所以称为二极管与门电路。

2. 逻辑功能

按照正逻辑用 1 表示高电位,用 0 表示低电位,可得到表 1-9 所示的逻辑真值表。

表 1-9 二极管与门逻辑真值表

输入变量		输出函数
A	B	F
0	0	0
0	1	0
1	0	0
1	1	1

由表 1-9 可知,其逻辑表达式为 $F = A \cdot B$,实现了与逻辑功能。

1.3.2 二极管或门电路

1. 工作原理

实现或逻辑运算的电路称为或门电路,简称或门,如图 1-18 所示。这是一个二输入变量的或逻辑电路,输入与输出满足或逻辑关系。

(a) 原理图   (b) 逻辑符号

图 1-18 二极管或门电路和逻辑符号

下面讨论三种不同输入条件下的输出情况:

二极管实现或逻辑的工作过程见表 1-10。

表 1-10 二极管或门功能表

输入变量		二极管导通状态		输出电位
U_A/V	U_B/V	D_A	D_B	U_F/V
0	0	止	止	0
0	5	止	通	5
5	0	通	止	5
5	3	通	通	5

(1) 当两个输入端都是低电位 0 V 时,两个二极管 D_A 和 D_B 都处于截止状态,输出端 F 为低电位 0 V,即 $U_F = 0$ V。

（2）两个输入端中有任意一个是高电位，例如 $U_A = +5$ V，$U_B = 0$ V，这时，D_A 两端的电位差最大，它优先导通后，使输出端 F 的电位被钳制在 +5 V，D_B 承受反压而截止，输出端 $U_F = +5$ V。

（3）当两个输入端都是高电位 +5 V 时，两个二极管 D_A 和 D_B 都处于导通状态，输出端 F 为高电位 +5 V，即 $U_F = +5$ V。

上述分析结果表明：只要有一个输入端是高电位，输出端就是高电位，它符合或逻辑关系（对正逻辑而言），所以称为二极管或门电路。

2. 逻辑功能

由表 1-11 可知，其逻辑表达式为 $F = A + B$，实现了或逻辑功能。

表 1-11　二极管或门真值表

输入变量		输出函数
A	B	F
0	0	0
0	1	1
1	0	1
1	1	1

1.3.3　三极管非门电路

1. 非门电路

图 1-19 所示为三极管构成的反相器，它只有一个输入端，当输入信号为高电位时 $U_A = +5$ V，输出则为低电平 $U_F = 0$ V，反之亦然。

(a) 非逻辑门电路　　(b) 逻辑符号

图 1-19　晶体管非门电路及其逻辑符号

2. 逻辑真值表

非逻辑的真值表见表 1-12。

表 1-12　非逻辑的真值表

输入变量	输出函数	输入变量	输出函数
A	F	A	F
0	1	1	0

由真值表可知逻辑表达式为

$$F = \overline{A}$$

> **本节思考题**
>
> 1. 与逻辑运算在电路上是如何实现的?
> 2. 表1-9是与逻辑的真值表,请观察该表有何特征?
> 3. 或逻辑运算在电路上是如何实现的?
> 4. 表1-11是或逻辑的真值表,请观察该表有何特征?

1.4 数制和码制

数制又称计数制,是一种使用固定符号和规则来表达数值的方式。每种数制都有两个核心组成部分:基数和位权。基数是指该数制中用于表示数值的所有可能的数字的数量。例如,在十进制中,使用0~9这十个数字,所以基数为10。位权则是基于基数,对每个位置上的数字赋予一个权重,这个权重是基数的一个幂次。例如,在十进制数217中,百位上2的权重是10^2(即100),十位上1的权重是10^1(即10),个位上7的权重是10^0(即1)。

常见的数制包括二进制、八进制、十进制和十六进制。对于任何基数为R的数制,数值由0到$R-1$的数字组成,并且在达到基数R时进行进位。如果用权重的形式展开一个R进制的数,它可以表示为

$$N = d_{n-1} \times R^{n-1} + d_{n-2} \times R^{n-2} + \cdots + d_1 \times R^1 + d_0 \times R^0 + d_{-1} \times R^{-1} + d_{-2} \times R^{-2} + \cdots + d_{-m} \times R^{-m}$$

$$= \sum_{i=-m}^{n-1} (d_i \times R^i)$$

式中,R为数制的基数;d_i为第i位的系数;R^i为第i位的权。

1.4.1 十进制

十进制数是人们日常生活中最为常用的数字系统,它包含10个基本数字,即0、1、2、3、4、5、6、7、8、9。这个系统的基数是10,意味着每个位置上的数字的取值范围是从0到9。在十进制数中,每当一个位置上的数字累积到10时,就需要向前进一位。

十进制数可以表示为

$$N = \sum (k_i \times 10^i)$$

式中,k_i是第i位的系数,它可以是0,1,2,…,9中任意一个数。例如,十进制数314.78可以表示为

$$(314.78)_{10} = 3 \times 10^2 + 1 \times 10^1 + 4 \times 10^0 + 7 \times 10^{-1} + 8 \times 10^{-2}$$

1.4.2 二进制

二进制是计算机科学中最为基本的计数系统,它仅使用0和1两个数字表达所有的数值。在数字电路设计中,二进制数制是普遍采用的表示方法。由于二进制的基数是2,所以每当低位的数字累积到2时,就会向高位进位,即逢二进一。可以在数值的右下角标注2或B来表示二进制数,如$(567)_2$、$(389)_B$等。二进制数可以表示为

$$N = \sum (k_i \times 2^i)$$

式中，k_i 是第 i 位的系数，它可以是 0、1 中任意一个数。例如，二进制数 110.01 可以表示为
$$(110.01)_2 = (1 \times 2^2 + 1 \times 2^1 + 0 \times 2^0 + 0 \times 2^{-1} + 1 \times 2^{-2})_{10}$$

二进制数的主要特点如下：

（1）基数为 2：二进制数系统基于 2 的幂次，只包含 0 和 1 两个数字。

（2）逢二进一：在二进制数中，每当一个位的值达到 2 时，就会向更高位进位，即该位置变为 0，进位 1 加到下一位上。

（3）借一当二：如果需要进位的高位已经满位（即值为 1），则需要向更高位再次进位，这样就形成了借一当二的效果。

（4）简洁性：由于只使用两个数字 0 和 1，二进制数系统简洁且易于理解和实现，特别适合于电子计算机和数字电路。

（5）逻辑性：二进制数的运算规则与逻辑运算有着密切的联系，如逻辑与（AND）、逻辑或（OR）、逻辑非（NOT）等，这使得二进制数系统非常适合于进行逻辑运算。

（6）易于转换：二进制数与其他进制数（如十进制、八进制、十六进制）之间的转换相对简单，特别是在计算机中，二进制数的转换算法已经非常成熟和高效。

（7）错误检测和校正：由于二进制数的特性，可以通过简单的逻辑运算来检测和校正数字错误，如奇偶校验、循环冗余校验（CRC）等。

二进制数的这些特点使其成为计算机和电子设备中数据存储、处理和传输的基础。

1.4.3 八进制

八进制的基数是 8，采用的数码是 0、1、2、3、4、5、6、7，由低位向高位进位的规则是逢八进一。可以在右下角标注 8 或字母 O 来表示八进制数，如 $(837)_8$、$(290)_O$ 等。八进制数可以表示为

$$N = \sum (k_i \times 8^i)$$

式中，k_i 是 i 位的系数，它可以是 0，1，2，…，7 中任意一个数。例如，八进制数 23 可以表示为

$$(23)_8 = (2 \times 8^1 + 3 \times 8^0)_{10}$$

1.4.4 十六进制

十六进制的基数是 16，采用的数码是 0、1、2、3、4、5、6、7、8、9、A、B、C、D、E、F，其中 A、B、C、D、E、F 分别表示十进制数 10、11、12、13、14、15；由低位向高位的进位规则是逢十六进一。十六进制数通常在右下角标注 16 或 H 来区分，如 $(1C)_{16}$、$(34DF)_H$ 等。十六进制数可以表示为

$$N = \sum (k_i \times 16^i)$$

1.4.5 数制转换

在数字系统中，数值可以用不同的数制来表达，并且这些数制之间可以进行转换。在计算机领域，二进制数是默认的数制，因为它与数字电路的物理实现极为契合。然而，在日常生活中，人们更习惯使用十进制数。因此，在信息处理过程中，数据通常先从十进制转换为二进制，以便计算机处理，然后再转换回十进制以供人们阅读或使用。二进制、八进制和十

六进制之间存在特定的对应关系，这些关系见表1-13。

表1-13 常用进制数的对照表

十进制	二进制	八进制	十六进制
0	0000	0	0
1	0001	1	1
2	0010	2	2
3	0011	3	3
4	0100	4	4
5	0101	5	5
6	0110	6	6
7	0111	7	7
8	1000	10	8
9	1001	11	9
10	1010	12	A
11	1011	13	B
12	1100	14	C
13	1101	15	D
14	1110	16	E
15	1111	17	F

1. 二进制数转十进制数

二进制数到十进制数的转换是将二进制数中的每一位分别乘以对应的权值，然后将各位上的数值相加。

【例1.1】 求二进制数 $(0110.1)_2$ 对应的十进制数。

解： $(0110.1)_2 = 0 \times 2^3 + 1 \times 2^2 + 1 \times 2^1 + 0 \times 2^0 + 1 \times 2^{-1}$
$= 6.5$

所以，计算结果为 $(0110.1)_2 = (6.5)_{10}$。

2. 十进制数转二进制数

十进制数到二进制数的转换是将十进制数除以2，取余数，直到商为0，最后将所有余数倒序排列即可得到二进制数。

【例1.2】 将 $(34)_{10}$ 转换成二进制数。

解： 整数部分 $(34)_{10}$ 转换成二进制数如下：

```
              余数
    2 | 34
    2 | 17    …0    最低位
    2 | 8     …1
    2 | 4     …0
    2 | 2     …0
    2 | 1     …0
        0     …1    最高位
```

所以，计算结果为$(34)_{10} = (100010)_2$。

3. 十进制转八进制数

八进制数的转换方法涉及将十进制数不断除以 8，并记录每次除法操作的余数。具体步骤如下：

首先，将十进制数除以 8 得到一个商和一个余数。接着，用这个商再次除以 8，再次记录下余数。这个过程一直持续到商变为 0 为止。最后，将依次得到的余数按照从下到上的顺序排列，这个排列就是对应的八进制数。

【例 1.3】 求十进制数$(136)_{10}$对应的八进制数。

解：

```
           余数
8 | 136
8 |  17    …0    最低位
8 |   2    …1
      0    …2    最高位
```

所以，计算结果为$(136)_{10} = (210)_8$。

4. 八进制数转十进制数

八进制数转换为十进制数时，需要从八进制数的最右边开始（即最低位），依次计算每一位的值。每一位的值是其位权值（8 的幂次）乘以该位的数字。并将所有位的计算结果相加，得到的和就是对应的十进制数。

【例 1.4】 求八进制数$(23)_8$对应的十进制数。

解：$(23)_8 = 2 \times 8^1 + 3 \times 8^0 = (19)_{10}$。

所以，计算结果为$(23)_8 = (19)_{10}$。

5. 二进制数转八进制数

对于需要转换的二进制数，从小数点作为分界线，向左和向右分别将二进制数划分为每组三位。如果高位不足三位，在最高位补零以达到三位的长度；如果低位不足三位，在最低位补零以达到三位的长度。接着，将每个三位的二进制组转换成对应的八进制数。

【例 1.5】 $(110.0111)_2$转换成八进制数。

解：$(110.011\ 100)_2 = (6.34)_8$。

所以，计算结果为$(110.0111)_2 = (6.34)_8$。

八进制数转换成二进制时，上述逆行进行。

6. 二进制数转十六进制数

将待转换的二进制数从小数点开始，分别向左、向右每四位一组，高位不足时向最高有效位补 0 以达到四位，低位不足时向最低有效位补 0 以达到四位，然后把每组转换成十六进制数。

【例 1.6】 $(110.1110)_2$转换成十六进制数。

解：$(0110.1110)_2 = (6.\mathrm{E})_{16}$。

所以，计算结果为$(110.1110)_2 = (6.\mathrm{E})_{16}$。

十六进制数转换成二进制时，上述逆行进行。

7. 十六进制数转十进制数

要将十六进制数转换为十进制数，可以将其表示为按权展开的形式，其中每个项是十六进制数的每一位与其位权的乘积。计算出所有这些项的值并将它们相加，最终的和就是对应的十进制数。

【例 1.7】 求十六进制数 $(2AF)_{16}$ 对应的十进制数。

解： $(2AF)_{16} = 2 \times 16^2 + 10 \times 16^1 + 15 \times 16^0$
$= 687$

所以，计算结果为 $(2AF)_{16} = (687)_{10}$。

8. 十进制数转十六进制数

将十进制数转换成十六进制数需要使用一系列计算和转换步骤。首先，将十进制数除以16，并记录余数和商。然后，将商重复上述步骤，直到商为 0。最后，将所有余数按照倒序排列。

【例 1.8】 求十进制数 $(79)_{10}$ 对应的十六进制数。

解：

$$
\begin{array}{r|l l l}
16 & 79 & \text{余数} & \\
16 & 4 & \cdots F & \text{最低位} \\
& 0 & \cdots 4 & \text{最高位} \\
\end{array}
$$

所以，计算结果为 $(79)_{10} = (4F)_{16}$。

1.4.6 二进制数算术运算

在进行二进制数的算术运算（加、减、乘、除）时，两个二进制数可以表示不同的数值。由于十进制数有正负之分，二进制数也需要一种方式来表示符号。在计算机中，通常使用 0 和 1 表示正负，其中定义最高位为符号位：符号位为 0 表示正数，符号位为 1 表示负数。符号位之后的位表示数值的大小。二进制数的符号通常可以用原码、反码或补码这三种方式表示。在二进制数的加减运算中，通常使用补码简化运算过程。

1. 原码

在数字电路和计算机系统中，二进制数的正、负用 0、1 表示，称为原码。用原码表示符号数时，符号位用 0、1 表示，后面的为二进制的数值位数。例如，$S_1 = +11010$ 和 $S_2 = -01110$ 用原码表示为

$$S_{1原码} = 011010 \qquad S_{2原码} = 101110$$

通常用带符号的原码进行减法运算时，会使运算变得复杂，一般采用补码实现有符号位的减法运算。

2. 反码

正数的反码与原码表示相同，负数的反码，最高位符号位数 1 不变，其他数值位数 1 变成 0，0 变成 1。例如，$S_1 = +11010$ 和 $S_2 = -01110$ 用反码表示为

$$S_{1反码} = 011010 \qquad S_{2反码} = 110001$$

3. 补码

在二进制数中，正数的补码表示方法与原码相同。负数的表示方法是，先将负数表示为反码，然后在最低位加 1。例如，$S_1 = +11010$ 和 $S_2 = -01110$ 用补码表示为

$$S_{1补码} = 011010 \qquad S_{2补码} = 110010$$

当两个符号数以补码形式进行运算时，两个数的整数和小数部分位数必须相等。如果不

相等，就需要相应地增加位数。

【例 1.9】 分别写出 3.5 和 –4.7 的四位字长的原码、反码、补码。

解： 4 位字长 3.5 的原码、反码、补码都是 0011.0101。

4 位字长 –4.7 的原码是：1100.0111。

4 位字长 –4.7 的反码是：1011.1000。

4 位字长 –4.7 的补码是：1011.1001。

【例 1.10】 有两个数 $N_1 = 0010$，$N_2 = 1101$，用补码求 $N_1 + N_2$、$N_1 - N_2$ 的值。

$N_{1原码} = N_{1补码} = 00010$，$N_{2原码} = N_{2补码} = 01101$，$-N_{2原码} = 11101$，$-N_{2补码} = 10011$

$(N_1 + N_2)_{补码} = 010001$　　$(N_1 - N_2)_{补码} = 10101$

$N_1 + N_2$ 是正数，原码为 010001，$N_1 + N_2$ 是负数，原码为 11011。

本节思考题

1. 八进制数如何转为十六进制数？
2. 计算机中的数为什么要用补码形式表示？

1.5 数字电路中的常用编码

视频

数字电路中的常用编码

在数字系统中，信息是以二进制代码表示的，因此，下面介绍几种常用的二进制编码。

对于多个不同的数字式信息，按照一定的规律分别给其指定一个代表符号的过程称为编码。这些代表给定信息的符号称为代码，简称码。在数字电路中，代码都是用若干位二进制 0 和 1 的不同组合构成的。因此，这种代码习惯上称为二进制代码。值得注意的是，这里的"二进制"并没有"进位"含义，只是强调采用的是二进制数的数码符号而已。n 位的二进制码元，共有 2^n 种不同的组合，可以用其代表 2^n 种不同的信息。

1.5.1 二-十进制码（BCD 码）

二-十进制码是用二进制码元来表示十进制数符 0～9 的代码，简称 BCD 码（binary coded decimal）。

用二进制码元来表示 0～9 共 10 个数符，必须用四位二进制码元来表示，而四位二进制码元共有 16 种组合，从中取出 10 种组合来表示 0～9 的编码方案有很多种。目前几种常用的 BCD 码见表 1-14。若某种代码的每一位都有固定的"权值"，则称这种代码为有权码；否则称为无权码。

表 1-14　几种常用的 BCD 码

十进制数	有权 BCD		无权 BCD	
	8421 码	2421 码	余 3 码	格雷码
0	0000	0000	0011	0000
1	0001	0001	0100	0001
2	0010	0010	0101	0011

续表

十进制数	有权 BCD		无权 BCD	
	8421 码	2421 码	余 3 码	格雷码
3	0011	0011	0110	0010
4	0100	0100	0111	0110
5	0101	1011	1000	0111
6	0110	1100	1001	0101
7	0111	1101	1010	0100
8	1000	1110	1011	1100
9	1001	1111	1100	1000

下面分别介绍 8421 码、2421 码、余 3 码和 Gray 码（格雷码）。

1. 8421 码

8421 码是有权码，每个代码的"1"都代表一个固定的十进制数，例如，第四位的"1"代表十进制数"8"，第三位的"1"代表十进制数"4"，依此类推。十进制数"9"对应的编码是"1001"，即 8 + 1 = 9，十进制数"6"对应的编码是"0110"，即 4 + 2 = 6。

2. 2421 码

2421 码的四位权值从高到低分别为 2、4、2、1，2421 码也是有权码。

3. 余 3 码

余 3 码是无权码，它的各位代码没有固定的权值。它是在 8421 码的每个码组加上 0011（十进制数"3"）形成的。

4. 格雷码（Gray 码）

格雷码是无权码，它有多种编码方式，取其中的一种编码如表 1-13 所示。它的特点是每个相邻的码组之间相差代码"1"，且头和尾两个码组之间也相差"1"，因此又称循环码，它属于可靠性编码。

若把一种 BCD 码转换成另一种 BCD 码，应先求出某种 BCD 码代表的十进制数，再将该十进制数转换成另一种 BCD 码。

1.5.2 奇偶校验码

代码在产生和传输的过程中，难免发生错误。为了减少错误的发生，或者在发生错误时能迅速地发现或纠正，广泛采用了可靠性编码技术。利用该技术编制出来的代码称为可靠性代码，最常用的可靠性代码有奇偶校验码和循环冗余校验码。

奇偶校验码是一种最简单的数据校验码，是奇校验码和偶校验码的统称，属于检错码。奇偶校验码由信息位和校验位两部分组成，它的编码规则是：在信息位的基础上增加 1 位校验位，使信息位和校验位中 1 的个数恒为奇数或偶数。若为奇数，则为奇校验码；若为偶数，则为偶校验码。例如：

信息位：1 0 0 1 1 1 0 1→1 0 0 1 1 1 0 1 1偶校验码（1 的个数为偶数）。
信息位：1 0 0 1 1 1 0 1→1 0 0 1 1 1 0 1 0奇校验码（1 的个数为奇数）。
校验码最后 1 位 1、0 为校验位。

从检纠错能力上讲，奇偶校验码可以检测一位错码，但不能纠错，由于同时发生多位错误的概率远比发生一位错误低，因此，该码被广泛采用。

1.5.3 ASCII 码

计算机中的数据除了数字还有字母、标点符号、运算符以及其他字符，这些字母、标点符号等字符的传输采用美国信息交换标准码（ASCII），ASCII 码用 7 位二进制数表示 128 种不同字符，见表 1-15。

表 1-15 ASCII 码编码表

低 4 位代码	高 3 位代码							
	000	001	010	011	100	101	110	111
0000	NUL	DLE	SP	0	@	P	`	p
0001	SOH	DC1	!	1	A	Q	a	q
0010	STX	DC2	"	2	B	R	b	r
0011	ETX	DC3	#	3	C	S	c	s
0100	EOT	DC4	$	4	D	T	d	t
0101	ENQ	NAK	%	5	E	U	e	u
0110	ACK	SYN	&	6	F	V	f	v
0111	BEL	ETB	'	7	G	W	g	w
1000	BS	CAN	(	8	H	X	h	x
1001	HT	EM	)	9	I	Y	i	y
1010	LF	SUB	*	:	J	Z	j	z
1011	VT	ESC	+	;	K	[	k	{
1100	FF	FS	,	<	L	\	l	|
1101	CR	GS	-	=	M	]	m	}
1110	SO	RS	.	>	N	^	n	~
1111	SI	US	/	?	O	_	o	DEL

注：ASCII 码中部分字符的含义如下。

NUL：空白；SOH：标题开始；STX：文本开始；ETX：文本结束；EOT：传输结束；ENQ：询问；ACK：确认；BEL：报警；BS：退格；HT：横表；LF：换行；VT：纵表；FF：换页；CR：回车；SO：移出；SI：移入；DLE：数据链路转义；DC1：设备控制 1；DC2：设备控制 2；DC3：设备控制 3；DC4：设备控制 4；NAK：否认；SYN：同步；ETB：信息块传输结束；CAN：取消；EM：纸尽；SUB：取代；ESC：脱离；FS：分件分隔符；GS：组分隔符；RS：记录分隔符；US：单元分隔符；SP：空格；DEL：删除。

本节思考题

1. 编码概念中的代码与二进制数有何区别？
2. 8421BCD 码是如何构成的？它与四位二进制编码有什么区别？
3. 为何数据传输过程需要增加校验位？校验码一般分为哪几部分？

小 结

1. 数字电路的研究对象。数字电路不同于模拟电路，它是工作在数字脉冲信号下，它把输入信号作为条件，输出信号作为结果，是研究条件与结果的逻辑关系。

2. 数字逻辑电路中的变量取值只有0和1两种，具有二值性。0和1在数字电路中表示两种互为对立的逻辑状态，而不是数值的大小。

3. 真值表是研究数字逻辑的重要分析工具，它是根据逻辑函数输入变量和输出函数之间的逻辑关系而建立的，真值表的左边是输入逻辑变量如 A、B，右边是输出函数的取值，真值表要列多少行取决于输入变量的个数，如一个输入变量 A 有两种取值的可能，$A=0$ 和 $A=1$ 两种情况时，对应的输出函数有两种结果；如果有两个输入变量 A 和 B，输出函数就有四种结果：$A=0$，$B=0$；$A=0$，$B=1$；$A=1$，$B=0$；$A=1$，$B=1$。如果有三个输入变量，输出函数对应有几种结果呢？留给读者自己思考。

4. 有三种基本的逻辑运算，即与运算、或运算和非运算。由与、或、非可构成与非、或非等复合逻辑运算。

与非逻辑的性质：输入变量有0，输出结果必为1；输入变量全1，输出结果才为0。

或非逻辑的性质：输入变量有1，输出结果必为0；输入变量全0，输出结果才为1。

5. 逻辑运算是数字逻辑电路的灵魂，要求对基本逻辑运算和复合逻辑运算非常熟悉，做到运用自如。

习 题

1. 电子计算机为什么采用二进制0和1两个数码进行运算？有何好处？
2. 写出下列各题的逻辑函数真值表。
   (1) $F = AB + \bar{A}\bar{B}$；
   (2) $F = \bar{A}B + A\bar{B}$；
   (3) $F = ABC + A\bar{B}\bar{C}$；
   (4) $F = \bar{A}\bar{B}\bar{C} + ABC$。
3. 求解下列各题的逻辑运算结果。
   (1) $F = 1 + A + B$；
   (2) $F = 0 \cdot A \cdot B$；
   (3) $F = A + \bar{A}$；
   (4) $F = A \cdot \bar{A}$。
4. 画出图1-20中逻辑函数的波形图。

图1-20 题4图

5. 已知电路及各输入信号的波形，试画出图 1-21 中输出 F 的波形。

图 1-21　题 5 图

第 2 章 逻辑代数和逻辑函数化简

学习目标

- 掌握逻辑代数基本运算公式和代入、对偶、反演等三个法则。
- 理解最小项及其标准逻辑函数表达式的概念。
- 会用逻辑代数法和卡诺图法化简逻辑函数。

本章的内容是围绕如何化简逻辑函数而展开的。化简逻辑函数主要有两种工具，即逻辑代数法和卡诺图。逻辑函数的化简是读者学习本门课程应具备的基本能力。

2.1 逻辑代数的基本定律

1849 年，英国数学家乔治·布尔（George Boole）首先提出了描述客观事物逻辑关系的数学方法——布尔代数，1938 年香农（Shannon）才开始将其用于开关电路的设计。到 20 世纪 60 年代，数字技术的发展才使布尔代数成为逻辑设计的基础，被广泛地应用于数字逻辑电路的分析与设计中，所以也把布尔代数称为逻辑代数，逻辑代数是分析和设计数字逻辑电路的数学工具。逻辑函数的化简可以用逻辑代数的公式来化简，也可用卡诺图来化简，读者可根据自己的需要进行选择。

2.1.1 逻辑代数运算法则

1. 基本运算法则

$$0+0=0; \quad 0+1=1; \quad 1+1=1;$$
$$0 \cdot 0=0; \quad 0 \cdot 1=0; \quad 1 \cdot 1=1;$$
$$A \cdot A=A; \quad 0 \cdot A=0; \quad 1 \cdot A=A;$$
$$A+A=A; \quad 1+A=1; \quad A+\overline{A}=1; \quad A \cdot \overline{A}=0.$$

2. 基本运算公式

基本运算公式见表 2-1。

表 2-1 基本运算公式

序 号	公 式 名 称	公 式	
1	0-1 律	$A \cdot 0 = 0$	$A + 1 = 1$
2	自等律	$A \cdot 1 = A$	$A + 0 = A$

续表

序 号	公式名称	公 式	
3	等幂律	$A \cdot A = A$	$A + A = A$
4	互补律	$A \cdot \overline{A} = 0$	$A + \overline{A} = 1$
5	交换律	$A \cdot B = B \cdot A$	$A + B = B + A$
6	结合律	$A(B \cdot C) = (A \cdot B) \cdot C$	$A + (B + C) = (A + B) + C$
7	分配律	$A(B + C) = AB + AC$	$A + BC = (A + B)(A + C)$
8	吸收率1	$(A + B)(A + \overline{B}) = A$	$AB + A\overline{B} = A$
9	吸收率2	$A(A + B) = A$	$A + AB = A$
10	吸收率3	$A(\overline{A} + B) = AB$	$A + \overline{A}B = A + B$
11	多余项定律	$(A + B)(\overline{A} + C)(B + C) = (A + B)(\overline{A} + C)$	$AB + \overline{A}C + BC = AB + \overline{A}C$
12	反演律(德·摩根定律)	$\overline{AB} = \overline{A} + \overline{B}$	$\overline{A + B} = \overline{A} \cdot \overline{B}$
13	否否律	$\overline{\overline{A}} = A$	

3. 基本运算公式证明举例

【例2.1】 证明分配律：$A + BC = (A + B)(A + C)$。

解： 原式 $= (A + B)(A + C)$ 　　（去括号）

　　　　　$= AA + AB + AC + BC$ 　　（提取A变量）

　　　　　$= A(1 + B + C) + BC$ 　　（运用公式）

　　　　　$= A + BC$

证毕。

【例2.2】 证明吸收律1：$(A + B)(A + \overline{B}) = A$。

解： 原式 $= (A + B)(A + \overline{B})$ 　　（去括号）

　　　　　$= AA + A\overline{B} + AB + B\overline{B}$ 　　（公式 $A \cdot A = A, B \cdot \overline{B} = 0$）

　　　　　$= A + A\overline{B} + AB$

　　　　　$= A(1 + \overline{B} + B)$

　　　　　$= A$

证毕。

观察 $A + A\overline{B} + AB$ 表达式，三个因式项中，A 是独立因子，而其他因式项中包含了该因子 A，因此，可消去包含 A 因子的因式项 $A\overline{B}$、AB，得到：$A + A\overline{B} + AB = A$，结果与上面公式法化简的结果相同。

再细心观察吸收律1：$(A + B)(A + \overline{B})$，两个因式项中，均有原变量 A，则可消去一对互为相反的变量 B 和 $\overline{B}$。

【例2.3】 证明吸收律2：$A(A + B) = A$。

解： 原式 $= A(A + B) = AA + AB$

　　　　　$= A + AB$

　　　　　$= A$

证毕。

【例2.4】 证明吸收律3：$A + \overline{A}B = A + B$。

解： 原式 $= (A + \overline{A})(A + B)$ 　　（应用分配律）

　　　　　$= A + B$

证毕。

【例2.5】 证明多余项定律：$(A+B)(\bar{A}+C)(B+C) = (A+B)(\bar{A}+C)$

为了熟悉真值表的使用，下面用真值表来证明。

解：根据上式列出真值表，见表2-2。

表2-2 多余项定律证明

输入变量			输出变量	
A	B	C	$(A+B)(\bar{A}+C)(B+C)$	$(A+B)(\bar{A}+C)$
0	0	0	0	0
0	0	1	0	0
0	1	0	1	1
0	1	1	1	1
1	0	0	0	0
1	0	1	1	1
1	1	0	0	0
1	1	1	1	1

由表2-2可见，当A、B、C三个变量的取值确定时，上式左右两边的函数值相等，因此，多余项定律是成立的。

注意该式的使用条件：多余项定律的形式一定是三个因式项。在三个因式项中，如果有两个因式项之间存在一对互为相反的变量，如A和$\bar{A}$；且第三个因式项中的因子分别在前两个因式项中出现，则第三个因式项为多余项。

多余项应用的推广：

$$AB + \bar{A}C + BCEFG$$
$$= AB + \bar{A}C + BC + BCEFG$$
$$= AB + \bar{A}C + BC(1 + EFG)$$
$$= AB + \bar{A}C$$

【例2.6】 化简 $F = AB + \bar{A}C + ABD + BCD$。

解：原式 $= AB + \bar{A}C + ABD + BCD$
$\qquad = AB(1+D) + \bar{A}C + BCD$
$\qquad = AB + \bar{A}C + BCD$（多余项定律）
$\qquad = AB + \bar{A}C$

【例2.7】 证明反演律（德·摩根定律）：$\overline{AB} = \bar{A} + \bar{B}$。

反演律可以用真值表来证明，见表2-3。

表2-3 反演律（德·摩根定律）证明

A B	$\bar{A}$ $\bar{B}$	$\overline{A+B}$	$\bar{A} \cdot \bar{B}$	$\overline{AB}$	$\bar{A} + \bar{B}$
0 0	1 1	1	1	1	1
0 1	1 0	0	0	1	1
1 0	0 1	0	0	1	1
1 1	0 0	0	0	0	0

【例 2.8】 化简 $F = \overline{A}B + AC + \overline{B}C$。

解：原式 $= \overline{A}B + AC + \overline{B}C$
$= \overline{A}B + C(A + \overline{B})$
$= \overline{A}B + C(\overline{\overline{A}B})$ （利用反演律）
$= \overline{A}B + C$ （吸收律 3）

2.1.2 三个基本法则

逻辑代数中还有三个重要的基本法则，掌握这些法则后，可以将原有的公式加以扩展或推出一些新的运算公式。

1. 代入法则

逻辑代数中任何一个变量，都可以用另一个变量来代替，等式仍然成立。代入法则可以扩大基本公式的应用范围。

【例 2.9】 证明 $\overline{A + B + C} = \overline{A} \cdot \overline{B} \cdot \overline{C}$。

解：$\overline{A + B} = \overline{A} \cdot \overline{B}$ （反演律）

将两边的 B 变量用 $B + C$ 代入得到

$$\overline{A + B + C} = \overline{A} \cdot \overline{B} \cdot \overline{C}$$

该公式可以推广到 n 个变量中。

2. 对偶法则

对于任何一个逻辑表达式 F，如果将其中的运算符"+"换成"·"，"·"换成"+"；"1"换成"0"，"0"换成"1"；保持原先的逻辑运算优先级，变量不变，长非号（覆盖两个变量以上的非号）不变，则可得原函数 F 的对偶式 G，且 F 和 G 互为对偶式。根据对偶式的法则，即原式成立其对偶式也一定成立。这样，就可扩展基本公式的应用范围。在求对偶式的时候要注意保持原式中运算符的优先级不变。如表 3-2 的基本公式，表的左列与右列互为对偶式。

3. 反演法则

由原函数求反函数称为反演或求反。将原函数的"+"换成"·"运算，"·"运算换成"+"，"1"换成"0"，"0"换成"1"，原变量换成反变量，反变量换成原变量，长非号保持不变，并保持原先的逻辑优先级，则可得原函数 F 的反函数 $\overline{F}$。

【例 2.10】 已知 $F = A + B + \overline{C + D} + E$，求 $\overline{F}$。

解：用反演法则求得：

$$\overline{F} = \overline{A} \cdot \overline{B} \cdot \overline{\overline{C} \cdot \overline{D}} \cdot \overline{E}$$

2.1.3 逻辑代数的应用举例

运用逻辑代数可以将同一个逻辑问题转化为五种不同的逻辑函数，即与或表达式、与非-与非表达式、与或非表达式、或与表达式、或非-或非表达式。下面以 $F = AB + CD$ 的逻辑函数表达式进行说明。

1. 与或表达式

与或表达式 $F = AB + CD$ 是常见的形式，它的运算顺序是先进行 AB 和 CD 的与运算，然后再进行或运算，其逻辑图如图 2-1 所示。

2. 与非-与非表达式

与非-与非表达式也是最常见的形式，它可以由函数 $F = AB + CD$ 运用公式中的否否律将其转化成与非-与非表达式。$F = AB + CD = \overline{\overline{AB + CD}}$，$F = \overline{\overline{AB} \cdot \overline{CD}}$，它的运算顺序是先进行 AB 和 CD 的与非运算，然后再进行一次与非运算，其逻辑图如图 2-2 所示。

图 2-1　与或逻辑图　　　　　图 2-2　与非-与非逻辑图

3. 或与表达式

或与表达式 $F = (A + B)(C + D)$，它可以由函数 $F = AB + CD$ 求其对偶式得到。它的运算顺序是先进行或运算，再进行与运算，其逻辑图如图 2-3 所示。

4. 或非-或非表达式

或非-或非表达式 $F = \overline{\overline{A + B} + \overline{C + D}}$，它可以由上式的或与表达式运用否否律即可转换为或非-或非表达式。它的运算顺序是先进行 $A + B$ 和 $C + D$ 的或非运算，然后再对它们运算的结果进行或非运算，其逻辑图如图 2-4 所示。

图 2-3　或与逻辑图　　　　　图 2-4　或非-或非逻辑图

5. 与或非表达式

与或非表达式是将 F 求反得到它的反函数 $\overline{F} = \overline{AB + CD}$，它的运算顺序是先进行 AB 和 CD 的与运算，再对它们进行或非运算，其逻辑图如图 2-5 所示。

图 2-5　与或非逻辑图

本节思考题

1. 什么是布尔代数？
2. ① $A + 1 = ?$　② $A \cdot 0 = ?$　③ $A \cdot A = ?$　④ $A + A = ?$
3. $ABC + \overline{A} + \overline{B} + \overline{C} = 1$，该等式正确吗？根据是什么？
4. 用对偶法则验证表 2-1 中的公式。
5. 在数字逻辑中，对于同一个逻辑问题可以有几种不同的逻辑表达式来描述？

2.2 逻辑函数的最小项标准表达式

2.2.1 最小项的定义及其性质

1. 最小项的定义

n 个变量 $x_1,x_2,x_3,\cdots,x_n$ 的最小项是 n 个因子的乘积，每个变量都以它的原变量或反变量的形式在乘积项中出现，且仅出现一次。

不同个数的输入变量及其对应的最小项之间的关系如图 2-6 所示。例如，一个变量 A 有两个最小项：A 和 $\overline{A}$（最小项的个数为 2^1），如图 2-6（a）所示，图 2-6 中的 m 是最小项的标识符；两个变量 A、B 有四个最小项：$\overline{A}\,\overline{B}$、$\overline{A}B$、$A\overline{B}$ 和 AB（最小项的个数为 2^2），如图 2-6（b）所示；三个变量 A、B、C 有八个最小项：$\overline{A}\,\overline{B}\,\overline{C}$、$\overline{A}\,\overline{B}C$、$\overline{A}B\overline{C}$、$\overline{A}BC$、$A\overline{B}\,\overline{C}$、$A\overline{B}C$、$AB\overline{C}$ 和 ABC（最小项的个数为 2^3），如图 2-6（c）所示，依此类推。输入变量与最小项之间的对应关系满足 2^n，其中，n 为输入变量的个数。

1 个变量的最小项

A	最小项名称	最小项编号
0	$\overline{A}$	m_0
1	A	m_1

（a）

2 个变量的最小项

A B	最小项名称	最小项编号
0 0	$\overline{A}\,\overline{B}$	m_0
0 1	$\overline{A}\,B$	m_1
1 0	$A\,\overline{B}$	m_2
1 1	$A\,B$	m_3

（b）

3 个变量的最小项

A B C	最小项名称	最小项编号
0 0 0	$\overline{A}\,\overline{B}\,\overline{C}$	m_0
0 0 1	$\overline{A}\,\overline{B}\,C$	m_1
0 1 0	$\overline{A}\,B\,\overline{C}$	m_2
0 1 1	$\overline{A}\,B\,C$	m_3
1 0 0	$A\,\overline{B}\,\overline{C}$	m_4
1 0 1	$A\,\overline{B}\,C$	m_5
1 1 0	$A\,B\,\overline{C}$	m_6
1 1 1	$A\,B\,C$	m_7

（c）

图 2-6 输入变量与最小项之间的数量关系

根据最小项的定义，$\overline{A}\overline{B}C$、$\overline{A}B\overline{C}$、$ABC$ 都是最小项，而 $\overline{A}AB$、AB、AC 等都不是最小项，$\overline{A}AB$ 变量的这种组合同时出现原变量和反变量，是错误的；AB 和 AC 这两项不是最小项，称为一般项，这两个一般项分别缺少 C 和 B 变量。

2. 最小项的性质

下面以三变量的最小项为例来说明最小项的性质，观察表 2-4，可总结出以下性质。

1）性质 1

对于任意一个最小项，只有一组取值使得它的值为 1，而在其他各组值时，这个最小项的值都是 0（纵向见表 2-4）。

表 2-4 三变量最小项真值表

A	B	C	$\bar{A}\bar{B}\bar{C}$	$\bar{A}\bar{B}C$	$\bar{A}B\bar{C}$	$\bar{A}BC$	$A\bar{B}\bar{C}$	$A\bar{B}C$	$AB\bar{C}$	ABC
0	0	0	1	0	0	0	0	0	0	0
0	0	1	0	1	0	0	0	0	0	0
0	1	0	0	0	1	0	0	0	0	0
0	1	1	0	0	0	1	0	0	0	0
1	0	0	0	0	0	0	1	0	0	0
1	0	1	0	0	0	0	0	1	0	0
1	1	0	0	0	0	0	0	0	1	0
1	1	1	0	0	0	0	0	0	0	1

2）性质 2

不同的最小项，使它为 1 的那一组变量取值也不同。

3）性质 3

对于变量的任一组取值，任意两个最小项的乘积为 0。

4）性质 4

对于变量的任一组取值，全体最小项之和为 1（横向看表 2-4）。

以 $F = ABC + A\bar{B}C + A\bar{B}\bar{C} + \bar{A}BC$ 来说明该性质，先看表 2-5 所示真值表。

表 2-5 $F = ABC + A\bar{B}C + A\bar{B}\bar{C} + \bar{A}BC$ 的真值表

A	B	C	$\bar{A}\bar{B}\bar{C}$	$\bar{A}\bar{B}C$	$\bar{A}B\bar{C}$	$\bar{A}BC$	$A\bar{B}\bar{C}$	$A\bar{B}C$	$AB\bar{C}$	ABC
0	0	0	**0**	0	0	0	0	0	0	0
0	0	1	0	**0**	0	0	0	0	0	0
0	1	0	0	0	**0**	0	0	0	0	0
0	1	1	0	0	0	1	0	0	0	0
1	0	0	0	0	0	0	**0**	0	0	0
1	0	1	0	0	0	0	0	1	0	0
1	1	0	0	0	0	0	0	0	1	0
1	1	1	0	0	0	0	0	0	0	1

由真值表可见，对于逻辑函数 F 只有四个最小项的取值使它为 1，其他四个最小项的取值使其为 0。为了更清楚该项的性质，可以把该函数全部最小项取值写出来，即

$$F = \bar{A}\bar{B}\bar{C} + \bar{A}\bar{B}C + \bar{A}B\bar{C} + \bar{A}BC + A\bar{B}\bar{C} + A\bar{B}C + AB\bar{C} + ABC$$
$$= 0 + 0 + 0 + 1 + 0 + 1 + 1 + 1$$
$$= 1$$

因此，在书写最小项与或逻辑函数表达式时，可把上述最小项取值为 0 的因式项舍去便得到

$$F = \bar{A}BC + A\bar{B}\bar{C} + A\bar{B}C + ABC$$

满足性质 4。

2.2.2 最小项标准式

1. 最小项标准式

由最小项组成的与或式，便是最小项标准式（不一定由全部最小项组成），如：$F = \bar{A}BC + A\bar{B}C +$

$AB\overline{C} + ABC$ 是最小项标准表达式。表达式 $F = \overline{A}BC + AC + \overline{B}C$ 不是最小项标准式，称为一般式。

2. 由一般式获得最小项标准式

由一般项表达式转换成为最小项标准表达式可采用添项的方法，根据 $A + \overline{A} = 1$ 的公式，对一般项所缺的变量进行添项，如 $F = \overline{A}BC + AC + \overline{B}C = \overline{A}BC + A(B + \overline{B})C + (A + \overline{A})\overline{B}C$，然后，拆括弧得到最小项标准表达式 $F = \overline{A}BC + ABC + A\overline{B}C + AB\overline{C} + \overline{A}\overline{B}C$。

3. 最小项标准式的书写

最小项通常用 m_i 表示，下标 i 为最小项的编号，用十进制自然数表示。如 $\overline{A}\overline{B}\overline{C}$ 在真值表中对应的取值为 000，因此，可以用 m_0 表示；同理 $AB\overline{C}$ 对应的取值为 100，就用 m_4 表示，依此类推。如 $F = \overline{A}\overline{B}C + \overline{A}B\overline{C} + \overline{A}BC + AB\overline{C} + ABC$，可以写成 $F = m_1 + m_2 + m_3 + m_6 + m_7$，有时为了书写简便还可写成 $F = \sum m(1,2,3,6,7)$。

> ## 本节思考题
>
> 1. 什么是最小项？试写出三变量逻辑函数的最小项。
> 2. 对于 $F(A, B, C)$ 逻辑函数，下列因式项是最小项吗？如果不是请说明理由。
> $A\overline{B}$、$A\overline{A}C$、ABB、$\overline{A}\overline{B}\overline{C}$、$ABC$、$BC$
> 3. 什么是最小项标准式？试写出四变量的最小项标准式。
> 4. 由函数的一般式如何得到函数的最小项标准式？举例说明。
> 5. 函数 $F = \overline{A}BC + \overline{A}B\overline{C} + \overline{A}\overline{B}C + AB\overline{C} + ABC$，根据最小项的定义函数表达式中应该有八个最小项，而函数中只给出五个。请根据最小项的性质说明函数的因式项为什么只出现五个最小项？其余的最小项呢？

2.3 逻辑函数的化简

本节将详细地讲解逻辑函数的化简方法，主要包括最简逻辑函数、逻辑代数化简法、卡诺图化简法等内容。

2.3.1 最简逻辑函数

在数字电子系统中逻辑函数的化简是十分重要的，先来看下面的例子。函数 $F = AB\overline{C} + \overline{A}BC + \overline{A}\overline{B}C + \overline{A}B + B + BC$，实现该函数的逻辑电路如图 2-7（a）所示，该函数可以用逻辑代数进行化简，得到最简的逻辑函数 $F = AC + B$，其逻辑图如图 2-7（b）所示。

1. 逻辑函数化简要求

由此可见，逻辑图与逻辑表达式有直接的关系，逻辑函数越简单，则实现该逻辑函数所需要的逻辑门数就越少。这样既可以节约元器件，又提高了电路的可靠性。在逻辑电路设计中，我们的目的是要用最少的逻辑器件来实现同一个逻辑函数。因此，逻辑函数化简的要求如下：

(1) 逻辑电路所用的"门"数量最少；
(2) 各个门的输入端要少；
(3) 构成逻辑电路的级数要少。

(a) F原函数的逻辑图   (b) 化简后的逻辑图

图 2-7 逻辑函数化简前后的逻辑图

2. 最简逻辑函数的意义

1) 经济意义

在数字电子工程中,逻辑电路所用的门数最少,从经济上考虑减少了实现该电路的成本,节约了资金。图 2-7(a)用了五个与门、一个或门,而图 2-7(b)中仅用了一个与门和一个或门,因此大大地降低了生产该电路的成本,具有经济意义。

2) 电路性能的提高

从电路的工作速度和可靠性上考虑,逻辑电路的级数少,信号从输入端传输到输出端所用的时间少,电路的工作速度相对要快;所用的门电路少,焊接电路的焊点少,提高了电路的可靠性。

在实际的逻辑电路设计中,要兼顾各项指标。因此,在学习数字逻辑电路中要重视逻辑函数的化简。化简逻辑函数有两种方法:一种是代数法,用逻辑代数的基本定律来化简;另一种是卡诺图法,用框图来化简逻辑函数。

2.3.2 逻辑代数化简法

逻辑代数化简法就是利用逻辑代数的基本定律来进行化简逻辑函数。

1. 应用吸收律 2 和吸收律 3

$$A + AB = A, \quad A + \overline{A}B = A + B$$

【例 2.11】 化简 $F = AB\overline{C} + A\overline{B}C + \overline{A}BC + \overline{A}B + B + BC$。

解:根据 $A + AB = A$,第一项、第三项、第四项、第五项和第六项等五项可化简为 B,所以

原式:$F = A\overline{B}C + B$。

又根据 $A + \overline{A}B = A + B$,求得 $F = AC + B$($\overline{B}$ 被吸收了)。

【例 2.12】 化简 $F = A\overline{C} + AB\overline{C}D(E + F)$。

本题中的因式项是由多个因子构成,因此,可用代入法来求解。

解:令 $A\overline{C} = Z$,则 $F = A\overline{C} + AB\overline{C}D(E + F) = Z + ZBD(E + F)$,然后用吸收律 1 来求得最后结果得:$F = Z = A\overline{C}$。

2. 应用吸收律 1

$$AB + A\overline{B} = A$$

【例 2.13】 化简 $F = AB + CD + A\overline{B} + \overline{C}D$。

解：上式中，第一项与第三项满足公式得 $AB + A\bar{B} = A$，第二项与第四项满足公式得 $CD + \bar{C}\bar{D} = D$，因此，

原式：$F = A + D$。

【例 2.14】 化简 $F = A\bar{B}C + A\bar{B}\bar{C}$。

解：令 $Z = A\bar{B}$，则

原式 $= Z + Z\bar{C} = Z = A\bar{B}$

3. 应用多余项定律进行化简

$$AB + \bar{A}C + BC = AB + \bar{A}C$$

【例 2.15】 化简 $F = AB + \bar{A}CD + BCDE$。

解：根据多余项定律，式中的前两项有一对互为相反的因子 A 和 $\bar{A}$，第三项有因子 B 和 CD 分别包含在前两项因式中，所以第三个因式项是多余项。

原式 $= AB + \bar{A}CD$。

【例 2.16】 化简 $F = AC + \bar{A}D + BD + B\bar{C}$。

解：有时为了消去某些因子，有意加上多余项，将函数化简后，再将它消去。

原式 $= AC + B\bar{C} + \bar{A}D + BD$（重新排序）

$= AC + B\bar{C} + AB + (\bar{A} + B)D$（增加多余项 AB）

$= AC + B\bar{C} + AB + \overline{AB}D$（应用吸收律 3 将 AB 反因子吸收）

$= AC + B\bar{C} + D$

逻辑函数化简
例题

4. 综合应用多种方法进行化简

【例 2.17】 化简 $F = AC + \bar{B}C + B\bar{D} + C\bar{D} + AB + A\bar{C} + \bar{A}BC\bar{D} + A\bar{B}DE$。

解：第一项与第六项满足吸收律 1（即 $AC + A\bar{C} = A$），得到下式：

$$F = A + \bar{B}C + B\bar{D} + C\bar{D} + AB + \bar{A}BC\bar{D} + A\bar{B}DE \tag{1}$$

式（1）中，A 为独立因子，则可消去包含 A 独立因子的因式项 AB 和 $A\bar{B}DE$（也可用吸收律 2），得到下式：

$$F = A + \bar{B}C + B\bar{D} + C\bar{D} + \bar{A}BC\bar{D} \tag{2}$$

式（2）中，有 A、$\bar{A}BC\bar{D}$ 两个因式项，可应用吸收律 3 消去 $\bar{A}BC\bar{D}$ 的反因子 $\bar{A}$ 得：

$$F = A + \bar{B}C + B\bar{D} + C\bar{D} + BC\bar{D} \tag{3}$$

式（3）中，$B\bar{D} + BC\bar{D} = B\bar{D}$（吸收律 2）得：

$F = A + \bar{B}C + B\bar{D} + C\bar{D}$，由于第二项至第四项可用多余项定律化简得：

$$F = A + \bar{B}C + B\bar{D}$$

2.3.3 卡诺图的结构

逻辑代数化简法要求对逻辑代数的基本定律非常熟悉，而卡诺图则是一种图形化简的方法，利用卡诺图可以有规律地化简逻辑函数表达式，并能直观地写出逻辑函数表达式。

卡诺图适用于逻辑函数的与或表达式，它是一种平面方格阵列图，每一个方格中填有最小项。

1. 卡诺图的结构

（1）卡诺图的每个方格表示一个最小项。一个变量有两个最小项，所以用两个方格表示，如图 2-8（a）所示；两个变量有四个最小项需要用四个方格表示，如图 2-8（b）所示；三个变量需要八个方格，如图 2-8（c）所示，依此类推。由于变量数与最小项的个数是 2^n 的

关系，因此，n 个变量有 2^n 个方格。

（a）一变量卡诺图　　　　　　　　　　（b）二变量卡诺图

（c）三变量卡诺图　　　　　　　　　　（d）四变量卡诺图

图 2-8　卡诺图的结构

（2）卡诺图中的变量沿坐标轴方向按格雷码的规律进行取值，坐标中的 0 表示反变量，1 表示原变量。

（3）卡诺图中的斜线表示 F 函数，求得的结果是逻辑函数的最简表达式。

2. 卡诺图的最小项排列规律

观察图 2-9 所示的卡诺图，任意两个几何位置相邻的最小项称为相邻项。如 $\bar{A}\bar{B}\bar{C}(m_0)$ 和 $\bar{A}\bar{B}C(m_1)$ 是相邻项，相邻项的特点是彼此只有一个变量不同，且是互为相反的变量。m_0 与 m_2 也是相邻的，因为 $\bar{A}\bar{B}\bar{C}$ 与 $\bar{A}B\bar{C}$ 只有 B 变量不同，且有一对互为相反的变量 B 和 $\bar{B}$。m_0 和 m_4 是否是相邻项呢？m_0 的最小项是 $\bar{A}\bar{B}\bar{C}$，m_4 的最小项是 $A\bar{B}\bar{C}$，它们只有 A 变量不同，且 A 和 $\bar{A}$ 互为反变量，所以 m_0 和 m_4 也是相邻项。同理，可以证明卡诺图中的四个角方格内的最小项是相邻项，两个边方格内的最小项也是相邻项。

图 2-9　三变量的卡诺图

2.3.4 逻辑函数的卡诺图表示

将逻辑函数化成标准最小项与或表达式，就可以用卡诺图来表示函数。

【例 2.18】 $F = \overline{A}\,\overline{B}\,\overline{C} + \overline{A}BC + A\overline{B}\,\overline{C} + AB\overline{C} + ABC$ 用卡诺图表示。

解：原式 $= m_0 + m_3 + m_4 + m_6 + m_7$。

填图的方法是将这些最小项在卡诺图相应的位置上填"1"，其余的方格内填"0"。但为了图面的清晰，一般情况下只填 1，而 0 是默认的，如图 2-10 所示。

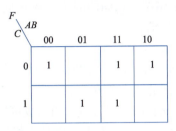

图 2-10 三变量逻辑函数的卡诺图表示

逻辑函数的一般式如何填写卡诺图呢？下面来看填图的例子。

【例 2.19】 $F = B\overline{C} + C\overline{D} + \overline{B}CD + \overline{A}\,CD + ABCD$ 用卡诺图表示。

解：逻辑函数的一般项填图方法如下所示。

（1）画卡诺图：本例有四个变量，卡诺图共有 16 个方格。

（2）填写卡诺图：第一项 $B\overline{C}$ 缺少 A 和 D 的原变量或反变量，因此，不管是 A 还是 $\overline{A}$，是 D 还是 $\overline{D}$，只要在卡诺图对应的 B 和 $\overline{C}$ 相应的方格内填上"1"即可，如图 2-11（a）所示。图中对应 B（$B=1$）因子有两列，对应 $\overline{C}$（$C=0$）因子的有两行，行与列交叉的四个方格就是所要求的最小项；第二项 $C\overline{D}$ 在 $C=1$，$D=0$ 所对应的方格内填"1"即可，如图 2-11（b）所示，按照上述填写方法将得到本题的结果，如图 2-11（c）所示。

（a）$B\overline{C}$ 因式项卡诺图的填写　　（b）$C\overline{D}$ 因式项卡诺图的填写　　（c）函数的卡诺图

图 2-11 例 2.19 函数卡诺图

这样，逻辑函数一般项的卡诺图就填写完毕了。一般项填写卡诺图的诀窍是抓住函数表达式中给出的变量因子，找到它所对应的行和列，在行与列交叉的方格内填写"1"即可。

2.3.5 与或逻辑函数的化简

1. 化简逻辑函数的步骤

（1）填写卡诺图，将逻辑函数用卡诺图表示；

(2) 用卡诺圈将相邻的"1"圈上；

(3) 写出卡诺圈内化简的因式项，最后写出化简后的逻辑表达式。

2. 相邻最小项化简的原理

相邻最小项化简的根据是吸收律 1：$AB + A\bar{B} = A$。

1) 两个相邻项的合并

$AB + A\bar{B} = A$，两项合并为一项，留下了两项相同的因子 A，消去了两项不同且互为相反的因子 B 和 $\bar{B}$。在卡诺图上，这两项是相邻的最小项，用卡诺圈圈起来进行合并，如图 2-12（a）所示。再观察卡诺图，相同的因子 A 排在同一列，而原变量 B 和反变量 $\bar{B}$ 是排列在不同的行上，因此将它们消去。

2) 四个相邻项的合并

函数 $F = \bar{A}\bar{B}\bar{C}\bar{D} + \bar{A}B\bar{C}\bar{D} + A\bar{B}\bar{C}\bar{D} + AB\bar{C}\bar{D}$，将它用卡诺图来表示，如图 2-12（b）所示。这四个最小项分布在卡诺图的四个角方格中，它们是否是相邻项呢？我们可把这个卡诺图纵向和横向分别对折后，发现它们是相邻项（当然也可用逻辑代数的基本公式来证明它们是相邻项）。这四项可以合并为一项，并消去两个互为相反的因子。消去的方法是：四个最小项分布在两列中，那么消去列变量中互为相反的因子 A 和 $\bar{A}$，保留相同的因子 $\bar{B}$；它们还分布在两行上，消去行变量中互为相反的因子 C 和 $\bar{C}$，保留相同的因子 $\bar{D}$。最后得 $F = \bar{B}\bar{D}$。

3) 八个相邻项的合并

函数 $F = \bar{A}\bar{B}\bar{C}\bar{D} + \bar{A}\bar{B}CD + \bar{A}BCD + \bar{A}B\bar{C}D + A\bar{B}\bar{C}D + A\bar{B}CD + ABCD + AB\bar{C}D$，将它用卡诺图来表示，如图 2-12（c）所示。这八个最小项分布在卡诺图两边的方格中，它们也是相邻项。可以合并为一项。合并的方法仍然和上项一样，它们分布在两列，消去列变量上互为相反的因子 A 和 $\bar{A}$，保留了相同的因子 $\bar{B}$。它们跨了四行，有两对互为相反的因子可消去，即消去 C 和 $\bar{C}$、D 和 $\bar{D}$。这样，$F = \bar{B}$。

共消去了三个变量。

（a）两个相邻项合并示意图　　（b）四个相邻项合并示意图　　（c）八个相邻项合并示意图

图 2-12　相邻项合并示意图

3. 卡诺图化简逻辑函数归纳

由上述相邻项合并的分析可归纳以下化简的方法：

(1) 将逻辑函数用卡诺图表示。

(2) 将相邻项用卡诺圈包围起来，卡诺圈内有两个相邻项可消去一个变量（$2^1 = 1$），卡诺圈内有四个相邻项可消去两个变量（$2^2 = 4$）；卡诺圈内有八个相邻项可消去三个变量（$2^3 = 8$），可见，卡诺圈内最小项的个数与消去变量之间的关系满足 $2^N = M$，其中，M 为卡诺圈内最小项的个数（已知数），N 为消去变量的个数（未知数）。由图 2-12 可见，卡诺圈越大，包围的最小项个数越多，消去的变量个数也越多，逻辑函数也就化得最简。

(3) 如图 2-12 (b)、(c) 那样,卡诺图的边与角所在的最小项,它们的几何位置是相邻的,所以也是相邻项。

(4) 每个卡诺圈内至少有一个最小项没有被其他卡诺圈包围过,也就是说,每个卡诺圈内至少有一个是新的最小项,否则会出现多余项,如图 2-13 所示。

图 2-13 重复包围的卡诺圈

4. 逻辑函数化简举例

【例 2.20】 化简 $F = \sum m(0, 1, 2, 5, 6, 7, 12, 13, 15)$,并画出逻辑图。

解:第一步,画卡诺图,并填写最小项;

第二步,画卡诺圈包围最小项;

第三步,合并最小项;

第四步,将所有卡诺圈合并后的最小项相"或"便得最终结果,如图 2-14 (a) 所示,$F = BD + AB\overline{C} + \overline{A}\,\overline{B}\,\overline{C} + \overline{A}C\overline{D}$,图 2-14 (b) 为化简后 F 函数的逻辑图。

(a) 简化过程 (b) 逻辑图

图 2-14 例 2.20 化简过程及逻辑图

【例 2.21】 化简 $F = \overline{A}\,\overline{B} + AB\overline{C} + B\overline{D} + AD$,并画出逻辑图。

解:这是一般项的逻辑表达式,按照前述的方法填图,如图 2-15 (a) 所示。图中大部分方格被 1 占据,而 0 占的方格数少。因此,本题可以采用包围 1 的方法,也可以采用包围 0 的方法求解,两种方法求解的结果应该一致。

解法一:采用包围 1 的方法。

卡诺图如图 2-15 (b) 所示,求得结果 $F = AB + \overline{A}\,\overline{B} + AD + \overline{A}\,\overline{D}$。

解法二:采用包围 0 的方法。

先求其反函数,然后再求其原函得到结果。用卡诺圈将 0 包围起来,求得反函数 $\overline{F} = \overline{A}BD + A\overline{B}\,\overline{D}$,然后,对反函数再求一次反得到原函数:

(a) 原函数卡诺图

(b) 包围1的卡诺图

(c) 包围0的卡诺图

图 2-15 例 2.21 卡诺图

$$F = \overline{\overline{F}} = \overline{\overline{A}BD + A\overline{B}\overline{D}}$$
$$= \overline{\overline{A}BD} \cdot \overline{A\overline{B}\overline{D}}$$
$$= (A + \overline{B} + \overline{D})(\overline{A} + B + D)$$
$$= A\overline{B} + \overline{A}B + AD + \overline{A}\overline{D}$$

结果表明，采用包围 0 与包围 1 的两种方法结果是相同的，但采用包围 0 的解法简单，图面也很清晰。在此要强调的是包围 0 求得的结果是该函数的反函数，一定要再求一次反得原函数。其逻辑图如图 2-16 所示。

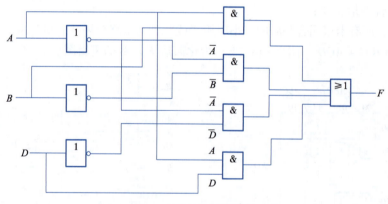

图 2-16 例 2.21 逻辑图

本题还有其他解法，读者自行分析。

2.3.6 无关项的化简

在实际的逻辑问题中，在真值表内对应于变量的某些取值组合不允许出现，或者变量之间具有一定的制约关系，在这些取值下函数的值可以是任意的，或者这些变量的取值根本不会出现，这些变量取值所对应的最小项称为无关项或任意项、约束项，用"d"或"×"表示。

无关项的意义在于，它的取值可以取 0，也可以取 1，具体取何值，可以根据使函数尽量得到简化而定。

【例 2.22】 化简 $F = \overline{A}B\overline{C} + \overline{B}\,\overline{C}$ ($AB = 0$ 为约束条件)。

解：本题的约束条件就是无关项。下面用真值表（见表 2-6）来分析这个约束条件。

表 2-6　真　值　表

A	B	AB
0	0	0
0	1	0
1	0	0
1	1	1

由真值表可知，A 与 B 的取值不能同时为 "1"，那么，$AB=11$ 所对应的最小项应视为无关项。这样，就可画出卡诺图，如图 2-17 所示。由图可见，利用约束项使得逻辑函数简化到最简程度。

图 2-17　例题 2.22 图

结果为：$F = \overline{C}$。

本节思考题

1. 最简逻辑函数的标准是什么？它有什么意义？
2. 什么是无关项？无关项取值的原则是什么？
3. 四变量和五变量的卡诺图各有几个方格？
4. 利用卡诺图化简的好处是什么？化简的根据是什么？
5. 卡诺图化简逻辑函数的步骤有哪几步？
6. 画卡诺圈的原则是什么？它遵循什么公式？如果有八个最小项相邻，能消去几个变量？
7. 卡诺图四个角方格内的最小项是相邻项吗？说明理由。
8. 卡诺圈可以包围 1，也可以包围 0。如果包围 0，得到的函数是原函数还是反函数？它是最终结果吗？
9. 利用无关项化简有何好处？

小　结

1. 逻辑代数又称为布尔代数，经过几十年的发展，逻辑代数已成为分析和设计逻辑电路不可缺少的数学工具。

2. 逻辑运算的基本法则和基本公式是化简逻辑函数的理论依据，要熟记这些基本运算法则和基本公式。

3. 对偶法则的运算规则是："+" 换成 "·"，"·" 换成 "+"，"1" 换成 "0"，"0" 换成 "1"，并保持原先的逻辑运算符优先级，变量不变，保持长非号不变（两变量以上的非号），则可得原函数 F 的对偶式 G，且 F 和 G 互为对偶式，如原函数成立则其对偶式也成立。

4. 反演法则的运算规则是："+"换成"·"，"·"换成"+"，"1"换成"0"，"0"换成"1"，原变量换成反变量，反变量换成原变量，长非号保持不变，并保持原先的逻辑运算符优先级，则可得原函数 F 的反函数 $\bar{F}$。它与对偶法则仅多一个"原变量换成反变量，反变量换成原变量"的运算，其他规则都相同。

也可用德·摩根定律来求，德·摩根定律是进行反演的重要工具，多次应用德·摩根定律，可以求出一个函数的反函数。

5. 同一个逻辑问题可以有五种不同的逻辑函数表达式：与或表达式、与非-与非表达式、与或非表达式、或与表达式和或非-或非表达式。其中，最常用的逻辑表达式是与或表达式；每一种函数对应一种逻辑电路。

6. 最小项是数字逻辑中一个十分重要的概念。最小项的个数与变量的个数有 2^n 的关系，如果有 n 个变量就有 2^n 个最小项。

7. 相邻项是两个最小项因式中有一对互为相反的因子，其他因子都相同，如 $AB\bar{C}$ 和 ABC 称为相邻项。两个逻辑相邻项在卡诺图上的位置相邻，这是卡诺图化简逻辑函数的依据。

8. 在最小项标准表达式中，出现的最小项取值为1，默认的最小项取值为0，如表达式 $F = ABC + A\bar{B}C + AB\bar{C} + \bar{A}BC$，函数有三个变量应该有八个最小项，表达式由四个最小项组成，还有四个最小项的取值为0，故省略。

9. 卡诺图化简逻辑函数时，卡诺圈要尽可能大，包围的"1"最多，逻辑函数化得最简。卡诺圈内至少要有一个新的最小项，否则会产生新的多余项。

10. 当卡诺图中的"1"占据了大多数方格，就可以采用包围"0"的方法求解。包围"0"化简求得的结果是原函数的反函数，再求一次反便得到最简原函数。

11. 无关项就是函数值与该最小项的取值无关，无关项的取值可以取1，也可以取0，利用这个特点，在卡诺图化简时可以使得卡诺圈最大，消去的变量最多，逻辑函数化得最简。

习　题

1. 用真值表证明下列异或运算公式。

(1) $A \oplus 0 = A$

(2) $A \oplus 1 = \bar{A}$

(3) $A \oplus A = 0$

(4) $A \oplus \bar{A} = 1$

(5) $(A \oplus B) \oplus C = A \oplus (B \oplus C)$

(6) $A(B \oplus C) = AB \oplus AC$

(7) $A \oplus \bar{B} = \bar{A \oplus B} = A \oplus B \oplus 1$

2. 用逻辑代数的基本公式和常用公式将下列逻辑函数化简为最简与或形式。

(1) $Y = A\bar{B} + B + \bar{A}B$

(2) $Y = A\bar{B}\bar{C} + \bar{A} + B + \bar{C}$

(3) $Y = \overline{\overline{ABC} + \overline{AB}}$

(4) $Y = A\overline{B}CD + ABD + A\overline{C}D$

(5) $Y = A\overline{B}(\overline{A}CD + \overline{AD} + \overline{\overline{B}C})(\overline{A} + B)$

(6) $Y = AC(\overline{CD} + \overline{AB}) + BC(\overline{\overline{\overline{B} + AD} + CE})$

(7) $Y = A\overline{C} + ABC + AC\overline{D} + CD$

(8) $Y = A + (\overline{B} + \overline{C})(A + \overline{B} + C)(A + B + C)$

(9) $Y = B\overline{C} + ABCE + \overline{B}(\overline{AD} + AD) + B(A\overline{D} + \overline{A}D)$

(10) $Y = AC + A\overline{C}D + A\overline{B}EF + B(D \oplus E) + \overline{B}C\overline{D}\overline{E} + \overline{B}CDE + ABEF$

3. 求下列函数的反函数并化简为最简与或形式。

(1) $Y = AB + C$

(2) $Y = (A + BC)\overline{CD}$

(3) $Y = \overline{(A + \overline{B})(\overline{A} + C)AC + BC}$

(4) $Y = \overline{\overline{\overline{A}BC} + \overline{CD}(AC + BD)}$

(5) $Y = A\overline{D} + \overline{AC} + \overline{BCD} + C$

(6) $Y = \overline{E}\overline{F}G + \overline{E}F\overline{G} + E\overline{F}\overline{G} + \overline{E}FG + E\overline{F}G + EF\overline{G} + \overline{E}\overline{F}\overline{G} + EFG$

4. 化简下列逻辑函数（方法不限）。

(1) $Y = A\overline{B} + \overline{A}C + \overline{C}D + D$

(2) $Y = \overline{A}(\overline{C}\overline{D} + CD) + BCD + \overline{A}C\overline{D} + A\overline{C}D$

(3) $Y = (\overline{A} + \overline{B})D + (\overline{AB} + BD)\overline{C} + \overline{A}CBD + \overline{D}$

(4) $Y = A\overline{B}D + \overline{A}BCD + BC\overline{D} + \overline{(A\overline{B} + C)(B + D)}$

(5) $Y = \overline{A}BCD + \overline{A}CDE + B\overline{D}\overline{E} + \overline{A}C\overline{D}E$

5. 证明下列逻辑恒等式（方法不限）。

(1) $A\overline{B} + B + \overline{A}B = A + B$

(2) $(A + \overline{C})(B + D)(B + \overline{D}) = AB + B\overline{C}$

(3) $\overline{(A + B + \overline{C})\overline{C}D} + (B + \overline{C})(\overline{A}BD + \overline{BC}) = 1$

(4) $\overline{AB}\overline{C}D + \overline{A}\overline{B}CD + AB\overline{C}D + ABCD = A\overline{C} + \overline{A}C + B\overline{D} + \overline{B}D$

(5) $\overline{A}(C \oplus D) + B\overline{C}D + AC\overline{D} + ABCD = C \oplus D$

6. 什么叫约束项？什么叫任意项？什么叫逻辑函数式中的无关项？

7. 用卡诺图法将下列函数化简为最简与或函数式。

(1) $Y = \overline{A} + C + D + \overline{A}\overline{B}CD + \overline{A}BC\overline{D}$，给定约束条件为 $\overline{A}BCD + A\overline{B}\overline{C}D + AB\overline{C}D + A\overline{B}CD + AB\overline{C}\overline{D} + ABCD = 0$;

(2) $Y = C\overline{D}(A \oplus B) + \overline{A}B\overline{C} + \overline{A}\overline{C}D$，给定约束条件为 $AB + CD = 0$;

(3) $Y = (A\overline{B} + B)C\overline{D} + \overline{(A + B)(\overline{B} + C)}$，给定约束条件为 $ABC + ABD + ACD + BCD = 0$;

(4) $Y(A, B, C, D) = \sum(m_3, m_5, m_6, m_7, m_{10})$，给定约束条件为 $m_0 + m_1 + m_2 + m_4 + m_8 = 0$。

第 3 章 组合逻辑电路

学习目标

- 清楚组合逻辑电路的概念与特点。
- 掌握组合逻辑电路的分析方法。
- 掌握使用中规模集成逻辑器件的方法,并能用中规模集成器件设计满足逻辑要求的电路。

组合逻辑电路是由不同的门电路按照一定的要求进行连接,实现某一逻辑功能的电路。学习本章后,读者可以根据给定的电路写出逻辑表达式,从而判断该电路的逻辑功能;具备用中规模集成器件进行组合逻辑电路设计的能力。

3.1 组合逻辑电路的结构与特点

根据结构和工作原理的不同,数字电路可以分为组合逻辑电路和时序逻辑电路两大类。如果逻辑电路任一时刻的输出信号,仅仅与该时刻的输入状态有关,而与该时刻以前电路状态无关,则称该逻辑电路为**组合逻辑电路**。相反,时序逻辑电路的输出不仅取决于当前时刻的输入,而且与过去的状态有关。时序逻辑将在下一章讨论。

从结构上看,组合逻辑电路由输入变量、输出变量和若干个基本逻辑门组成,其结构图如图 3-1 所示。

图 3-1 组合逻辑电路结构图

图中,$x_1, x_2, \cdots, x_n$ 是电路的 n 个输入信号,$F_1, F_2, \cdots, F_m$ 是电路的 m 个输出信号。当 $m=1$ 时称为单输出组合逻辑电路;当 $m>1$ 时为多输出组合逻辑电路。例如:3.2 节中的图 3-4 和图 3-6 就是两个典型的组合逻辑电路,它们都只由基本的逻辑门构成,只不过前者是单输出组合逻辑电路,它只具有一个输出变量 F;而后者是多输出组合逻辑电路,它包含 F_1 和 F_2 两个输出信号。

由此可见，组合逻辑电路有如下特点：

(1) 逻辑功能特点：组合逻辑电路的输出状态仅取决于当前时刻的输入，与电路原来的状态无关。也就是说，每个输出信号 F_i 是输入信号 x_i 的逻辑函数，可表示为

$$F_i = f_i(x_1, x_2, \cdots, x_n) \qquad (i = 1, 2, 3, \cdots, m)$$

由于每个输入变量只有 0、1 两种逻辑取值，因此 n 个输入有 2^n 种输入状态的组合。若把每种输入状态组合和其对应的输出状态列成一张表格的形式，就形成了组合逻辑电路的真值表，在第 1 章已做介绍。真值表是分析组合逻辑电路功能的最佳工具。

(2) 结构特点：组合逻辑电路仅由基本逻辑门组成，不包含任何存储元件（如第 4 章中的触发器），无记忆功能。电路的输入与输出之间没有反馈回路。

本节思考题

1. 数字电路分为哪两大类？
2. 组合逻辑电路的功能特点和结构特点各是什么？

3.2 组合逻辑电路的分析

所谓组合逻辑电路的分析是指研究给定组合逻辑电路中输入信号与输出信号之间的逻辑关系，并确定其逻辑功能。在实际应用中，分析过程十分重要。通过分析可以反过来检验所设计的逻辑电路是否能实现预定的逻辑功能，还可以发现原设计的不足之处，加以改进和完善。

3.2.1 组合逻辑电路的分析方法

组合逻辑电路的分析方法如图 3-2 所示。

图 3-2 组合逻辑电路的分析方法

(1) 根据给定的逻辑电路，从输入端开始，逐级推导出输出端的逻辑函数表达式。也可以反过来由输出端向输入端逐级推导，最后得到以输入变量表示的输出逻辑函数表达式。在此推导过程中，可借助中间变量。若得出的表达式的形式不易于理解其表达的逻辑关系，则需要对表达式进行变形，变成便于写真值表的形式。必要时，可以进行化简，求出最简输出逻辑表达式。

(2) 根据输出函数表达式列出对应的真值表。

(3) 观察真值表，用文字概括出电路的逻辑功能。

(4) 检验原电路设计是否最简，并改进。

并非一定要严格按照以上分析步骤进行，应视具体情况而定，可根据实际要求进行适当的取舍。

3.2.2 组合逻辑电路的分析举例

【例 3.1】 分析图 3-3 所示逻辑电路的功能。

解：(1) 写出输出逻辑函数表达式。

$$P = A \oplus B \quad F = P \oplus C = A \oplus B \oplus C$$

(2) 由表达式列出真值表。真值表见表 3-1。

图 3-3 例 3.1 的逻辑图

表 3-1 例 3.1 的真值表

输	入		输 出
A	B	C	F
0	0	0	0
0	0	1	1
0	1	0	1
0	1	1	0
1	0	0	1
1	0	1	0
1	1	0	0
1	1	1	1

(3) 描述逻辑功能。由真值表可知：在输入 A、B、C 三个变量中，有奇数个 1 时，输出 F 为 1，否则为 0。因此，原图所示的电路为三位的判奇电路，又称奇校验电路。

(4) 检验原电路设计是否最简。画出卡诺图，化简结果与原电路一致，说明原电路设计合理，无须改进。

【例 3.2】 组合电路如图 3-4 所示，分析该电路的逻辑功能。

图 3-4 例 3.2 的电路图

解：(1) 根据逻辑图写逻辑表达式。

由逻辑图逐级写出逻辑表达式。为了写表达式方便，借助中间变量 P、Q、R。

$$P = \overline{B}; \quad Q = \overline{A + B + C}; \quad R = \overline{A + P} = \overline{A + \overline{B}}$$

$$F = P + Q + R = \overline{B} + \overline{A + B + C} + \overline{A + \overline{B}}$$

(2) 根据逻辑表达式列真值表，见表 3-2。

表 3-2 例 3.2 的真值表

输	入		输 出
A	B	C	F
0	0	0	1
0	0	1	1
0	1	0	1
0	1	1	1

续表

输		入	输 出
A	B	C	F
1	0	0	1
1	0	1	1
1	1	0	0
1	1	1	0

(3) 分析逻辑功能。由真值表可以看出：A、B 中只要一个为 0，$F=1$；A、B 全为 1 时，$F=0$。F 与输入 C 无关。该逻辑图为 A、B 的与非运算电路。

(4) 检验该电路设计是否最简，并改进。

根据真值表写出逻辑函数表达式得：

$$F = \overline{A}\,\overline{B}\,\overline{C} + \overline{A}\,\overline{B}C + \overline{A}B\,\overline{C} + \overline{A}BC + A\overline{B}\,\overline{C} + A\overline{B}C$$

经卡诺图 3-5（a）化简得 $F=\overline{AB}$，发现原电路的设计方案并不是最简，应改进。改进后的电路如图 3-5（b）所示。

图 3-5　例 3.2 化简过程及逻辑图

注意：由化简结果 $F=\overline{AB}$ 可知，输出 F 与输入 C 无关，所以图 3-5（b）中的 C 悬空。

【例 3.3】　分析图 3-6 所示电路的功能。

图 3-6　例 3.3 的电路图

注意：逻辑图中的黑点表示"相交且相连"，即同一信号源。

解：(1) 根据逻辑图逐级写出逻辑函数表达式。由输入端开始逐级向后分析，最终可以得到输出 F_1、F_2 的逻辑表达式：

$$P = A + B + C\ ;\ Q = \overline{ABC}\ ;\ R = \overline{AC}\ ;\ M = \overline{BC}\ ;\ N = \overline{AB}$$

$$G = \overline{R + M + N}\ ;\ F_2 = \overline{G} = R + M + N = \overline{AC} + \overline{BC} + \overline{AB}\ ;$$

$$F_1 = PH = (A + B + C)(Q + G) = (A + B + C)(\overline{ABC} + \overline{R + M + N})$$

对 F_1 进行整理得：

$$F_1 = (A + B + C)(\overline{ABC} + \overline{\overline{AB} + \overline{BC} + \overline{AC}}) = A \oplus B \oplus C$$

$$F_2 = AB + BC + AC$$

(2) 根据逻辑函数表达式写真值表。

将输入变量的不同取值代入输出逻辑函数表达式，得到其真值表，如表 3-3 所示。

表 3-3 例 3.3 的真值表

输入			输出	
A	B	C	F_1	F_2
0	0	0	0	0
0	0	1	1	0
0	1	0	1	0
0	1	1	0	1
1	0	0	1	0
1	0	1	0	1
1	1	0	0	1
1	1	1	1	1

(3) 分析该逻辑图的逻辑功能。如果将 A、B 看作两个加数，C 看作是低位来的进位，而 F_1 则是全加和，F_2 是本位向高位的进位，很显然这是一个 1 位的<u>二进制全加器</u>。

本节思考题

1. 组合逻辑电路分析的任务和目的是什么？
2. 若给出一实际的组合逻辑电路，应如何进行分析？

3.3 组合逻辑电路的设计

组合逻辑电路设计是指根据给出的实际逻辑问题（电路的功能描述），设计出实现这一逻辑功能的最佳逻辑电路。最佳电路的含义主要包括以下几个方面：

(1) 电路中所用的逻辑器件数量最少，器件的种类最少，且器件之间的连线最少。

(2) 应尽量使电路中逻辑门的级数最少，以减少门电路的传输延迟，从而满足速度要求。

(3) 电路的可靠性高，功耗小。

其中，第 (1) 点主要从成本上考虑，第 (2) 点是从速度上来考虑，第 (3) 点则是从可靠性方面考虑。这三者之间可能产生矛盾，因此，要根据实际情况确定各项指标的优先重要性。

3.3.1 组合逻辑电路的设计方法

组合逻辑电路设计是分析的逆过程,其设计步骤如图 3-7 所示。

图 3-7 组合逻辑电路的设计步骤

(1) 逻辑抽象。将文字描述的逻辑命题转换成真值表叫**逻辑抽象**。首先要分析逻辑命题,根据它的功能描述挖掘出输入、输出变量,并分别用大写字母 A,B,…表示;然后用逻辑 0、1 两种状态分别对输入、输出变量进行赋值,并确定 0、1 各自表示的具体含义;最后根据输出与输入之间的逻辑关系列出真值表。

(2) 进行函数化简,化简形式应依据所用器件类型而定。例如,若题目要求用与非门实现,则应将函数化简成与非式。

(3) 根据化简的结果,画出对应的逻辑电路图。

在上述步骤中,正确列出真值表最为关键。因为这一步如果出错,即使后面步骤正确,其结果也与设计要求不符。

3.3.2 组合逻辑电路的设计举例

【**例 3.4**】 设计一个组合逻辑电路,要求满足以下功能:当输入控制端 $E=0$ 时,输出端 $F=A+B$;当 $E=1$ 时,输出端 $F=AB$。

解:(1) 逻辑抽象。设 E、A、B 分别代表三个输入变量,F 为输出变量。根据题意列真值表,见表 3-4。

表 3-4 例 3.4 的真值表

输		入	输 出
E	A	B	F
0	0	0	0
0	0	1	1
0	1	0	1
0	1	1	1
1	0	0	0
1	0	1	0
1	1	0	0
1	1	1	1

(2) 画卡诺图进行函数化简,如图 3-8 所示。

得到最简输出表达式:$F = \overline{E}A + \overline{E}B + AB$

(3) 画逻辑图,如图 3-9 所示。

【**例 3.5**】 假设检验某产品是否合格要看四种指标,其中有一项指标为主指标。当包含主指标在内的三项指标合格时,产品属于正品,否则为废品。设计该产品质

视 频
组合逻辑电路
设计例题

量检验器。要求用与非门实现。

解：(1) 确定输入输出变量：设 A、B、C、D 分别代表产品的四种指标，其中 A 为主指标，为 1 时表示相应的指标合格，为 0 表示不合格；用 F 表示产品质量的检测结果，即输出变量，取值为 1 时表示正品，为 0 表示废品。列出真值表，见表 3-5。

图 3-8　例 3.4 的卡诺图

图 3-9　例 3.4 的逻辑图

表 3-5　例 3.5 的真值表

输入				输出
A	B	C	D	F
0	0	0	0	0
0	0	0	1	0
0	0	1	0	0
0	0	1	1	0
0	1	0	0	0
0	1	0	1	0
0	1	1	0	0
0	1	1	1	0
1	0	0	0	0
1	0	0	1	0
1	0	1	0	0
1	0	1	1	1
1	1	0	0	0
1	1	0	1	1
1	1	1	0	1
1	1	1	1	1

(2) 根据真值表写出逻辑函数表达式。

对于正逻辑，使得输出函数值为 1 的全部最小项之逻辑或：

$$F = A\bar{B}CD + AB\bar{C}D + ABC\bar{D} + ABCD$$

(3) 逻辑函数化简。

利用卡诺图进行化简，如图 3-10 所示，可得

$$F = ABD + ACD + ABC$$

由于题目要求用与非门实现，因此将逻辑表达式变换成与非式：
$$F = \overline{\overline{ABD}\cdot\overline{ACD}\cdot\overline{ABC}}$$
（4）画逻辑图，如图 3-11 所示。

图 3-10 例 3.5 的卡诺图

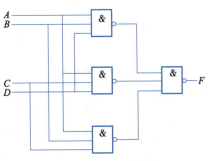

图 3-11 例 3.5 的逻辑图

【例 3.6】 某航空公司上海至广州每天有三班航班，按优先级别依次分为 A、B、C 三班。在航空淡季，若有多班同时发出飞行请求，则只允许其中优先级别最高的航班飞行。试设计一个满足此要求的逻辑电路。

解：（1）确定输入与输出变量。设输入变量为 A、B、C，分别代表三班航班，有飞行请求时其值为 1，无飞行请求时则为 0；输出为 A、B、C 三班航班的飞行信号，分别用 F_1、F_2、F_3 表示，取值为 1 表示允许对应的航班飞行，取值为 0 表示不允许其飞行。

根据题意，可列出其真值表，见表 3-6。

表 3-6 例 3.6 的真值表

输	入		输	出	
A	B	C	F_1	F_2	F_3
0	0	0	0	0	0
0	0	1	0	0	1
0	1	0	0	1	0
0	1	1	0	1	0
1	0	0	1	0	0
1	0	1	1	0	0
1	1	0	1	0	0
1	1	1	1	0	0

（2）根据真值表写逻辑函数表达式。该题是多输出函数，所以，要分别写出三个输出端的函数表达式：
$$F_1 = A\overline{B}\,\overline{C} + A\,\overline{B}C + AB\overline{C} + ABC;$$
$$F_2 = \overline{A}B\overline{C} + \overline{A}BC;\quad F_3 = \overline{A}\,\overline{B}C$$

（3）利用卡诺图化简逻辑函数，如图 3-12 所示。
得最简逻辑表达式：
$$F_1 = A;\quad F_2 = \overline{A}B;\quad F_3 = \overline{A}\,\overline{B}C$$

（4）画逻辑图，如图 3-13 所示。

(a) F_1的卡诺图

(b) F_2的卡诺图

(c) F_3的卡诺图

图 3-12 例 3.6 的卡诺图

图 3-13 例 3.6 的逻辑图

本节思考题

1. 组合逻辑电路设计的任务是什么？
2. 如何设计一个组合逻辑电路，并保证其设计方案最佳？

3.4 组合逻辑电路中的竞争与冒险

前面在讨论组合逻辑电路的分析和设计问题时，将所有的逻辑门都看成是理想的开关器件，即假设一切器件均没有延迟效应。在这种理想情况下，当电路中有多个输入信号发生变化，都是同时在瞬间完成的。实际上并非如此，输入信号通过任何导线或器件到产生稳定输出都需要一定的时间。由于制造工艺上的原因造成的各器件延迟时间的异同，或者经过的通路（逻辑门的级数）不同，使得信号从输入经不同通路传输到同一输出端的时间不同。因此，可能会使逻辑电路产生错误输出，通常把这种现象称为**竞争冒险**。

3.4.1 产生竞争冒险现象的原因

组合电路中，若某个变量通过两条以上路径到达输出端，由于每条路径上的延迟时间不同，到达逻辑门的时间就有先有后，这种现象称为**竞争**。由于竞争就有可能使真值表描述的逻辑关系受到暂时性的破坏，在输出端产生错误结果，这种现象称为**冒险**，如图 3-14 所示。

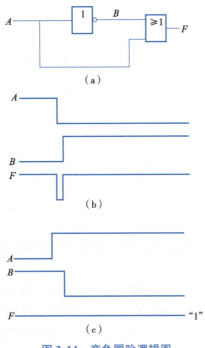

图 3-14 竞争冒险逻辑图

图 3-14（a）中，按照逻辑表达式，输出 F 恒为 1。但是，信号在电平状态变换过程中，存在着上升沿和下降沿时间，每个门电路又有传输延迟时间。B 是由 A 经非门延迟后到达或门，所以 B 的变化落后于 A 的变化。当 A 已下降为低电平时，B 还处于低电平状态，经或门传输延迟后，F 出现了负向过渡干扰脉冲，如图 3-14（b）所示，从而产生了竞争冒险现象。

大多数组合逻辑电路都存在竞争，但所有的竞争不一定都产生干扰脉冲。图 3-14（c）中，当信号 A 由 0 变为 1 时，虽然或门也有向相反状态变化的两个输入信号，但因 A 先由 0 变为 1，B 后由 1 变为 0，它们不存在同时为 0 的情况，因此，F 恒为 1，不会产生冒险现象。因此，**竞争是产生冒险的必然条件，而冒险并非竞争的必然结果**。

3.4.2 冒险的分类

根据干扰脉冲的极性，冒险可分为偏"0"冒险和偏"1"冒险。

1. 偏"0"冒险

如图 3-15（a）所示，$A\bar{A}$ 冒险在理想情况下输出电平为"0"，由于竞争输出产生正向（高电平）窄脉冲，即**偏"0"冒险**，或称为**"1"型冒险**。

2. 偏"1"冒险

如图 3-15（b）所示，$A+\bar{A}$ 冒险在理想情况下输出电平为"1"，由于竞争输出产生负向（低电平）窄脉冲，即**偏"1"冒险**，或称为**"0"型冒险**。

图 3-15 偏"0"冒险和偏"1"冒险

3.4.3 冒险现象的判别

判别竞争冒险是否存在的方法很多，最常见的方法有代数法和卡诺图法。

1. 代数法

在逻辑表达式中，是否存在某变量的原变量和反变量。若去掉其他变量会得到 $F=A+\bar{A}$，则电路中可能产生偏"1"冒险；若得到 $F=A\bar{A}$，则可能产生偏"0"冒险。

【**例 3.7**】 判断逻辑函数 $F=AC+A\bar{B}+\bar{A}\,\bar{C}$ 是否存在冒险现象。

解：观察逻辑表达式可知，变量 A 和变量 C 都分别出现了多次，均具备竞争条件，所以应对这两个变量进行分析，见表 3-7 和表 3-8。

表 3-7 代数法判别冒险现象（存在"0"型冒险）

输	入	输 出
B	C	F
0	0	$A+\bar{A}$
0	1	A
1	0	$\bar{A}$
1	1	A

表 3-8 代数法判别冒险现象（不存在冒险现象）

输	入	输 出
A	B	F
0	0	0
0	1	0
1	0	1
1	1	C

表 3-7 中，当 $B=C=0$ 时，$F=A+\bar{A}$，变量 A 存在"0"型冒险。表 3-8 中变量 C 不存在冒险现象。

2. 卡诺图法

画出逻辑函数的卡诺图，如果卡诺图中两个合并最小项相切（不相交），而又无第三个卡诺圈将它们圈在一起，那么，这个逻辑函数可能出现冒险现象。如果圈"1"则为"0"型冒险，而圈"0"则为"1"型冒险。当卡诺圈相交或相离时均无竞争冒险产生。

将例 3.7 用卡诺图表示出来，如图 3-16 所示。$\overline{B}\,\overline{C}$ 和 AC 两个卡诺圈相切处 $B = C = 0$，当 A 发生变化时将产生冒险，与代数法结论一致。

3.4.4 冒险现象的消除

消除冒险现象常用的方法有以下几种：

1. 修改逻辑设计——增加多余项

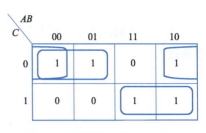

图 3-16　卡诺图法判别冒险现象

显而易见，若在某种条件下，逻辑表达式中会出现 $A\overline{A}$、$A + \overline{A}$ 的形式，便会产生冒险现象。此方法正是通过代数法来增加多余项，使表达式避免产生 $A\overline{A}$、$A + \overline{A}$ 形式，从而消除了冒险现象。例如：函数 $F = AB + \overline{A}C$，当 $B = C = 1$ 时，$F = A + \overline{A}$，存在竞争冒险。若增加乘积项 BC，则 $F = AB + \overline{A}C + BC$，当 $B = C = 1$ 时，F 恒为 1，从而消除了冒险现象。即卡诺图化简时多圈了一个卡诺圈，如图 3-17 所示，相切处增加了一个 BC 圈。

图 3-17　增加多余项消除冒险

修改逻辑设计的方法易理解，若能运用得当，有时可以得到很好的效果，但用这种方法解决问题有一定的局限性，不适合于输入变量较多的电路。

2. 引入选通脉冲

如图 3-18 所示，在输入端加一个选通脉冲信号，当它为 0 时，输出门被封锁输出一直为 1，此时干扰脉冲不会输出，即电路的冒险反映不到输出端。由于干扰脉冲只发生在输入信号变化的瞬间，待电路进入稳态后，再让选通信号为 1，打开输出门，使最后输出的是稳定状态的值，从而抑制干扰脉冲的输出，消除了冒险现象。

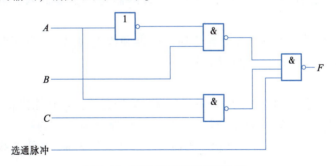

图 3-18　引入选通脉冲消除冒险

此方法比较简单，而且不需要增加电路元器件，但使用这种方法时，需要先得到一个与输入信号同步的选通脉冲信号，且对这个脉冲的宽度和作用的时间均有严格要求。

3. 接入滤波电容

由于竞争冒险产生的干扰脉冲很窄，因此常在输出端对地并联接上滤波电容 C（见图 3-19），或在本级输出端与下级输入端之间，串联接上一个积分电路，可将干扰脉冲消除。但 C 或 R、C 的引入会使输出波形边沿变斜，因此要选择合

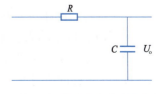

图 3-19　加滤波电路消除冒险

适的参数，一般通过实验来确定。

这种方法输出的电压波形随之变坏，因此，只适用于对输出波形的上、下沿要求不严格的场合。

> **本节思考题**
> 1. 什么是竞争冒险？为什么会导致这种现象的产生？
> 2. 竞争是否一定产生冒险？请举例说明。
> 3. 冒险有哪些类型？如何判别？
> 4. 常用的消除冒险的方法有修改逻辑设计、接入滤波电容和引入选通脉冲等，各自有何优缺点？

3.5 常用中规模组合逻辑器件

在实际应用中，人们为解决遇到的各种逻辑问题，设计了许多不同的逻辑电路。而其中有些逻辑电路在各种数字系统中经常重复出现。为了方便使用，目前各生产厂商已经纷纷将这些常用的逻辑电路的设计标准化，并且制造成中规模集成的组合逻辑产品，以集成芯片的形式出现。比较常用的有编码器、译码器、数据选择器、数据分配器、加法器和数值比较器等。下面将逐一介绍。

3.5.1 编码器

所谓编码就是将特定含义的输入信号（文字、数字、符号）转换成二进制代码的过程。实现该转换过程的逻辑电路称为<u>编码器</u>。编码器是一个多输入、多输出的组合逻辑电路。

按照编码方式不同，编码器可分为普通编码器和优先编码器。按照输出代码种类的不同，可分为二进制编码器和非二进制编码器。

1. 普通二进制编码器

普通编码器工作时，任何时刻只允许一个输入信号有效，否则输出将发生错误。若输入信号的个数 N 与输出编码的位数 n 满足 $N=2^n$，此电路称为<u>二进制编码器</u>或 2^n 线-n 线编码器，简称 2^n-n 编码器。常见的二进制编码器有 4 线-2 线编码器、8 线-3 线编码器和 16 线-4 线编码器等。

显然，编码方案有很多种，对于二进制来说，最常用的是自然二进制编码，因为它有一定的规律性（每次加 1），便于记忆。

【例 3.8】 设计一个 4 线-2 线编码器。

解：(1) 确定输入、输出变量个数。输入为 I_0、I_1、I_2、I_3 四个变量，输出为 Y_0、Y_1 两位的二进制编码，其框图如图 3-20 所示。按照 I_i 下标的值与 Y_0、Y_1 二进制代码的值相对应进行编码，真值表见表 3-9，这个真值表又称编码表。

图 3-20　4 线-2 线编码器框图

表 3-9 4 线-2 线编码器的编码表

输 入	输	出
I_i	Y_1	Y_0
I_0	0	0
I_1	0	1
I_2	1	0
I_3	1	1

（2）化简后得到最简输出逻辑表达式。

$$Y_0 = I_1 + I_3; \quad Y_1 = I_2 + I_3$$

（3）画编码器的逻辑图，如图 3-21 所示。

2. 普通非二进制编码器

若输入信号的个数 N 与输出变量的位数 n 不满足 $N = 2^n$，此电路称为<u>非二进制编码器</u>。非二进制编码器中最常见的是二-十进制编码器。所谓<u>二-十进制编码器</u>是指用 4 位二进制（BCD 码）来表示十进制 0~9 的编码电路，又称 BCD 编码器或者 10 线-4 线编码器。

图 3-21 4 线-2 线编码器的逻辑图

【例 3.9】 设计一个 8421BCD 编码器。

解：（1）确定输入、输出变量个数。输入为 I_0，I_1，…，I_8，I_9 代表 0~9 十个十进制信号，输出为 D、C、B、A 四位 8421BCD 编码，其框图如图 3-22 所示，并列出编码表（见表 3-10）。

图 3-22 8421 BCD 编码器框图

表 3-10 8421 BCD 编码器的编码表

输 入	输		出	
I_i	D	C	B	A
I_0	0	0	0	0
I_1	0	0	0	1
I_2	0	0	1	0
I_3	0	0	1	1
I_4	0	1	0	0
I_5	0	1	0	1
I_6	0	1	1	0
I_7	0	1	1	1
I_8	1	0	0	0
I_9	1	0	0	1

（2）写出最简逻辑表达式。

$$A = I_1 + I_3 + I_5 + I_7 + I_9$$
$$B = I_2 + I_3 + I_6 + I_7$$
$$C = I_4 + I_5 + I_6 + I_7$$

$$D = I_8 + I_9$$

(3) 用或门实现的逻辑图如图 3-23 所示。

图 3-23　8421 BCD 编码器的逻辑图

3. 优先编码器

优先编码器是当输入端中有多个输入信号同时有效时，电路只对其中优先级别最高的一个信号进行编码。

【例 3.10】 假设有三种报警信号，按优先级由高到低排序依次为 I_0、I_1、I_2。要求这三种报警信号的编码依次为 00、01、10，试设计报警信号编码控制电路。

解：(1) 根据题意可知，同一时间只能响应一种报警信号，假设某种报警信号出现用"1"表示，没出现则用"0"表示，即高电平有效。当优先级别高的信号有效时，低优先级的则不起作用，此时作为无关项处理。Y_0、Y_1 表示输出编码。列真值表，见表 3-11。

表 3-11　例 3.10 的真值表

输		入	输	出
I_0	I_1	I_2	Y_1	Y_0
1	×	×	0	0
0	1	×	0	1
0	0	1	1	0
0	0	0	0	0

(2) 写最简逻辑表达式。

$$Y_1 = \overline{I_0}\,\overline{I_1}I_2; \quad Y_0 = \overline{I_0}I_1$$

(3) 画逻辑图，如图 3-24 所示。

图 3-24　例 3.10 的逻辑图

4. 集成编码器 74LS148

芯片 74LS148 是典型的集成 8 线-3 线优先编码器,其工作原理与上述优先编码器工作原理类似,只不过将上述电路做成集成电路的形式。它的内部逻辑图、引脚图、逻辑符号如图 3-25 所示。逻辑功能表见表 3-12。

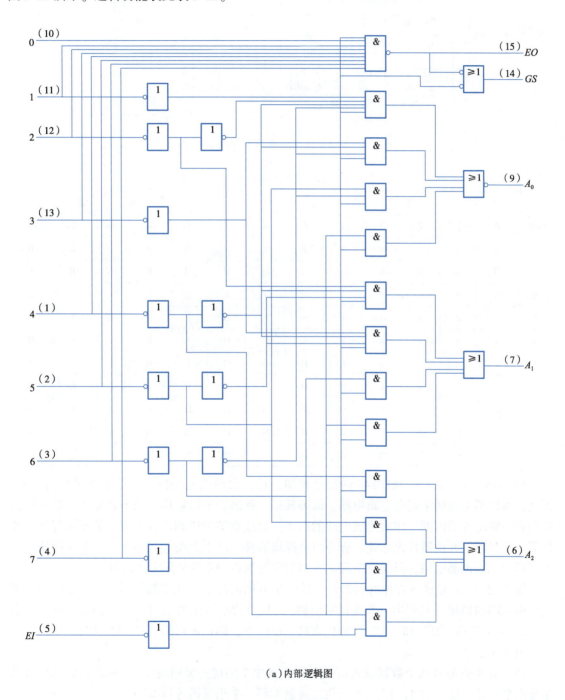

(a)内部逻辑图

图 3-25 8 线-3 线优先编码器 74LS148

(b)引脚图　　　　　　(c)逻辑符号

图 3-25　8 线-3 线优先编码器 74LS148（续）

表 3-12　74LS148 优先编码器逻辑功能表

	输			入					输			出	
EI	0	1	2	3	4	5	6	7	A_2	A_1	A_0	GS	EO
H	×	×	×	×	×	×	×	×	H	H	H	H	H
L	H	H	H	H	H	H	H	H	H	H	H	H	L
L	×	×	×	×	×	×	×	L	L	L	L	L	H
L	×	×	×	×	×	×	L	H	L	L	H	L	H
L	×	×	×	×	×	L	H	H	L	H	L	L	H
L	×	×	×	×	L	H	H	H	L	H	H	L	H
L	×	×	×	L	H	H	H	H	H	L	L	L	H
L	×	×	L	H	H	H	H	H	H	L	H	L	H
L	×	L	H	H	H	H	H	H	H	H	L	L	H
L	L	H	H	H	H	H	H	H	H	H	H	L	H

图 3-25（a）是芯片 74LS148 内部逻辑图,可以发现该电路仅由一些基本逻辑门组成,因此,编码器电路属于组合逻辑电路,编码器是一种组合逻辑器件,只不过是将这些逻辑门封装在一块芯片的内部,作成集成电路的形式。后续章节中讲到的译码器、数据选择器、加法器、比较器等其他器件也如此,皆为组合逻辑器件。对于此类集成芯片,一般情况下,读者不用记忆其内部电路,只需要掌握其外部引脚的逻辑功能及使用方法即可。

图 3-25（b）是这块芯片的引脚图,其中小方框内的数字是引脚编号。图 3-25（c）其实是引脚图的简化（只列出一些关键的引脚）,其中的小圆圈表示对应的引脚信号低电平有效。表 3-12 中的"H"和"L"分别代表高、低电平,即正逻辑的"1"和"0"。

由图 3-25 可知：

(1) 该编码器有八个数据输入信号 0～7,其中 7 的优先级别最高,0 最低,输入信号都是低电平有效。输出端 A_0、A_1、A_2 为三位二进制编码,采用反码进行编码。

(2) EI 为输入使能端,低电平有效。当 EI = 1 时,编码器不工作,即不管其他八个输入端是否有有效信号,电路都不会有输出,所有的输出端均为高电平；当 EI = 0 时,编码器工作，输出才取决于其他输入端，主要分为两种情况：

① 数值输入端 0~7 都无信号，即均为高电平时，三个输出端 A_0、A_1、A_2 全为高电平。

② 数值输入端 0~7 中至少有一个为有效低电平，编码器则按输入端的优先级别进行编码。当多个输入端同时出现有效信号时，只对其中优先级最高的那个输入信号进行编码，而对其他输入信号不予理睬，故称优先编码器。例如，当数值输入端 7 为低电平时，无论其他输入端为何值，由于 7 的优先级最高，编码器只对 7 进行编码，其编码输出 $A_2A_1A_0 = 000$（7 的反码）。其他可以依此类推。

（3）EO 为输出使能端。只有当所有的输入为高电平，且 EI 为低电平时，EO 才为 0，表示电路工作，但无有效信号输入。

（4）GS 为输出扩展端。只要任何一个输入端为低电平，且 EI 为低电平时，GS 就为 0，表示电路工作，有有效信号输入。它主要用于扩展编码。例如，用两片 8 线-3 线优先编码器扩展成 16 线-4 线优先编码器。

74LS148 编码器的应用非常广泛。例如，常用计算机键盘，其内部就是一个字符编码器，它将键盘上的字符编成七位二进制数码，送到计算机的 CPU，进行处理、存储，最后输出到显示器或打印机等输出设备上。

5. 74LS148 优先编码器的应用

编码器可以根据需要进行多个芯片的级联以扩展它的逻辑功能。

【例 3.11】 试用 74LS148 构成 16 线-4 线优先编码器，画出其逻辑图。

解：由于 16 线-4 线优先编码器有 16 个输入信号，因此至少需要两片 74LS148。将 16 线-4 线优先编码器的输入信号 0~7 接到 74LS148 低位片的 0~7 输入端，将 16 线-4 线优先编码器的输入信号 8~15 接到 74LS148 高位片的 0~7 输入端。高位片的 EO 连接至低位片的 EI。假设 0~15 的优先级依次变高，逻辑图如图 3-26 所示。

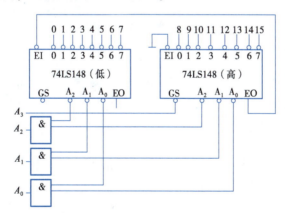

图 3-26 8 线-3 线编码器扩展为 16 线-4 线编码器逻辑图

由图 3-26 可知：高位片的 EI 为 0，当它的输入端 0~7 即 16 线-4 线优先编码器的输入端 8~15 有输入信号时，则高位片编码，输出取决于它的输出端 $A_0 \sim A_2$，此时 $A_3 = 0$（反码），高位片的 $GS = 0$，$EO = 1$，连接至低位片的 EI 也为 1，则低位片禁止。当 16 线-4 线优先编码器的输入端 8~15 无输入信号时，高位片的 GS 为 1，EO 为 0，低位片的 EI 也为 0，低位片工作，对其输入端 0~7 进行优先编码，输出取决于它的输出端 $A_0 \sim A_2$，此时 $A_3 = 1$（反码）。显然，A_3 和高位片 GS 的值恰好相等，因此，可利用高位片的 GS 作为

16 线-4 线优先编码器四位编码的最高位 A_3。

3.5.2 译码器

译码是编码的逆过程,即将每一组输入的二进制代码"翻译"(还原)成一个特定的输出信号。实现译码功能的电路称为**译码器**。译码器输出端多于输入端数,输入为编码信号,对应每一组编码有一条输出译码线。当某个编码出现在输入端时,相应的那条译码线上则输出有效电平(高或低),其他译码线输出无效电平(低或高)。常见的译码器有二进制译码器、二-十进制译码器和集成译码器。

1. 二进制译码器

设二进制译码器有 n 个输入端,则输出端译码线的条数为 2^n,又称 n 线-2^n 线译码器或简称 n-2^n 译码器。其每个输出对应于 n 个输入变量的一个最小项。下面以 2 线-4 线译码器为例。

【**例 3.12**】 设计一个 2 线-4 线译码器。

解:(1) 2 线-4 线译码器应有两个输入端和四个输出端,分别代表两位的输入编码和四条输出译码线,其框图如图 3-27 所示。假设输出译码线为高电平有效,列出真值表,见表 3-13。

图 3-27 2 线-4 线译码器框图

表 3-13 2 线-4 线译码器的真值表

输	入	输		出	
A_1	A_0	Y_0	Y_1	Y_2	Y_3
0	0	1	0	0	0
0	1	0	1	0	0
1	0	0	0	1	0
1	1	0	0	0	1

(2) 根据真值表得到各输出逻辑表达式。

$$Y_0 = \overline{A_1}\overline{A_0} = m_0 ; \quad Y_1 = \overline{A_1}A_0 = m_1 ;$$
$$Y_2 = A_1\overline{A_0} = m_2 ; \quad Y_3 = A_1 A_0 = m_3$$

由此可知:二进制译码器的每个输出端都表示一项最小项,而任何一个逻辑函数可以转换成最小项标准式,两者都和最小项有关,利用这个特点,可以用二进制译码器来实现组合逻辑电路的设计。

(3) 画逻辑图,如图 3-28 所示。

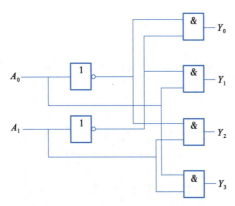

图 3-28　2 线-4 线译码器的逻辑图

2. 二-十进制译码器

二-十进制译码器又称 BCD 译码器，它的逻辑功能是将输入的 4 位 BCD 码译成 10 个高、低电平输出信号，因此又称 4 线-10 线译码器。其框图如图 3-29 所示，译码表见表 3-14。

图 3-29　4 线-10 线译码器框图

表 3-14　4 线-10 线译码器译码表

输	入			输	出
A_3	A_2	A_1	A_0	N	
L	L	L	L	0	
L	L	L	H	1	
L	L	H	L	2	
L	L	H	H	3	
L	H	L	L	4	
L	H	L	H	5	
L	H	H	L	6	
L	H	H	H	7	
H	L	L	L	8	
H	L	L	H	9	
H	L	H	L	※	
H	L	H	H	※	
H	H	L	L	※	
H	H	L	H	※	
H	H	H	L	※	
H	H	H	H	※	

注：表中的"※"表示无关项。

根据真值表画卡诺图，如图 3-30 所示。

CD\AB	00	01	11	10
00	0	4	×	8
01	1	5	×	9
11	3	7	×	×
10	2	6	×	×

图 3-30 4 线-10 线译码器卡诺图

利用无关项化简逻辑函数可得

$$0=\overline{A}\,\overline{B}\,\overline{C}\,\overline{D},1=\overline{A}\,\overline{B}\,CD,2=\overline{B}C\overline{D},3=\overline{B}CD,4=B\overline{C}\,\overline{D},$$
$$5=B\overline{C}D,6=BC\overline{D},7=BCD,8=A\overline{D},9=AD$$

实现该译码的逻辑图如图 3-31 所示。

图 3-31 4 线-10 线译码器逻辑图

3. 集成译码器 74LS138

74LS138 是集成 3 线-8 线译码器,逻辑图、引脚图和逻辑符号如图 3-32 所示,逻辑功能表见表 3-15。

图 3-32 3 线-8 线译码器 74LS138

表 3-15 74LS138 3 线-8 线译码器逻辑功能表

输	入				输			出			
G_1	$G_{2A}+G_{2B}$	A_2	A_1	A_0	Y_0	Y_1	Y_2	Y_3	Y_4	Y_5	Y_6	Y_7
×	H	×	×	×	H	H	H	H	H	H	H	H

续表

输		入			输			出				
G_1	$G_{2A}+G_{2B}$	A_2	A_1	A_0	Y_0	Y_1	Y_2	Y_3	Y_4	Y_5	Y_6	Y_7
L	×	×	×	×	H	H	H	H	H	H	H	H
H	L	L	L	L	L	H	H	H	H	H	H	H
H	L	L	L	H	H	L	H	H	H	H	H	H
H	L	L	H	L	H	H	L	H	H	H	H	H
H	L	L	H	H	H	H	H	L	H	H	H	H
H	L	H	L	L	H	H	H	H	L	H	H	H
H	L	H	L	H	H	H	H	H	H	L	H	H
H	L	H	H	L	H	H	H	H	H	H	L	H
H	L	H	H	H	H	H	H	H	H	H	H	L

由图 3-32 所示可知，74LS138 除了有三个二进制码输入端 $A_2A_1A_0$、八条输出译码线 $Y_0 \sim Y_7$（低电平有效），还设置两组使能端。只有当 $G_1=1$，$G_{2A}=G_{2B}=0$ 时，该芯片才能工作，且输出取决于输入的二进制码，例如：当 $A_2A_1A_0=010$（十进制的 2）时，所有的输出译码线中只有 Y_2 有效（为 0）。

观察逻辑功能表 Y_0 列可知，只有当 $A_2A_1A_0=000$ 时，$Y_0=0$，$\overline{Y_0}=1$。可求得 $\overline{Y_0}$ 的逻辑函数表达式 $\overline{Y_0}=\overline{A_2}\,\overline{A_1}\,\overline{A_0}=m_0$，则 $Y_0=\overline{\overline{A_2}\,\overline{A_1}\,\overline{A_0}}=\overline{m_0}$。依此类推，每个输出端都是对应输入变量的一项最小项的反函数，即 $Y_i=\overline{m_i}$（m_i 是关于输入变量的最小项）。

4. 译码器的应用

1）实现组合逻辑函数

译码器在数字系统中有着广泛的用途，不仅用于代码的转换、终端的数字显示、数据分配，还用于存储器寻址（即作为地址译码器）等。不同的功能可选用不同种类的译码器，其中，二进制译码器能方便地实现组合逻辑函数。

当二进制译码器的使能端有效时，每个输出（一般为低电平输出）对应输入变量的相应的最小项，即 $\overline{Y_i}=\overline{m_i}$，而任何一个组合逻辑函数都能表示成与最小项有关的最小项标准式。因此，只要将函数的输入变量作为译码器的输入端，并在输出端加上适当的门电路，便可以用译码器实现组合逻辑电路。其基本步骤如下：

（1）写出原函数的最小项标准式，并变换成与非-与非式。

（2）画出逻辑图，用二进制译码器和与非门来实现。

【例 3.13】 用译码器实现逻辑函数 $F=\overline{A}B+\overline{B}C$。

解：（1）先将逻辑函数化成最小项标准式。

$$F=\overline{A}B\overline{C}+\overline{A}BC+\overline{A}\,\overline{B}C+A\overline{B}C=m_1+m_2+m_3+m_5$$

由于译码器的输出一般为低电平有效，即输出以输入变量相应最小项的反函数出现，故将函数 F 变换成与非-与非式。由否否律和德·摩根定律可得

$$F=\overline{\overline{m_1+m_2+m_3+m_5}}=\overline{\overline{m_1}\cdot\overline{m_2}\cdot\overline{m_3}\cdot\overline{m_5}}$$

（2）原函数 F 为关于 A、B、C 三变量的函数，因此，选用 3 线-8 线译码器 74LS138 来实现。将变量 A、B、C 分别接至 A_2、A_1、A_0 输入端，并使使能端有效，即 G_1 接高电平、G_{2A}

和 G_{2B} 接地，输出端再辅以一个与非门。其逻辑图如图 3-33 所示。

图 3-33　例 3.13 的逻辑图

【例 3.14】　用译码器设计 1 位二进制的全加器。

解：由全加器的真值表 3-15 可得

$$S_i = \overline{A_i}\overline{B_i}C_{i-1} + \overline{A_i}B_i\overline{C_{i-1}} + A_i\overline{B_i}\overline{C_{i-1}} + A_iB_iC_{i-1}$$
$$= m_1 + m_2 + m_4 + m_7 = \overline{\overline{m_1} \cdot \overline{m_2} \cdot \overline{m_4} \cdot \overline{m_7}}$$
$$C_i = \overline{A_i}B_iC_{i-1} + A_i\overline{B_i}C_{i-1} + A_iB_i\overline{C_{i-1}} + A_iB_iC_{i-1}$$
$$= m_3 + m_5 + m_6 + m_7 = \overline{\overline{m_3} \cdot \overline{m_5} \cdot \overline{m_6} \cdot \overline{m_7}}$$

用 3 线-8 线译码器实现全加器，其逻辑图如图 3-34 所示。

图 3-34　例 3.14 的逻辑图

由此可见，二进制译码器除了可以用来实现单输出组合逻辑函数，还可以实现多输出组合逻辑函数。

2）译码器的扩展

【例 3.15】　试用两片 3 线-8 线译码器 74LS138 组成 4 线-16 线译码器。

解：假设将要实现的 4 线-16 线译码器输入的 4 位二进制代码为 D、C、B、A，输出为 $Z_0 \sim Z_{15}$（低电平有效）。令其中一片 3 线-8 线译码器为低位片，其输出 $Y_0 \sim Y_7$ 作为 4 线-16 线译码器的输出 $Z_0 \sim Z_7$。另一片则为高位片，其输出 $Y_0 \sim Y_7$ 作为 4 线-16 线译码器的输出 $Z_8 \sim Z_{15}$。4 线-16 线译码器的功能表如表 3-16 所示。

表 3-16　4 线-16 线译码器的功能表

输		入		输							出								
D	C	B	A	Z_0	Z_1	Z_2	Z_3	Z_4	Z_5	Z_6	Z_7	Z_8	Z_9	Z_{10}	Z_{11}	Z_{12}	Z_{13}	Z_{14}	Z_{15}
L	L	L	L	L	H	H	H	H	H	H	H	H	H	H	H	H	H	H	H
L	L	L	H	H	L	H	H	H	H	H	H	H	H	H	H	H	H	H	H

续表

输		入		输							出							
D	C	B	A	Z_0	Z_1	Z_2	Z_3	Z_4	Z_5	Z_6	Z_7	Z_8	Z_9	Z_{10}	Z_{11}	Z_{12}	Z_{13}	Z_{14}	Z_{15}
L	L	H	L	H	H	L	H	H	H	H	H	H	H	H	H	H	H	H	H
L	L	H	H	H	H	H	L	H	H	H	H	H	H	H	H	H	H	H	H
L	H	L	L	H	H	H	H	L	H	H	H	H	H	H	H	H	H	H	H
L	H	L	H	H	H	H	H	H	L	H	H	H	H	H	H	H	H	H	H
L	H	H	L	H	H	H	H	H	H	L	H	H	H	H	H	H	H	H	H
L	H	H	H	H	H	H	H	H	H	H	L	H	H	H	H	H	H	H	H
H	L	L	L	H	H	H	H	H	H	H	H	L	H	H	H	H	H	H	H
H	L	L	H	H	H	H	H	H	H	H	H	H	L	H	H	H	H	H	H
H	L	H	L	H	H	H	H	H	H	H	H	H	H	L	H	H	H	H	H
H	L	H	H	H	H	H	H	H	H	H	H	H	H	H	L	H	H	H	H
H	H	L	L	H	H	H	H	H	H	H	H	H	H	H	H	L	H	H	H
H	H	L	H	H	H	H	H	H	H	H	H	H	H	H	H	H	L	H	H
H	H	H	L	H	H	H	H	H	H	H	H	H	H	H	H	H	H	L	H
H	H	H	H	H	H	H	H	H	H	H	H	H	H	H	H	H	H	H	L

当 $D=0$ 时,低位片工作,高位片禁止,输出由低位片决定,将 $DCBA$ 的 0000~0111 译成 $Z_0 \sim Z_7$ 八个低电平信号;当 $D=1$ 时,高位片工作,低位片禁止,输出由高位片决定,将 $DCBA$ 的 1000~1111 译成 $Z_8 \sim Z_{15}$ 即高位片的 $Z_0 \sim Z_7$ 八个低电平信号。由此可见,输入变量 D 控制两片 3 线-8 线译码器分时工作,因此可以利用 D 作为使能端输入。

这样就实现了两片 3 线-8 线译码器扩展成 4 线-16 线译码器,其扩展电路图如图 3-35 所示。

通过此题可看出使能端在扩展功能上的用途。

图 3-35　3 线-8 线译码器扩展为 4 线-16 线译码器电路图

5. 显示译码器

在数字系统中,经常需要将数字、文字和符号的二进制代码翻译成人们习惯的形式,并直观地将其显示出来,以便查看或读取,这就需要数字显示电路来完成。数字显示电路通常由显示器件、译码器、驱动器等部分组成。

1）显示器件

常用的数字显示器有多种类型。按显示方式的不同可分为字型点阵式、重叠式、分段式等。按发光材质不同又分为半导体显示器（LED）、液晶显示器（LCD）、荧光显示器和辉光显示器等。其中，半导体显示器又称发光二极管（LED）显示器，它的基本单元是 PN 结。当外加正向电压（1.5~3 V）时，就能发出清晰的光线（红、绿、黄或橙色）。单个 PN 结可以封装成一个发光二极管。多个 PN 结也可以按分段式封装成半导体数码管，如七段数码管或八段数码管。图 3-36（a）所示的 LED 数码管显示器是数字电路中使用最多的显示器，按内部连接方式不同，分为共阳极和共阴极两种接法，分别如图 3-36（b）、（c）所示。顾名思义，共阳极接法是各发光二极管阳极相接，对应极接低电平时亮；共阴极接法是各发光二极管阴极相接，对应极接高电平时亮。

(a) 外形图　　　　　　(b) 共阳极　　　　　　(c) 共阴极

图 3-36　LED 数码管显示器

七段数码管显示器正是将七个发光二极管（加小数点为八个）按照一定的方式排列起来，a、b、c、d、e、f、g 七段各对应一个发光二极管，利用不同发光段的组合，显示不同的阿拉伯数字。如图 3-37 所示，例如：当 b、c、g、f 四段亮，组合在一起显示的数字是"4"。

图 3-37　七段数码管显示器发光段组合图

2）译码器

显示译码器可以把输入的二-十进制代码转换成七个输入段信号 $a \sim g$，从而驱动七段 LED 数码管显示器工作，使其显示正确的数码。七段显示译码的示意图如图 3-38 所示。

图 3-38　七段显示译码示意图

常见的集成七段显示译码器有 74LS47（共阳）74LS48（共阴）和 CD4511（共阴）等芯片。下面以 74LS48 译码器为例，其引脚图、逻辑符号如图 3-39 所示，功能表见表 3-17。

（a）引脚图　　　　　　　　（b）逻辑符号

图 3-39　七段显示译码器 74LS48

表 3-17　七段显示译码器 74LS48 功能表

输入							输出						
LT	RBI	A_3	A_2	A_1	A_0	BI/RBO	a	b	c	d	e	f	g
H	H	L	L	L	L	H	H	H	H	H	H	H	L
H	×	L	L	L	H	H	L	H	H	L	L	L	L
H	×	L	L	H	L	H	H	H	L	H	H	L	H
H	×	L	L	H	H	H	H	H	H	H	L	L	H
H	×	L	H	L	L	H	L	H	H	L	L	H	H
H	×	L	H	L	H	H	H	L	H	H	L	H	H
H	×	L	H	H	L	H	L	L	H	H	H	H	H
H	×	L	H	H	H	H	H	H	H	L	L	L	L
H	×	H	L	L	L	H	H	H	H	H	H	H	H
H	×	H	L	L	H	H	H	H	H	L	L	H	H
H	×	H	L	H	L	H	L	L	L	H	H	L	H
H	×	H	L	H	H	H	L	L	H	H	L	L	H
H	×	H	H	L	L	H	L	H	L	L	L	H	H
H	×	H	H	L	H	H	H	L	L	H	L	H	H
H	×	H	H	H	L	H	L	L	L	H	H	H	H
H	×	H	H	H	H	H	L	L	L	L	L	L	L
×	×	×	×	×	×	L	L	L	L	L	L	L	L
H	L	L	L	L	L	L	L	L	L	L	L	L	L
L	×	×	×	×	×	H	H	H	H	H	H	H	H

对表 3-17 的说明如下：

（1）试灯输入端 LT：当 $LT=0$ 时，数码管的七段均发亮，显示"8"。它主要用来检测数码管七个发光段的好坏，平时应置 LT 为高电平。

（2）灭零输入端 RBI：当 $RBI=0$，且输入二进制码为 0000 时，译码器的 $a\sim g$ 段全熄灭。主要用于熄灭不希望显示的零。如 0028.1800，显然前两个零和后两个零均无效，则可使用 RBI 来使之熄灭，显示 28.18。

（3）特殊控制端 BI/RBO：双重功能端，既可作为输入信号又可作为输出信号。当作为输入端使用时，称为灭灯输入控制端。只要 $BI=0$，数码管各段同时熄灭；作为输出端使用时，称为灭零输出端。在 $A_3=A_2=A_1=A_0=0$ 时，且 $RBI=0$ 时，RBO 才会输出低电平，表示译码器熄灭了不希望显示的零。

（4）当 $LT=1$，$BI/RBO=1$ 时，对输入的四位二进制码（0000~1111）进行译码，产生对应的七段显示码。

3.5.3 数据选择器和数据分配器

实现从多路输入数据中选择其中一路输出的电路称为数据选择器；反之，数据分配器能将一条输入通道上的数据按规定分配到多个输出端。

1. 数据选择器

数据选择器又称多路选择器，简称 MUX。其功能类似于单刀多掷开关，如图 3-40 所示，故可称为多路开关。它是一种多个输入、单个输出的组合逻辑电路，由选择控制信号决定从多路输入中选择一路送至输出。常见的数据选择器有四选一、八选一、十六选一等。

（a）原理图　　　　　　　　（b）类似于单刀多掷开关的数据选择器

图 3-40　数据选择器

1）四选一数据选择器

图 3-41 所示为四选一数据选择器，图 3-41（a）中的 $D_0\sim D_3$ 是四个数据输入端；A_0、A_1 是数据通道选择控制信号，即地址变量。F 为输出端，$\overline{F}$ 为互补输出。E 是使能端，小圆圈表示低电平有效，当 $E=0$ 时，数据选择器工作，允许数据选通；当 $E=1$ 时，$F=0$，输出与输入数据无关，即禁止数据输入。

图 3-41 四选一数据选择器

由图 3-41（c）可写出四选一数据选择器的输出逻辑表达式：

$$F = (\overline{A_1}\,\overline{A_0}\,\overline{D_0} + \overline{A_1}A_0 D_1 + A_1 \overline{A_0} D_2 + A_1 A_0 D_3)\overline{E}$$

根据表达式列出功能表，见表 3-18。

表 3-18 四选一数据选择器的功能表

输入				输出
A_1	A_0	E	D	F
×	×	H	×	0
L	L	L	$D_0 \sim D_3$	D_0
L	H	L	$D_0 \sim D_3$	D_1
H	L	L	$D_0 \sim D_3$	D_2
H	H	L	$D_0 \sim D_3$	D_3

由表 3-18 可知，当 $E=1$ 时，数据选择器不工作，不管其他输入如何，输出端 F 恒为 0；当 $E=0$ 时，数据选择器才能工作，F 输出与地址变量 $A_1 A_0$ 相应的那一路数据，例如，当 $A_1 A_0 = 11$（十进制的 3）时，则 F 选择 D_3 上的数据输出。

2）八选一数据选择器

74LS151 是一种典型的集成八选一数据选择器，其逻辑图、引脚图、逻辑符号如图 3-42 所示，功能表见表 3-19。

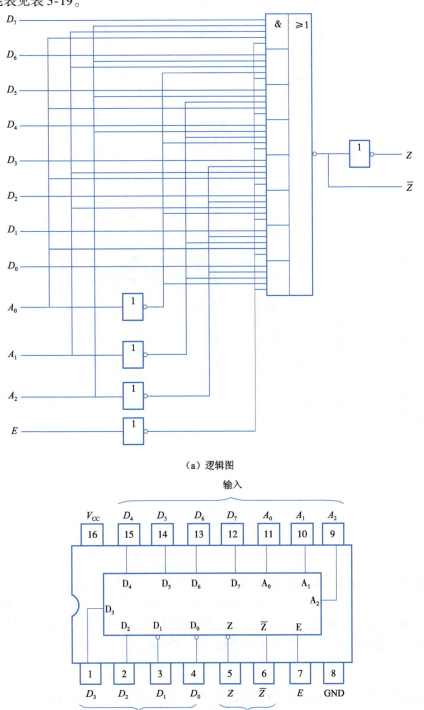

（a）逻辑图

（b）引脚图

图 3-42　八选一数据选择器 74LS151

(c) 逻辑符号

图 3-42 八选一数据选择器 74LS151（续）

表 3-19 八选一数据选择器功能表

输入												输出
E	A_2	A_1	A_0	D_0	D_1	D_2	D_3	D_4	D_5	D_6	D_7	Z
H	×	×	×	×	×	×	×	×	×	×	×	L
L	L	L	L	L	×	×	×	×	×	×	×	L
L	L	L	L	H	×	×	×	×	×	×	×	H
L	L	L	H	×	L	×	×	×	×	×	×	L
L	L	L	H	×	H	×	×	×	×	×	×	H
L	L	H	L	×	×	L	×	×	×	×	×	L
L	L	H	L	×	×	H	×	×	×	×	×	H
L	L	H	H	×	×	×	L	×	×	×	×	L
L	L	H	H	×	×	×	H	×	×	×	×	H
L	H	L	L	×	×	×	×	L	×	×	×	L
L	H	L	L	×	×	×	×	H	×	×	×	H
L	H	L	H	×	×	×	×	×	L	×	×	L
L	H	L	H	×	×	×	×	×	H	×	×	H
L	H	H	L	×	×	×	×	×	×	L	×	L
L	H	H	L	×	×	×	×	×	×	H	×	H
L	H	H	H	×	×	×	×	×	×	×	L	L
L	H	H	H	×	×	×	×	×	×	×	H	H

表 3-19 中，$D_0 \sim D_7$ 为数据选择器的八路数据输入端，$A_2A_1A_0$ 是地址控制变量，E 为输入使能端。由功能表可知，当 $E=1$ 时，数据选择器被禁止，输出 $Z=0$；当 $E=0$ 时，数据选择器工作，由地址控制变量 $A_2A_1A_0$ 决定，从八个输入数据源中选择其中哪一路进行输出。例如，当 $A_2A_1A_0 = 100$（十进制的 4）时，将 D_4 上的数据送至输出端，当 $D_4 = 0$ 时，$Z=0$；当 $D_4 = 1$ 时，$Z=1$。

根据真值表可以推导出输出 Z 的表达式为 $Z = \sum_{i=0}^{7} m_i D_i$（推导过程请读者自行分析），其中 m_i 为地址控制变量 $A_2A_1A_0$ 组成的最小项，D_i 为输入数据。依此类推，n 选择一数据选择器的输出逻辑表达式 $Z = \sum_{i=0}^{n-1} m_i D_i$，和最小项有关，故可用数据选择器来实现组合逻辑函数，在后续章节中将会介绍。

3) 数据选择器的应用

(1) 实现组合逻辑函数。由前面可知，数据选择器的输出函数表达式 $Z = \sum_{i=0}^{n-1} m_i D_i$，和地址控制变量的最小项有关。由于任何组合逻辑函数可以表示成最小项标准式的形式，因此，当使能端有效时，将地址和数据输入端代替逻辑函数中的输入变量，这样就可以利用数据选择器作为函数发生器，来实现组合逻辑电路。

假设逻辑函数的输入变量的个数为 K，数据选择器的地址输入变量的个数为 N，主要分为以下两种情况：

① $K = N$：

【例 3.16】 试用八选一数据选择器实现逻辑函数 $F = \overline{A}\,\overline{B}\,\overline{C} + \overline{A}BC + A\overline{B}C + ABC$。

解：将原逻辑函数的输入变量 A、B、C 分别作为数据选择器的地址输入 A_2、A_1、A_0，F 作为输出端 Z。

方法一：代数法。

令 $A = A_2$，$B = A_1$，$C = A_0$，原逻辑函数 F 的表达式变为

$$F = \overline{A_2}\,\overline{A_1}\,\overline{A_0} + \overline{A_2}A_1 A_0 + A_2\,\overline{A_1}A_0 + A_2 A_1 A_0$$

八选一数据选择器的输出逻辑函数表达式为

$$Z = \overline{A_2}\,\overline{A_1}\,\overline{A_0}D_0 + \overline{A_2}\,\overline{A_1}A_0 D_1 + \overline{A_2}A_1\,\overline{A_0}D_2 + \overline{A_2}A_1 A_0 D_3 + A_2\,\overline{A_1}\,\overline{A_0}D_4 + A_2\,\overline{A_1}A_0 D_5 + A_2 A_1\,\overline{A_0}D_6 + A_2 A_1 A_0 D_7$$

将两者对比，为了使 $F = Z$，则有 $D_0 = D_3 = D_5 = D_7 = 1$，$D_1 = D_2 = D_4 = D_6 = 0$。原函数的逻辑图如图 3-43 所示。

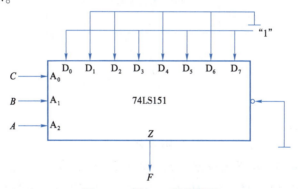

图 3-43 例 3.16 的逻辑图

方法二：卡诺图法。

先用卡诺图表示逻辑函数 F，如图 3-44 所示。

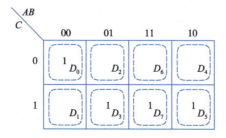

图 3-44 例 3.16 的卡诺图

由地址输入变量 A、B、C 确定八个数据区域 $D_0 \sim D_7$（卡诺图中八个虚线框）。根据卡诺图可求得：$D_0 = 1$，$D_1 = 0$，$D_2 = 0$，$D_3 = 1$，$D_4 = 0$，$D_5 = 1$，$D_6 = 0$，$D_7 = 1$。

由此可见，卡诺图法和代数法所得的结果一样，但前者比后者更简单、直观。

② $K > N$：

【例 3.17】 试用四选一数据选择器实现逻辑函数 $F = AB + BC + \overline{A}C$。

解：由于逻辑函数 F 为三变量的逻辑函数，而四选一数据选择器只有两个地址变量。因此，需要从 A、B、C 三变量中任意选择其中的两个作为地址输入变量，另一个变量则加至数据输入端 D_i。假设选择 A、B 分别作为地址变量 A_1、A_0，则变量 C 将反映在数据输入端。

方法一：代数法。

先将逻辑函数 F 化成最小项标准式：$F = \overline{A}\,\overline{B}C + \overline{A}BC + AB\overline{C} + ABC$。令 $A = A_1$，$B = A_0$，则 $F = \overline{A_1}\,\overline{A_0}C + \overline{A_1}A_0C + A_1A_0\overline{C} + A_1A_0C$，将其与四选一数据选择器表达式 $Z = \overline{A_1}\,\overline{A_0}D_0 + \overline{A_1}A_0D_1 + A_1\overline{A_0}D_2 + A_1A_0D_3$ 对比。

为了使 $F = Z$，可得 $D_0 = D_1 = C$，$D_2 = 0$，$D_3 = 1$。画出逻辑函数 F 的逻辑图，如图 3-45 所示。

图 3-45　例 3.17 的逻辑图

方法二：卡诺图法。

先画出逻辑函数 F 的卡诺图，如图 3-46 所示。

根据地址输入变量 A、B 确定数据区域，如图 3-46 中的 D_0、D_1、D_2、D_3 四个数据域。通过卡诺图可求得：$D_0 = C$，$D_1 = C$，$D_3 = 1$，$D_2 = 0$，求得的结果和代数法一致。

图 3-46　例 3.17 的卡诺图

注意：在用卡诺图求数据域 D_i 时，图中的每个最小项看作只与除地址变量以外的其他变量有关，并且卡诺圈是在本数据域范围内画。例如，本例中卡诺图的每个最小项与 A、B 无关，只和 C 有关，在用卡诺图求 D_2 时，只能将数据域 D_2 内的两个最小项 C 和 $\overline{C}$ 圈在一起进行合并，即 $\overline{C} + C = 1$，因此 $D_2 = 1$。

【例 3.18】 用四选一数据选择器实现函数 $F(A,B,C,D) = \sum m(1,2,5,7,8,10,13,14,15)$（用卡诺图法完成）。

解：F 是关于 A、B、C、D 四变量的逻辑函数，选择其中的两个变量作为四选一数据选择器的地址输入变量，假设选择 A、B 分别作为四选一数据选择器的 A_1、A_0 输入。画函数 F 的卡诺图，如图 3-47 所示。

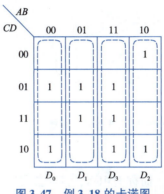

图 3-47 例 3.18 的卡诺图

根据地址控制变量 A、B 划分出四个数据区域 $D_0 \sim D_3$，并由卡诺图求得
$$D_0 = C \oplus D; D_1 = D; D_2 = \overline{D}; D_3 = C + D$$
函数 F 的逻辑图如图 3-48 所示。

图 3-48 例 3.18 的逻辑图

（2）数据选择器的扩展：

【例 3.19】 试用两片 74LS151 实现十六选一数据选择器。

解：用两片 74LS151、一个非门和一个或门即可实现十六选一数据选择器，如图 3-49 所示。十六选一数据选择器的最高位地址输入端 A_3 连接到第一片的使能端，经过非门后连接至第二片的使能端，从而使两片芯片分时工作。当 $A_3 = 0$ 时，选中第一片，而第二片禁止，F 从 $D_0 \sim D_7$ 中选择一路数据输出；当 $A_3 = 1$ 时，选中第二片，而第一片禁止，F 从 $D_8 \sim D_{15}$ 中选择一路数据输出。

图 3-49 八选一数据选择器扩展成十六选一数据选择器

2. 数据分配器

数据分配器又称多路分配器，简称 DMUX，其功能是将一个输入数据信号分时传送到多个输出端输出，或者将串行数据转换为并行数据输出，如图 3-50 所示。

图 3-50 数据分配器

通常数据分配器由译码器实现，例如用 74LS138 可组成八路数据分配器，其逻辑图如图 3-51 所示。将 G_1 作为数据分配器的使能端，G_{2A} 接低电平，G_{2B} 作为数据输入端，A_2、A_1、A_0 作为地址输入端，$Y_0 \sim Y_7$ 为八路数据输出端。其功能表见表 3-20。

图 3-51 用 74LS138 实现八路数据分配器逻辑图

表 3-20　八路数据分配器的功能表

输			入			输				出			
G_1	G_{2A}	G_{2B}	A_2	A_1	A_0	Y_0	Y_1	Y_2	Y_3	Y_4	Y_5	Y_6	Y_7
H	L	×	×	×	×	×	H	H	H	H	H	H	H
H	L	D	L	L	L	D	H	H	H	H	H	H	H
H	L	D	L	L	H	H	D	H	H	H	H	H	H
H	L	D	L	H	L	H	H	D	H	H	H	H	H
H	L	D	L	H	H	H	H	H	D	H	H	H	H
H	L	D	H	L	L	H	H	H	H	D	H	H	H
H	L	D	H	L	H	H	H	H	H	H	D	H	H
H	L	D	H	H	L	H	H	H	H	H	H	D	H
H	L	D	H	H	H	H	H	H	H	H	H	H	D

数据分配器的用途广泛，比如可以通过它将一台 PC 与多台外围设备连接，将 PC 的数据分送到外围设备中。

3.5.4　加法器

在数字系统中，常需要进行二进制的加、减、乘、除等算术运算，实际上，减法、乘法和除法运算都是转换成加法运算来完成的，故加法运算电路即加法器是数字系统中最基本的运算单元。

最简单的加法器是 1 位加法器，按功能不同分为半加器和全加器两种，下面将逐一进行介绍。

1. 半加器

不考虑低位来的进位称为半加。实现半加运算的逻辑电路称为**半加器**，其逻辑符号如图 3-52 所示。图中，A_i、B_i 分别为被加数和加数，作为半加器的输入端；输出端 S_i 为两个数相加所得到的本位的和，C_i 为向高一位产生的进位。

图 3-52　半加器的逻辑符号

根据二进制加法规律，得到半加器的真值表，见表 3-21。

表 3-21　半加器的真值表

输	入	输	出
A_i	B_i	S_i	C_i
0	0	0	0
0	1	1	0
1	0	1	0
1	1	0	1

由真值表可得输出逻辑表达式：

$$S_i = \overline{A_i}B_i + A_i\overline{B_i} = A_i \oplus B_i$$
$$C_i = A_iB_i$$

其逻辑图如图 3-53 所示，由异或门和与门实现。

2. 全加器

考虑低位来的进位称为全加,即将本位的被加数、加数与来自低位的进位三个数相加。实现全加运算的电路称为**全加器**。它的逻辑符号如图 3-54 所示,有三个输入端 A_i、B_i、C_{i-1} 分别代表被加数、加数和低位向本位的进位(进位输入端);两个输出端 S_i、C_i 表示本位的和、本位向高位的进位(进位输出端)。

图 3-53　半加器的逻辑图　　　　图 3-54　全加器的逻辑符号

全加器的真值表见表 3-22。

表 3-22　全加器的真值表

输入			输出	
A_i	B_i	C_{i-1}	S_i	C_i
0	0	0	0	0
0	0	1	1	0
0	1	0	1	0
0	1	1	0	1
1	0	0	1	0
1	0	1	0	1
1	1	0	0	1
1	1	1	1	1

由图 3-55 所示的卡诺图可得最简输出表达式:

$$S_i = (A_i + B_i + C_{i-1})(\overline{A_i B_i C_{i-1} + \overline{A_i B_i + B_i C_{i-1} + A_i C_{i-1}}}) = A_i \oplus B_i \oplus C_{i-1}$$

$$C_i = A_i B_i + B_i C_{i-1} + A_i C_{i-1}$$

(a) S_i 的卡诺图　　　　(b) C_i 的卡诺图

图 3-55　卡诺图

根据表达式可以画出全加器的逻辑图,如图 3-56 所示。

3. 多位加法器

要将两个 n 位二进制数相加,可用 n 个加法器来实现。由于两个多位数的每一位相加时都需要考虑低位向这位产生的进位,故采用全加器。根据其进位方式的不同,主要有串行进位加法器和超前进位加法器。

图 3-56 全加器的逻辑图

1) 串行进位加法器

串行进位加法器是通过将 n 个全加器串联来实现 n 位二进制的相加。低位全加器的进位输出 C_i 传送到相邻高位全加器的进位输入 C_{i-1}，即每位的 C_{i-1} 依赖于前一位的 C_i。因此，任何一位相加都必须等到低一位相加完成，并产生进位后才能进行，称这种方式为**串行进位**。图 3-57 所示为四位串行进位加法器（通常 $C_{-1}=0$）。

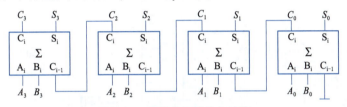

图 3-57 四位串行进位加法器

显而易见，这种电路结构比较简单，但由于进位信号是串行的，所以它的运算速度较慢。

2) 超前进位加法器

为了提高运算速度，可采用超前进位加法器。下面先介绍一下超前进位的实现原理。

串行进位加法器之所以运算速度慢是因为其每位全加器的进位输入端不仅与本位的被加数、加数有关，还与前一位全加器的进位输出端有关。若能改变这点，即可提高速度。

由前可知，全加器的输出进位端的逻辑表达式为

$$\begin{aligned}
C_i &= A_iB_i + B_iC_{i-1} + A_iC_{i-1} \\
&= A_iB_iC_{i-1} + A_iB_i\overline{C_{i-1}} + A_iB_iC_{i-1} + \overline{A_i}B_iC_{i-1} + A_iB_iC_{i-1} + A_i\overline{B_i}C_{i-1} \\
&= A_iB_iC_{i-1} + A_iB_i\overline{C_{i-1}} + \overline{A_i}B_iC_{i-1} + A_i\overline{B_i}C_{i-1} \\
&= A_iB_i + (\overline{A_i}B_i + A_i\overline{B_i})C_{i-1} \\
&= A_iB_i + (A_i \oplus B_i)C_{i-1}
\end{aligned}$$

令 $G_i = A_iB_i$ 称为进位生成函数，$P_i = A_i \oplus B_i$ 称为进位传送函数。将其代入以上表达式可得：

$$C_i = G_i + P_iC_{i-1}$$

那么，四位二进制加法器的各个进位输入端的逻辑表达式为

$$\begin{aligned}
C_0 &= G_0 + P_0C_{-1} \\
C_1 &= G_1 + P_1C_0 = G_1 + P_1G_0 + P_1P_0C_{-1} \\
C_2 &= G_2 + P_2C_1 = G_2 + P_2G_1 + P_2P_1G_0 + P_2P_1P_0C_{-1} \\
C_3 &= G_3 + P_3C_2 = G_3 + P_3G_2 + P_3P_2G_1 + P_3P_2P_1G_0 + P_3P_2P_1P_0C_{-1}
\end{aligned}$$

由此可看出，$C_0 \sim C_3$ 只与 $P_0 \sim P_3$、$G_0 \sim G_3$ 和 C_{-1} 有关，也就是说只要已知被加数和加数，各位进位便随之确定，可以同步产生，实现了多位二进制的并行相加，从而提高了运算速度。

现在的集成加法器大多数都采用这种方式。例如，74LS283 是典型的四位超前进位加法器。其逻辑图、引脚图、逻辑符号如图 3-58 所示，功能表见表 3-23。

表 3-23 中，$A_4A_3A_2A_1$ 和 $B_4B_3B_2B_1$ 分别为 4 位二进制被加数和加数，C_0 是最低位向第 1 位的进位输入，Σ_4、Σ_3、Σ_2、Σ_1 为相加所得的 4 位和，C_4 是和数的最高位（第 4 位）产生的进位输出。

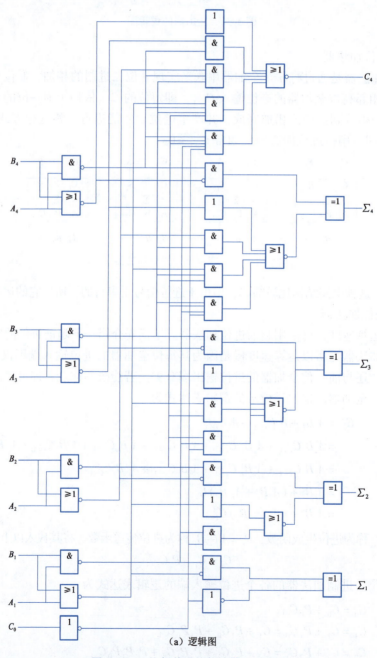

(a) 逻辑图

图 3-58　4 位超前进位加法器 74LS283

（b）引脚图　　　　　　　　　　　（c）逻辑符号

图 4-58　4 位超前进位加法器 74LS283（续）

表 3-23　4 位超前进位加法器 74LS28 功能表

输入								输出											
								当 $C_0=L$ 时/当 $C_2=L$ 时						当 $C_0=H$ 时/当 $C_2=H$ 时					
A_1	A_3	B_1	B_3	A_2	A_4	B_2	B_4	Σ_1	Σ_3	Σ_2	Σ_4	C_2	C_4	Σ_1	Σ_3	Σ_2	Σ_4	C_2	C_4
L	L	L	L	L	L	L	L	L	L	L	L	L	L	H	L	L	L	L	L
H	L	L	L	L	L	L	L	H	L	L	L	L	L	L	H	L	L	L	L
L	H	L	L	L	L	L	L	L	H	L	L	L	L	H	H	L	L	L	L
H	H	L	L	L	L	L	L	L	L	L	L	H	L	L	L	H	L	H	L
L	L	H	L	L	L	L	L	H	L	L	L	L	L	L	H	L	L	L	H
L	H	L	H	L	L	L	L	H	L	L	L	L	L	H	H	L	L	L	H
H	H	L	L	L	L	L	L	L	L	L	L	L	L	H	L	H	L	H	L
L	L	L	L	H	L	L	L	L	L	L	L	L	L	L	L	H	L	L	L
H	L	L	L	H	L	L	L	H	L	L	L	L	L	L	H	H	L	L	L
L	H	L	L	L	L	H	L	L	H	L	L	L	L	H	H	H	L	L	L
H	L	L	L	H	L	H	L	L	L	L	L	L	L	L	L	H	L	H	L
L	L	H	L	L	H	L	L	H	L	L	L	L	L	L	H	H	L	L	H
H	L	L	H	L	L	H	L	H	L	H	L	L	L	H	H	L	H	L	H
L	H	H	L	H	L	L	L	L	L	H	L	L	L	H	H	H	L	H	L
H	H	H	H	L	L	L	L	L	H	L	L	L	L	L	L	H	L	H	L
H	H	H	H	H	H	H	H	L	L	L	L	H	H	H	H	H	H	H	H

4. 全加器的应用

加法器是数字系统中最基本的组合逻辑器件，其应用非常广泛。它可以用于二进制的减法、乘法运算，BCD 码的变换，数码比较等。

【例 3.20】　试用 74LS283 设计一个能将 8421BCD 码转换为余 3 码的代码转换器。

解：代码转换器以 8421 BCD 码为输入，余 3 码为输出，因此它有四个输入端和四个输出端。假设 D、C、B、A 表示输入的 4 位 8421 BCD 码，Y_3、Y_2、Y_1、Y_0 表示经代码转换器输出的四位余

3 码。

由第 1 章可知：余 3 码 = 8421 BCD 码 + 0011，即 $Y_3Y_2Y_1Y_0 = DCBA + 0011$，显然，此代码转换器电路本质上是一个加法电路，可用四位全加器来实现，如图 3-59 所示。

图 3-59　例 3.20 的逻辑图

【例 3.21】　用 74LS283 四位全加器实现 8421 BCD 码加法器。

解： 74LS283 全加器是按照四位自然二进制加法规律相加，和 8421 BCD 码的加法差别在于前者是逢十六进一，而后者则是逢十进一。因此，当两个 8421 BCD 码经 74LS283 相加时，需要对相加的结果进行修正。我们发现：若相加结果小于或等于 9，则无须修正，或者加 0 修正；若相加结果大于 9，则加 6 修正。在这两种情况下，相加的结果都需要再经过一个全加器来修正，因此，可用两片 74LS283 和一个"判 9 电路"来实现。

首先，设计一个判断相加结果是否大于 9 的组合电路，即"判 9 电路"。其输入为第一片 74LS283 的四位相加结果 Σ_4、Σ_3、Σ_2、Σ_1，输出为判断的结果 F，列出其真值表，见表 3-24。

表 3-24　"判 9 电路"的真值表

输		入		输　出
Σ_4	Σ_3	Σ_2	Σ_1	F
0	0	0	0	0
0	0	0	1	0
0	0	1	0	0
0	0	1	1	0
0	1	0	0	0
0	1	0	1	0
0	1	1	0	0
0	1	1	1	0
1	0	0	0	0
1	0	0	1	1

续表

输入				输出
Σ_4	Σ_3	Σ_2	Σ_1	F
1	0	1	0	1
1	0	1	1	1
1	1	0	0	1
1	1	0	1	1
1	1	1	0	1
1	1	1	1	1

根据真值表，画出 F 的卡诺图，如图 3-60 所示。可求得 F 的最简逻辑表达式为

$$F = \Sigma_4 \Sigma_3 + \Sigma_4 \Sigma_2$$

当相加产生进位时，结果也大于 9，所以 $F = C_4 + \Sigma_4 \Sigma_3 + \Sigma_4 \Sigma_2$。

由此得到 8421 BCD 码加法器电路，如图 3-61 所示，两个 8421 BCD 码从第一片 74LS283 输入，相加的结果经第二片 74LS283 修正后输出。

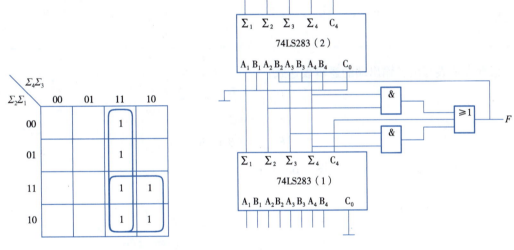

图 3-60 "判 9 电路"的卡诺图　　图 3-61 例 3.22 的逻辑图

【例 3.22】 用四位超前进位加法器扩展成八位加法器。

解：要将四位加法器扩展成八位加法器需要两片 74LS283，将低位片的进位输出端 C_4 连接至高位片的进位输入端 C_0 即可，如图 3-62 所示。

图 3-62 四位超前进位加法器扩展成八位加法器

3.5.5 数值比较器

在数字系统中,经常需要比较两个数的大小。把能对两个相同位数的二进制数进行比较,并判断其大小关系的逻辑电路称为**数值比较器**。其比较结果有大于、小于和等于三种情况。

1. 一位数值比较器

将两个一位二进制数 A 和 B 进行比较,有三种可能:$A>B$、$A<B$ 和 $A=B$。因此,一位数值比较器应有两个输入端 A 和 B;三个输出端 $F_{A>B}$、$F_{A<B}$ 和 $F_{A=B}$,分别表示三种比较结果。若与比较结果相符则为 1,否则为 0。可列出真值表见表 3-25。

表 3-25 一位数值比较器的真值表

输	入	输		出
A	B	$F_{A>B}$	$F_{A<B}$	$F_{A=B}$
0	0	0	0	1
0	1	0	1	0
1	0	1	0	0
1	1	0	0	1

根据真值表写出各输出端的逻辑表达式:

$$F_{A>B} = A\overline{B}$$
$$F_{A<B} = \overline{A}B$$
$$F_{A=B} = \overline{A}\,\overline{B} + AB$$

由逻辑表达式画出逻辑图,如图 3-63 所示。

图 3-63 一位数值比较器的逻辑图

2. 集成数值比较器 74LS85

74LS85 是四位二进制数值比较器,其逻辑图、引脚图、逻辑符号如图 3-64 所示,功能表见表 3-26。

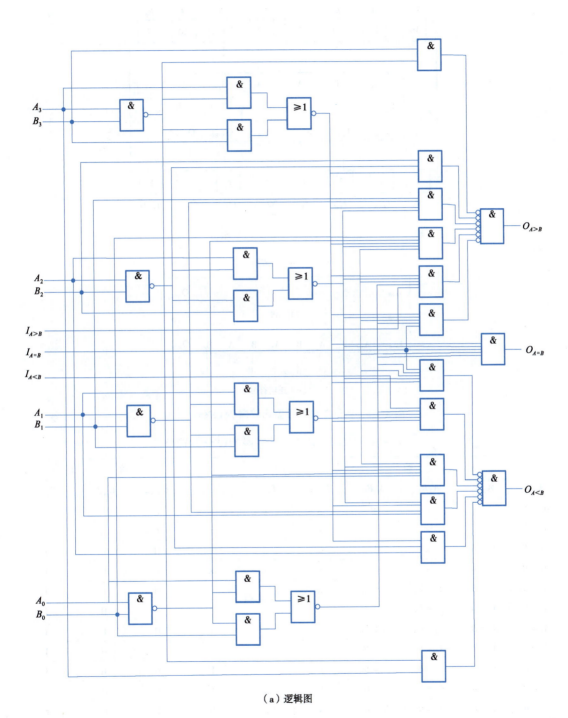

（a）逻辑图

图 3-64　四位二进制数值比较器 74LS85

图 3-64 四位二进制数值比较器 74LS85（续）

表 3-26 四位二进制数值比较器 74LS85 功能表

		输		入			输	出	
$A_3 B_3$	$A_2 B_2$	$A_1 B_1$	$A_0 B_0$	$I_{A>B}$	$I_{A<B}$	$I_{A=B}$	$O_{A>B}$	$O_{A<B}$	$O_{A=B}$
$A_3 > B_3$	×	×	×	×	×	×	H	L	L
$A_3 < B_3$	×	×	×	×	×	×	L	H	L
$A_3 = B_3$	$A_2 > B_2$	×	×	×	×	×	H	L	L
$A_3 = B_3$	$A_2 < B_2$	×	×	×	×	×	L	H	L
$A_3 = B_3$	$A_2 = B_2$	$A_1 > B_1$	×	×	×	×	H	L	L
$A_3 = B_3$	$A_2 = B_2$	$A_1 < B_1$	×	×	×	×	L	H	L
$A_3 = B_3$	$A_2 = B_2$	$A_0 = B_0$	$A_0 > B_0$	×	×	×	H	L	L
$A_3 = B_3$	$A_2 = B_2$	$A_0 = B_0$	$A_0 < B_0$	×	×	×	L	H	L
$A_3 = B_3$	$A_2 = B_2$	$A_0 = B_0$	$A_0 = B_0$	H	L	L	H	L	L
$A_3 = B_3$	$A_2 = B_2$	$A_0 = B_0$	$A_0 = B_0$	L	H	L	L	H	L
$A_3 = B_3$	$A_2 = B_2$	$A_0 = B_0$	$A_0 = B_0$	×	×	H	L	L	H
$A_3 = B_3$	$A_2 = B_2$	$A_0 = B_0$	$A_0 = B_0$	H	H	L	L	L	L
$A_3 = B_3$	$A_2 = B_2$	$A_0 = B_0$	$A_0 = B_0$	L	L	L	H	H	L

表 3-26 中 A_i、B_i ($i = 0 \sim 3$) 为数据输入端，即作为比较的两个二进制数 A 和 B 的第 i

位。$I_{A>B}$、$I_{A<B}$和$I_{A=B}$是级联输入端,表示低四位比较的结果输入,它主要用于比较器逻辑功能的扩展。例如,扩展比较位数时,可利用级联输入端作为片间连接。$O_{A>B}$、$O_{A<B}$和$O_{A=B}$表示最后比较结果的输出。

由功能表可知:比较两个四位二进制数 A($A_3A_2A_1A_0$)和 B($B_3B_2B_1B_0$)的大小从最高位开始比较,若$A_3>B_3$,则A一定大于B,$O_{A>B}$=H;若$A_3<B_3$,则A一定小于B,$O_{A<B}$=H;若$A_3=B_3$,则比较次高位A_2和B_2,依此类推,直到比较到最低位。若各位均相等,比较结果则取决于级联输入端。

3. 数值比较器的应用

由3.5.5节的知识可知,74LS85为四位二进制数值比较器,它的级联输入端$I_{A>B}$、$I_{A<B}$和$I_{A=B}$是为了功能扩展而设置的。一般情况下即比较四位二进制数,应使芯片的$I_{A>B}$和$I_{A<B}$接低电平0,$I_{A=B}$接高电平1,这样才能完整地得到三种比较结果(大于、小于或等于)。当比较位数高于四位时,需要使用级联输入端进行扩展,只要将低位片的$O_{A>B}$、$O_{A<B}$、$O_{A=B}$分别接至高位片相应的级联输入端$I_{A>B}$、$I_{A<B}$、$I_{A=B}$即可。

【例3.23】 用两片74LS85实现八位数值比较器。

解:要将两片四位数值比较器扩展成八位数值比较器,只需要把这两片芯片串联,如图3-65所示。从高位比较至低位,当高四位都相等时,两个数的大小由高位片的级联输入端,即低四位的比较结果决定。

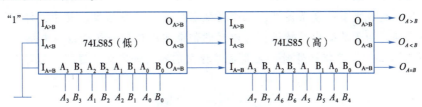

图3-65 四位数值比较器扩展成八位数值比较器

当比较位数较多时,可以采用并联方式扩展,请读者自行思考。

本节思考题

1. 本节中各组合逻辑器件的功能是什么?其中有哪些是可以用来实现组合逻辑函数的?为什么?
2. 这些组合逻辑器件的集成电路和普通电路有何关系和区别?
3. 组合逻辑器件中使能端的功能是什么?
4. 试推导74LS138的八个输出端的逻辑函数表达式。
5. 半加和全加的区别是什么?在输入和输出端数量上有何不同?
6. 若要用74LS85来比较四位二进制数,如何连接才能完整地比较出大于、小于或等于这三种可能的结果?

小 结

1. 组合逻辑电路是由各种门电路组合而成的最简单的一类逻辑电路,它的特点是电路中不包含任何记忆元件，电路的输入与输出之间也没有反馈，电路任一时刻的输出与过去的状态无关，只取决于当前时刻的输入。这也是它和时序逻辑电路最显著的区别。

2. 组合逻辑电路的分析方法如下：

(1) 写出输出逻辑表达式，并根据具体情况判断是否需要变换或化简；

(2) 列出真值表；

(3) 分析电路的逻辑功能，用文字概括；

(4) 检验原电路设计是否最简，并改进。

3. 组合逻辑电路的设计方法如下：

(1) 找出输入和输出变量的个数，并根据其逻辑关系列出真值表；

(2) 对逻辑函数进行化简；

(3) 画出最简逻辑图。

4. 在组合逻辑电路中可能存在竞争冒险现象。根据干扰脉冲的极性，冒险可分为偏"0"冒险和偏"1"冒险。消除冒险现象常用的方法有修改逻辑设计、接入滤波电容和引入选通脉冲等。这些方法有各自的优缺点和适用场合，可根据实际需要进行选择。

5. 常见的中规模组合逻辑器件包括编码器、译码器、数据选择器、分配器、加法器和数值比较器等，它们的应用非常广泛。在这些组合逻辑集成芯片中，除了设置常规的输入、输出端外，还增加了一些功能端如使能端等。利用这些功能端即可控制器件的工作状态，又可便于功能扩展，构成更多的复杂器件，从而增强器件使用的灵活性。其中，译码器和数据选择器这两个器件，由于其输出的特性，可以用它们来实现任何一组合逻辑电路。

6. 在学习这些组合逻辑器件时，主要是掌握它们的引脚定义、逻辑功能等外部特性。

习　　题

1. 写出图 3-66 所示电路的逻辑表达式，并说明电路实现哪种逻辑门的功能。

2. 分析图 3-67 所示的电路，写出输出函数 F。

图 3-66　题 1 图　　　　　　　　图 3-67　题 2 图

3. 已知图 3-68 示的电路及输入 A、B 的波形，试画出相应的输出波形 F，不计门的延迟。

图 3-68　题 3 图

4. 由与非门构成的某表决电路如图 3-69 所示。其中 A、B、C、D 表示 4 个人，L = 1 时表示决议通过。

(1) 试分析电路，说明决议通过的情况有几种。

(2) 分析 A、B、C、D 四个人中，谁的权利最大。

5. 已知某组合电路的输入 A、B、C 和输出 F 的波形如图 3-70 所示，试写出 F 的最简与或表达式。

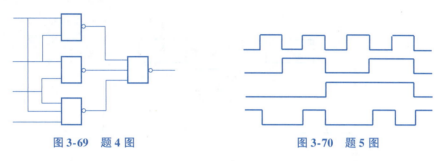

图 3-69　题 4 图　　　　　　　　图 3-70　题 5 图

6. 设 $F(A,B,C,D) = \sum m(2,4,8,9,10,12,14)$，要求实现的电路最简单。

(1) 用与非门实现。

(2) 用或非门实现。

(3) 用与或非门实现。

7. 设计一个由三个输入端、一个输出端组成的判奇电路，其逻辑功能为：当奇数个输入信号为高电平时，输出为高电平，否则为低电平。要求画出真值表和电路图。

8. 试设计一个 8421BCD 码的检码电路。要求当输入量 $DCBA \leq 4$，或 $DCBA \geq 8$ 时，电路输出 L 为高电平，否则为低电平。用与非门设计该电路。

9. 一个组合逻辑电路有两个功能选择输入信号 C_1、C_0，A、B 作为其两个输入变量，F 为电路的输出。当 $C_1 C_0$ 取不同组合时，电路实现如下功能：

(1) $C_1 C_0 = 00$ 时，$F = A$

(2) $C_1 C_0 = 01$ 时，$F = A \oplus B$

(3) $C_1 C_0 = 10$ 时，$F = AB$

(4) $C_1 C_0 = 11$ 时，$F = A + B$

试用门电路设计符合上述要求的逻辑电路。

10. 用红、黄、绿三个指示灯表示三台设备的工作情况：绿灯亮表示全部正常；红灯亮表示有一台不正常；黄灯亮表示两台不正常；红、黄灯全亮表示三台都不正常。列出控制电路真值表，并选用合适的集成电路来实现。

11. 8 线-3 线优先编码器 74LS148 在下列输入情况下，确定芯片输出端的状态。

(1) 6 = 0，3 = 0，其余为 1；

(2) $EI = 0$，6 = 0，其余为 1；

(3) $EI = 0$，6 = 0，7 = 0，其余为 1；

(4) $EI = 0$，0 ~ 7 全为 0；

(5) $EI = 0$，0 ~ 7 全为 1。

12. 试用 8 线-3 线优先编码器 74LS148 连成 32 线-5 线的优先编码器。

13. 4 线-16 线译码器 74LS154 接成图 3-71 所示的电路。图中 S_0、S_1 为选通输入端，芯片译码时，S_0、S_1 同时为 0，芯片才被选通，实现译码操作。芯片输出端为低电平有效。

(1) 写出电路的输出函数 $F_1(A,B,C,D)$ 和 $F_2(A,B,C,D)$ 的表达式，当 $ABCD$ 为何种取值时，函数 $F_1 = F_2 = 1$；

(2) 若要用 74LS154 芯片实现两个二位二进制数 A_1A_0、B_1B_0 的大小比较电路，即 $A > B$ 时，$F_1 = 1$；$A < B$ 时，$F_2 = 1$。试画出其接线图。

图 3-71 题 13 图

14. 用 74LS138 译码器构成如图 3-72 所示的电路，写出输出 F 的逻辑表达式，列出真值表并说明电路功能。

15. 试用 74LS138 译码器和最少的与非门实现逻辑函数

(1) $F_1(A,B,C) = \sum m(0,2,6,7)$；

(2) $F_2(A,B,C) = A \odot B \odot C$。

图 3-72 题 14 图

16. 试用 3 线-8 线译码器 74LS138 设计一个能对 32 个地址进行译码的译码器。

17. 74LS138 芯片构成的数据分配器电路和脉冲分配器电路如图 3-73 所示。

(1) 在图 3-73（a）电路中，数据从 G_1 端输入，分配器的输出端得到的是什么信号。

(2) 在图 3-73（b）电路中，G_{2A} 端加脉冲，芯片的输出端应得到什么信号。

图 3-73 题 17 图

18. 用 8 选 1 数据选择器 74LS151 构成图 3-74 所示的电路：(1) 写出输出 F 的逻辑表达式；(2) 用与非门实现该电路；(3) 用译码器 74LS138 和与非门实现该电路。

图 3-74　题 18 图

19. 试用 74LS151 数据选择器实现逻辑函数。

(1) $F_1(A,B,C) = \sum m(1,2,4,7)$；

(2) $F_2(A,B,C,D) = \sum m(1,5,6,7,9,11,12,13,14)$；

(3) $F_3(A,B,C,D) = \sum m(0,2,3,5,6,7,8,9) + \sum d(10,11,12,13,14,15)$。

20. 试将 74LS85 接成一个五位二进制数比较器。

第 4 章　触 发 器

学习目标

- 了解触发器的分类、电路结构及其特点。
- 熟记基本 RS 触发器、集成 D 触发器和 JK 触发器逻辑功能真值表。
- 会写触发器的状态表、画状态图和波形图，分析触发器的逻辑功能等。

触发器是构成时序逻辑电路的基本单元电路，后续的时序逻辑电路是触发器的应用，因此掌握触发器的分析方法是关键。

4.1　基本 RS 触发器

触发器是数字逻辑系统中十分重要的逻辑部件，它是组成时序逻辑电路的基础。触发器是一种具有记忆功能的逻辑部件，具有两个稳定的输出状态，用这两个稳定的状态来表示二值信号的 0 和 1，在外界输入信号的激励下，触发器的输出状态会发生改变。触发器的种类较多，有基本 RS 触发器、主从触发器、维持阻塞触发器、D 触发器和 JK 触发器等。在介绍触发器的内容时，以集成触发器为例，着重介绍触发器逻辑功能实现的分析方法、状态表、状态图和波形图等。

4.1.1　基本 RS 触发器的结构

触发器由逻辑门电路组成，电路如图 4-1 所示，图 4-1（a）为原理电路图，图 4-1（b）为逻辑符号。

视频
基本的RS触发器的结构和功能分析

（a）原理电路图　　　　（b）逻辑符号

图 4-1　基本 RS 触发器

由图 4-1（a）可知，基本 RS 触发器是由两个与非门交叉直接连接组成的，它有两个信号输入端分别为 R_d、S_d，其中下标 "d" 是汉语拼音的 "低" 的意思，R_d 为直接复位端或置 "0" 端，S_d 为直接置位端或置 "1" 端。有两个输出端分别为 Q、$\bar{Q}$ 端，Q 端的输出状态为触发器的逻辑状态，且触发器正常工作时 Q 和 $\bar{Q}$ 是互为对立的逻辑状态，也就是说，当 Q 为逻辑 "1" 态时，$\bar{Q}$ 应当为逻辑 "0" 态，如果输出的两端有同样的逻辑状态，就说该电路发生逻辑错误。

本节思考题

1. 如果 $Q = \bar{Q} = 1$ 或 $Q = \bar{Q} = 0$，电路的逻辑状态正常吗？
2. 触发器以哪个输出端的状态代表它的逻辑状态？

4.1.2 触发器逻辑功能分析

1. 真值表

为了分析方便，约定输入信号作用前触发器的状态记作 Q^n，也可称为 "初态" 或 "现态"，在输入信号的作用下触发器的状态发生改变，改变后新的状态记作 Q^{n+1}，也可称为 "次态"。

1）$R_d = 0$，$S_d = 0$

根据与非门的性质，输入端有 "0" 出 "1"，两个输出端 $Q^{n+1} = \overline{Q^{n+1}} = 1$ 而不管触发器的初始状态如何。前已述及，当触发器的两个输出端逻辑状态相同时，电路将发生逻辑错误，所以 $R_d = 0$，$S_d = 0$ 这一对输入条件是禁止使用的，因为，当输入条件撤离时，输出端的状态是随机的，由电路的随机因素确定，输出端的状态可能为 "1"，也可能为 "0"，状态不可控，这在数字系统中是不允许的。

2）$R_d = 0$，$S_d = 1$

$R_d = 0$，$S_d = 1$ 时，根据与非门的性质，触发器 $Q^{n+1} = 0$，触发器处于置 "0" 态或 "复位" 状态。如果触发器的初态 $Q^n = 0$，则 $Q^{n+1} = 0$，触发器的状态不改变；如果触发器的初态 $Q^n = 1$，在输入信号作用下，触发器的次态 $Q^{n+1} = 0$，触发器的状态发生了改变，也可说触发器的状态发生了翻转，由 "1" 态翻转为 "0" 态。

3）$R_d = 1$，$S_d = 0$

$R_d = 1$，$S_d = 0$ 时，触发器 $Q^{n+1} = 1$，触发器处于置 "1" 态或 "置位" 状态。触发器初态为 "0" 态，则要翻转为 "1" 态；触发器初态为 "1" 态，触发器的状态保持不变。

4）$R_d = 1$，$S_d = 1$

$R_d = 1$，$S_d = 1$ 时，触发器的状态不变，维持原来的初始状态，即 $Q^{n+1} = Q^n$。

将上述分析过程归纳为真值表见表 4-1。

基本 RS 触发器是构成其他各种触发器的基本单元，要求读者熟练地掌握基本 RS 触发器的真值表。

观察真值表可见，当 $R_d = 0$ 时，$Q^{n+1} = 0$；当 $S_d = 0$ 时，$Q^{n+1} = 1$，两个输入端分别为低电平时，使触发器置 0 或置 1，所以，又称输入端为低电平有效；同时，称 R_d 为直接置 0 端，称 S_d 为直接置 1 端。

表 4-1 基本 RS 触发器的真值表

R_d	S_d	Q^n	Q^{n+1}	说明
0	0	0	1	不允许
0	0	1	1	
0	1	0	0	Q^{n+1}的状态与R_d状态相同
0	1	1	0	
1	0	0	1	Q^{n+1}的状态与R_d状态相同
1	0	1	1	
1	1	0	0	Q^{n+1}的状态不变
1	1	1	1	

2. 状态表、特征方程

1）状态表

状态表与真值表基本相同，不同的是把触发器的初始状态也当作输入变量看待。利用卡诺图的形式给出状态表的画法，如图 4-2 所示。

由真值表写状态表的方法如下：先以卡诺图的形式列出输入变量，Q^n 也视作输入变量处理，如图 4-2（a）所示，对应于三个输入变量的函数 Q^{n+1} 的取值填入相应的方格内，方格内的状态就是 Q^{n+1} 函数的状态，如图 4-2（b）所示，图中的"×"表示禁止项或约束项。

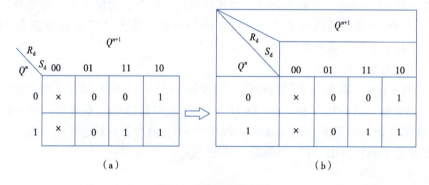

图 4-2 状态表的画法

2）特征方程

特征方程是描述基本 RS 触发器的次态、初态和输入信号三者的关系，用逻辑函数 Q^{n+1} 表示。由图 4-3（b）所示的卡诺图化简后求出特征方程为

$$Q^{n+1} = \overline{S_d} + R_d Q^n$$

特征方程又称状态方程或次态方程，根据特征方程可以由触发器的初始状态求出它的次态。由于状态表中有约束条件，因此输入必须满足

$$R_d + S_d = 1$$

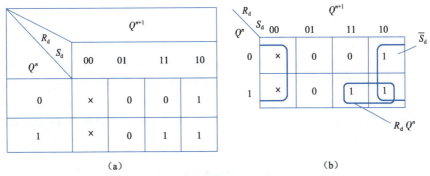

图 4-3 利用卡诺图求特征方程

3. 状态图和波形图

1）状态图

在输入信号的激励下，触发器的状态会发生改变，输入的逻辑状态在 0 和 1 之间转换，如图 4-4 所示。画状态图要根据真值表来画，如当 $R_d=1$，$S_d=0$ 时，触发器的状态由 0 转换为 1；使触发器状态保持 1 态不变有两组条件：$R_d=1$，$S_d=1$ 或者 $R_d=1$，$S_d=0$，其他依此类推。

2）波形图

波形图又称时序图，波形图能清楚地反映触发器输入与输出之间的逻辑关系。波形图也要根据真值表来画，特别要注意信号起止时间的一致性，通常用虚线表示这种时间关系，如图 4-5 所示。

图 4-4 触发器的状态转换图

图 4-5 基本 RS 触发器的波形图

图 4-5 中，当 0 信号撤离后，输出状态的不定是指输出状态是随机的，可能维持 1，也可能变化到 0。

本节思考题

1. 在 $R_d=0$，$S_d=0$ 的条件下，触发器处于不确定状态，你是如何理解的？
2. 在 $R_d=1$，$S_d=1$ 的条件下，触发器的状态不发生改变，为什么？

3. 根据真值表说明 R_d 和 S_d 为什么称为复位端和置位端？
4. 归纳表 4-1 的规律，它说明了什么问题？
5. 真值表与状态表是一回事吗？如何从真值表得到状态表？
6. 什么是触发器的初态？什么是触发器的次态？它们怎样区分？
7. 特征方程是如何得到的？它有何作用？
8. 状态图的含义是什么？如何根据状态图说明各种状态之间的转换条件？

4.2 可控 RS 触发器

基本 RS 触发器当输入置 0 和置 1 信号时，其输出状态就随之发生变化。在实际的数字系统中，有时要求触发器按一定的时间节拍工作，只有在收到指令信号后，输入信号才能使触发器工作；否则，触发器不工作。因此，必须引入控制脉冲信号（指令信号），使触发器的动作只有在控制脉冲信号的作用下，输入信号才能改变触发器的逻辑状态。

4.2.1 可控 RS 触发器的结构

在基本 RS 触发器的基础上增加两个控制信号引导门 G_1 和 G_2，如图 4-6 所示。输入端分别为 R、S 信号输入端，CP 为控制信号。引导门 G_1 和 G_2 的输出就是基本 RS 触发器的输入端。

（a）逻辑电路　　　　　　（b）逻辑符号

图 4-6　可控 RS 触发器

4.2.2 逻辑功能分析

1. $CP=0$

当 $CP=0$ 时，根据与非门的性质，G_1、G_2 门的输出均为 1，也就是说，$CP=0$ 把 G_1、G_2 两个门关闭，R、S 信号不能通过控制门，$R_d=1$，$S_d=1$，此时，Q 的状态保持不变。

2. $CP = 1$

当 $CP = 1$ 时，G_1、G_2 两个门被打开，R、S 信号可按照与非门的规律通过控制门。

1）$R = S = 0$

$R = S = 0$ 时的情况与 $CP = 0$ 的情况相同，不再赘述。

2）$R = 0$，$S = 1$

当 $R = 0$，$S = 1$ 时，$R_d = 1$，$S_d = 0$，$Q^{n+1} = 1$。

3）$R = 1$，$S = 0$

当 $R = 1$，$S = 0$ 时，$R_d = 0$，$S_d = 1$，$Q^{n+1} = 0$。

4）$R = S = 1$

当 $R = S = 1$ 时，$R_d = 0$，$S_d = 0$，Q^{n+1} 状态不定，所以 $R = 1$，$S = 1$ 的一对信号不允许使用，为约束条件。

上述分析过程归纳为真值表如表 4-2 所示。由表 4-2 可见有以下两个特点：

（1）$CP = 0$ 期间，引导门 G_1、G_2 关闭，信号不能输入到触发器中；

（2）$CP = 1$ 期间，引导门 G_1、G_2 开启，触发器工作，触发器的输出状态 Q^{n+1} 与 S 输入端状态相同，由表可见，该触发器的真值表与基本 RS 触发器的真值表相反，很好记忆。

表 4-2　可控 RS 触发器的真值表

CP	R	S	Q^n	Q^{n+1}	说明
0	×	×	0	0	Q^{n+1} 的状态不变
	×	×	1	1	
1	0	0	0	0	Q^{n+1} 的状态不变
	0	0	1	1	
1	0	1	0	1	Q^{n+1} 的状态与 S 的状态相同
	0	1	1	1	
1	1	0	0	0	Q^{n+1} 的状态与 S 的状态相同
	1	0	1	0	
1	1	1	0	1	Q^{n+1} 的状态不定
	1	1	1	1	

3. 特征方程

根据基本 RS 触发器的特征方程式，可以得到当 $CP = 1$ 时的可控 RS 触发器的特征方程为

$$Q^{n+1} = \overline{R}Q^n + S$$

约束条件为 $SR = 0$。表示在 $CP = 1$ 期间，R、S 不能同时为 1。

4.2.3　带直接置位、复位的可控 RS 触发器

如果要使触发器工作有一个初始状态，可以在基本 RS 触发器增加直接置位和直接复位端，如图 4-7 所示。例如，要使触发器的初态为 0，则加 $R_d = 0$，$S_d = 1$ 的一对信号，直接置位端和直接复位端是直接控制触发器的状态、而不受 CP 脉冲的控制，也就是说 R_d、S_d 对触发器状态的控制能力优先于 CP 端的控制信号。

(a) 逻辑电路　　　　　　　　(b) 逻辑符号

图 4-7　带直接置位、复位的可控 RS 触发器

本节思考题

1. 可控 RS 触发器的 CP 控制端的作用是什么？
2. 可控 RS 触发器的基本结构是什么？它的真值表是如何得到的？
3. 可控 RS 触发器真值表有何特点？
4. 带直接置位、复位的可控 RS 触发器中，有三个控制端 R_d、S_d 和 CP，为什么 R_d、S_d 的控制能力优先于 CP？

4.2.4　触发器的空翻问题

可控 RS 触发器由于有 CP 脉冲控制使 $CP=0$ 时，触发器不工作，$CP=1$ 时，触发器接收信号。一般地说，触发器要求每来一个 CP 脉冲，触发器的状态只允许改变一次，若在一个 $CP=1$ 期间输入信号发生改变使触发器的状态发生多次改变，这种现象称为空翻，如图 4-8 所示。因此，为了保证触发器可靠地工作，防止空翻现象，必须限制控制端信号在 CP 期间不发生变化。

图 4-8　触发器空翻示意图

解决触发器空翻的方法：采用维持阻塞触发器、主从结构触发器和边沿触发器等。

本节思考题

1. 什么是触发器的空翻？发生空翻的原因是什么？
2. 为了克服空翻，可以在电路上采用什么措施防止空翻？

4.3 集成触发器

集成触发器是从电路内部解决了空翻的问题。在介绍集成触发器时，从应用的角度着重介绍它们的外特性，对电路内部的工作过程不给予讨论。

4.3.1 主从 RS 触发器

主从结构 RS 触发器（简称主从 RS 触发器）由两个同样的同步 RS 触发器组成，但它们的时钟信号相位相反，如图 4-9（a）所示。其中由与非门 $G_1 \sim G_4$ 组成的同步 RS 触发器称为从触发器，由与非门 $G_5 \sim G_8$ 组成的同步 RS 触发器称为主触发器。

图 4-9 主从结构 RS 触发器

当 $CP=1$ 时，门 G_7、G_8 被打开，门 G_3、G_4 被封锁，故主触发器根据 S 和 R 的状态翻转而从触发器保持原来的状态不变。

当 CP 由高电平返回低电平时，G_7、G_8 被封锁，此后无论 S、R 的状态如何改变，在 $CP=0$ 时主触发器的状态不再改变。与此同时门 G_3、G_4 被打开，从触发器按照与主触发器相同的状态翻转。因此，在 CP 的一个变化周期中触发器输出端的状态只可能改变一次。

例如，$CP=0$ 时触发器的初始状态为 $Q=0$，当 CP 由 0 变成 1 以后，若 $S=1$、$R=0$，主触发器将被置 1，即 $Q'=1$、$\overline{Q'}=0$，而从触发器保持 0 状态不变。当 CP 回到低电平以后，从触发器的 CP' 变成了高电平，它的输入 $S'=Q'=1$、$R'=\overline{Q'}=0$，因而被置成 $Q=1$。

将上述逻辑关系写成真值表，即得表 4-3 所示的主从 RS 触发器的特性表。

从同步 RS 触发器到主从 RS 触发器的这一演变，克服了 $CP=1$ 期间触发器输出状态可能多次翻转的问题。但由于主触发器本身是同步 RS 触发器，所以在 $CP=1$ 期间 Q' 和 $\overline{Q'}$ 的状态仍然会随 S、R 状态的变化而多次改变，而且输入信号仍需遵守约束条件 $SR=0$。

表 4-3 主从 RS 触发器的特性表

CP	S	R	Q^n	Q^{n+1}	功能说明
×	×	×	×	Q^n	保持（记忆）
↑	0	0	0	0	保持（记忆）
↑	0	0	1	1	保持（记忆）
↑	0	1	0	0	置0
↑	0	1	1	0	置0
↑	1	0	0	1	置1
↑	1	0	1	1	置1
↑	1	1	0	1*	不定（失败）
↑	1	1	1	1*	不定（失败）

注：CP 回到低电平后输出状态不定。

4.3.2 维持阻塞 D 触发器

所谓维持阻塞触发器解决空翻问题的方法是，利用电路内部的维持阻塞线产生的维持阻塞作用来克服空翻的。维持是指在 $CP=1$ 期间，输入信号发生变化的情况下，使应该开启的门维持畅通无阻，使其完成预定的操作；阻塞是指在 CP 期间，输入信号发生变化的情况下，使不应开启的门处于关闭状态，阻止产生不应该的操作。

1. 逻辑功能表

D 触发器功能表如表 4-4 所示。真值表中 S_d、R_d 是直接置位和复位信号输入端，D 是触发器的控制信号输入端；向上的箭头表示 CP 脉冲的上升沿使触发器状态翻转。

表 4-4 D 触发器功能表

输入				输出	
R_d	S_d	D	CP	Q	$\overline{Q}$
0	1	×	×	0	1
1	0	×	×	1	0
1	1	1	↑	1	0
1	1	0	↑	0	1
0	0	×	×	1	1

维持阻塞触发器一般是在 CP 脉冲的上升沿接收输入信号并改变输出状态。其他时间触发器处于保持状态，也就是说，触发器状态的改变时刻是在 CP 脉冲的上升沿，这是非常关键的概念，如图 4-10 所示。图 4-10（a）所示为维持阻塞触发器的逻辑符号，其中，CP 脉冲的上升沿（前沿）用符号">"表示，下降沿（后沿）用"○>"表示。

表 4-4 所示的 D 触发器功能表描述的逻辑功能如下：

（1）当 $R_d=0$、$S_d=1$，$Q=0$，触发器直接置0。

（2）当 $R_d=1$、$S_d=0$，$Q=1$，触发器直接置1。

上述两种情况时，D 端和 CP 控制脉冲都不能起作用，表中用"×"表示。

（3）当 $R_d=1$，$S_d=1$ 时，不影响触发器工作，此时触发器在 CP 脉冲上升沿的触发下，

D 信号输入到触发器的输出 Q 端，$Q^{n+1} = D^n$；如果 $D = 1$，则 Q 的状态翻转到 1，如果 $D = 0$，则 Q 的状态翻转到 0。在分析问题时，如没有特殊声明都默认 $R_d = 1$、$S_d = 1$。

（4）$R_d = 0$，$S_d = 0$，输出 $Q = \overline{Q} = 1$，这一种情况是不允许出现的。

由功能表可见，在 CP 脉冲上升沿触发时，触发器的状态跟随输入端 D 的状态变化而改变。

图 4-10（b）示意了 CP 脉冲上升沿、触发器 D 端输入信号与输出 Q 端状态改变的时间对应关系，在画波形图时切记要将 CP 脉冲的上升沿时刻与触发器输出 Q 端状态的改变时刻相对应。

图 4-10 逻辑符号和状态改变时刻示意图

2. 应用举例

【例 4.1】 图 4-11 所示均为 D 触发器，初态为 "0" 态，已知 CP 脉冲波形，画出对应 Q 的波形。

图 4-11 例 4.1 题图

解：（1）分析图 4-11（a），根据题意 $Q^n = 0$，$D = 1$，由于 $Q^{n+1} = D^n$，所以在第一个 CP 脉冲的上升沿，触发器状态发生翻转，由 "0" 态变为 "1" 态，在 $CP = 1$ 和 $CP = 0$ 期间，触发器的状态都不改变；当第二个 CP 脉冲的上升沿来到时，触发器的状态又要跟随 D 状态改变，此时，$D = 1$，Q 仍然为 1，状态维持在 1 态不变，由于 D 恒为 1，所以 Q 也恒为 1，波形如图 4-12（a）所示。

（2）分析图 4-11（b），CP 是脉冲的下降沿（后沿）使触发器翻转。由于 $Q^n = 0$，$\overline{Q^n} = 1$，$D = \overline{Q^n} = 1$，所以，在第一个 CP 脉冲的下降沿到达时，触发器状态改变（以下称为"翻转"），由 "0" 态变为 "1" 态，即 $Q^{n+1} = 1$。在 CP 脉冲其他时间内，触发器状态保持不变，此时，$\overline{Q^n} = 0$，$D = \overline{Q^n} = 0$。当第二个 CP 脉冲的下降沿到达时，触发器又翻转，由 "1" 态翻到 "0" 态，此时，$\overline{Q^n} = 1$，$D = \overline{Q^n} = 1$。当第三个 CP 脉冲的下降沿到达时，触发器再次翻转，从 "0" 态翻到 "1" 态，依此规律，触发器状态在 "0" 和 "1" 态之间不断进行翻转，波形如图 4-12（b）所示。

图 4-12　例 4.1 题解答

通过本题的分析，D 触发器状态的改变要抓住关键的两点：一是触发脉冲 CP 何时刻使触发器的状态翻转，是上升沿还是下降沿；二是朝什么状态翻转，是"0"还是"1"，这就取决于 D 的状态，因为触发器的状态是跟随 D 端状态变化的，即 $Q^{n+1}=D^n$。

4.3.3　JK 触发器

1. JK 触发器的功能表

按结构分，JK 触发器有边沿触发器和主从触发器。边沿触发器有维持阻塞型、传输迟延实现的边沿触发器、CMOS 的边沿触发器。边沿触发器是利用时钟脉冲的有效边沿（上升沿或下降沿）将输入的变化反映在输出端，而在 $CP=0$ 及 $CP=1$ 期间不接收信号，输出不会误动作。集成边沿触发器大多数是下降沿触发，也有少数使用上升沿触发方式，其逻辑符号如图 4-13 所示。另一种是主从 JK 触发器，它由两个可控 RS 触发器组成，一个是主触发器，另一个是从触发器，也是在 CP 脉冲的下降沿时刻，从触发器接收主触发器的状态，使触发器发生翻转。不管是何种结构的 JK 触发器，它的逻辑功能是相同的，下面介绍集成 JK 触发器的逻辑功能。

（a）单输入控制触发器　　（b）多输入控制触发器　　（c）多输入控制触发器的另一种表示方法

图 4-13　JK 触发器逻辑符号

1）JK 触发器的功能表

JK 触发器功能表见表 4-5。

表 4-5 JK 触发器功能表

输入					输出		说 明
R_d	S_d	J	K	CP	Q^n	Q^{n+1}	
0	1	×	×	×	1	0	直接置 0 和置 1
1	0	×	×	×	0	1	
1	1	0	0	↓	0	0	状态保持不变 $Q^{n+1}=Q^n$
1	1	0	0	↓	1	1	
1	1	0	1	↓	0	0	Q^{n+1} 的状态与 J 端的状态相同
1	1	0	1	↓	1	0	
1	1	1	0	↓	0	1	
1	1	1	0	↓	1	1	
1	1	1	1	↓	0	1	触发器翻转 $Q^{n+1}=\overline{Q^n}$
1	1	1	1	↓	1	0	

2) 功能表使用说明

功能表是提供给用户使用的"说明书",用户可根据功能表进行操作。以下对功能表的操作进行说明:

(1) 直接复位和置位。R_d、S_d 是直接控制触发器复位和置位,此时,CP、J、K 等信号均不起作用。

(2) $R_d=1$,$S_d=1$ 时,有四种工作状态:

① $J=K=0$,触发器状态保持不变。

② $J=0$,$K=1$,触发器状态与 J 端的状态相同,为"0"态。如果触发器的初态为"0"态,在 CP 脉冲下降沿的触发下,状态仍然为"0"态,触发器不翻转;如果触发器的初态为"1"态,在 CP 脉冲下降沿的触发下,状态翻转为"0"态。

③ $J=1$,$K=0$,触发器状态与 J 端的状态相同,为"1"态。如果触发器的初态为"0"态,在 CP 脉冲下降沿的触发下,状态翻转为"1"态;如果触发器的初态为"1"态,在 CP 脉冲下降沿的触发下,状态仍然为"1"态。

④ $J=1$,$K=1$,在 CP 脉冲的触发下,触发器必翻转,即每来一个 CP 脉冲的下降沿,触发器翻转一次。这种状态称为计数状态,触发器翻转的次数就是 CP 脉冲的个数,实现对 CP 脉冲的计数。

2. JK 触发器的状态表和特征方程

在写 JK 触发器状态表时,只考虑触发器接 J、K 端状态的四种情况,此时,默认 $R_d=S_d=1$。通常 J、K 端的四种状态是已知的,触发器的初态也是已知的,这些状态均作为输入状态,而触发器的状态改变是未知的,作为输出状态。利用卡诺图的形式稍作变换就成为状态表,见表 4-6。

表 4-6 JK 触发器的状态表

Q^n	JK			
	Q^{n+1}			
	00	01	11	10
0	0	0	1	1
1	1	0	0	1

根据状态表对 Q^{n+1} 函数进行化简求出的最简函数便是 JK 触发器的特征方程，如图 4-14（a）所示，图 4-14（b）是 JK 触发器的状态转换图。

（a）求JK触发器特征方程的过程　　　　　　（b）状态转换图

图 4-14　求 JK 触发器特征方程的过程和状态转换图

由状态表可得特征方程为

$$Q^{n+1} = J\overline{Q^n} + \overline{K}Q^n$$

3. JK 触发器的波形图

设触发器的初态为"0"，已知 CP 和输入端的状态，则波形关系如图 4-15 所示。

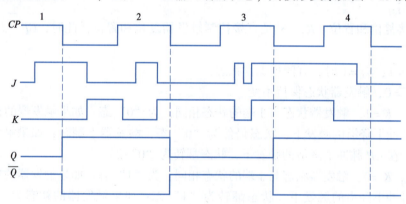

图 4-15　JK 触发器波形图

特别强调：画波形时，触发器的翻转时刻要与 CP 脉冲的下降沿对齐。

4.3.4　触发器之间的转换

常用的触发器有五种类型，但它们并没有全部形成集成电路产品。在实际电路设计中，如果碰到需要的触发器类型缺少时，可以通过触发器的转换方法，将其他现有的触发器转换为需要的触发器。

1. 用 JK 触发器转换为其他类型触发器

1) 将 JK 触发器转换为 D 触发器

在 JK 触发器的基础上增加辅助电路便可得到 D 触发器。已知 JK 触发器的特征方程为 $Q^{n+1} = J\overline{Q^n} + \overline{K}Q^n$，而 D 触发器的特征方程为 $Q^{n+1} = D^n$，要使两个触发器输出状态相等，则 $D^n = J\overline{Q^n} + \overline{K}Q^n$，由该公式可得到

$$J = D, \quad K = \overline{D}$$

根据上式可画出用 JK 触发器实现的 D 触发器电路如图 4-16（a）所示。

2）将 JK 触发器转换为 T 触发器

将 JK 触发器的 J、K 端连接到一起作为一个输入端 T，便得到 T 触发器，如图 4-16（b）所示。由 JK 触发器的特征方程可演变得到 T 触发器的特征方程和功能表。由公式 $Q^{n+1} = J\overline{Q^n} + \overline{K}Q^n$ 得 T 触发器的特征方程为

$$Q^{n+1} = T\overline{Q^n} + \overline{T}Q^n$$

由 T 触发器的特征方程可知，T 触发器的功能是 $T = 1$ 时，为计数状态；$T = 0$ 时，为保持状态。

3）将 JK 触发器转换为 T′触发器的转换

把 JK 触发器的两个输入端接高电平，就形成了 T′触发器，如图 4-16（c）所示。

（a）把JK触发器转换为D触发器　（b）把JK触发器转换为T触发器　（c）把JK触发器转换为T′触发器

图 4-16　用 JK 转换为其他类型的触发器

2. 将 D 触发器转换为其他类型触发器

1）将 D 触发器转换为 JK 触发器

根据 D 触发器的特性方程 $Q^{n+1} = D$，而 JK 触发器的特性方程为 $Q^{n+1} = J\overline{Q^n} + \overline{K}Q^n$，利用两个公式相等得

$$D = J\overline{Q^n} + \overline{K}Q^n$$

由公式可得转换后的 JK 触发器如图 4-17（a）所示。

2）将 D 触发器转换为 T 触发器

将 D 触发器转换为 T 触发器首先要把 D 触发器转换为 JK 触发器，然后把 JK 触发器的输入端合并为 T 触发器输入端即可，如图 4-16（b）所示。

3）用 D 触发器转换为 T′触发器

已知 D 触发器的特性方程 $Q^{n+1} = D$，而 T′触发器的特性方程为 $Q^{n+1} = \overline{Q^n}$，由此得到的 T′触发器的逻辑电路如图 4-17（b）所示。

（a）把D触发器转换为JK触发器　　　　（b）把D触发器转换为T′触发器

图 4-17　用 D 转换为其他类型的触发器

4.3.5 触发器分析举例

【例 4.2】 图 4-18 是边沿 JK 触发器和 D 触发器，设触发器的起始状态均为 "0"，在 CP 脉冲的作用下，画出各触发器输出端 Q 的波形。

图 4-18 例 4.2 题图

解：(1) 图 4-18 (a) 为 JK 触发器，且接成 T′ 触发器形式。根据 JK 触发器的真值表，当 $J=K=1$ 时，每来一个 CP 脉冲，触发器翻转一次，因此画图时要在 CP 脉冲的下降沿到来时，触发器状态翻转，如图 4-19 (a) 所示。

(2) 求解的第一步是写出 JK 触发器的输入方程（或称激励方程）。

① JK 触发器的 J 端接 $\overline{Q}$，即 $J=\overline{Q}$，$K=1$，而触发器的初态为 "0"，即 $\overline{Q^n}=1$，所以输入方程为 $J=1$，$K=1$，第一个 CP 脉冲的下降沿到达时触发器翻转，由 "0" 态翻到 "1" 态，此时，$Q=1$，$\overline{Q}=0$。

② 修改输入方程（激励方程）。由于 $J=\overline{Q}$，触发器在第一个 CP 脉冲翻转后，$\overline{Q^n}=0$，所以输入方程为 $J=0$，$K=1$，第二个 CP 脉冲的下降沿到达时触发器再次翻转，由 "1" 态翻到 "0" 态。此后又重复 (2) 的操作，波形图如图 4-19 (b) 所示。

(3) 根据图 4-18 由 JK 触发器（F_1）和 D 触发器（F_2）构成，触发脉冲 CP 同时加到两个触发器的触发端。

① 分别写出两个触发器的输入方程：

$J_1=\overline{Q_2}=1$，$K_1=1$；$D=Q_1=0$，JK 触发器具备了翻转条件，D 触发器状态不变。

当 CP_1 的前沿时刻来到时，D 触发器不翻转，$Q_2=0$；CP_1 的下降沿触发 F_1 翻转，使 $Q_1=1$。

② 修改输入方程。$D=Q_1=1$，CP_2 的上升沿来到时，D 触发器先翻转，使 $Q_2=1$，$\overline{Q_2}=0$，因此，$J_1=\overline{Q_2}=0$，CP_2 的下降沿时刻 JK 触发器发生翻转，状态由 "1" 态变为 "0" 态，$Q_1=0$。

③ $D=Q_1=0$，CP_3 的上升沿来到时，D 触发器又翻转，使 $Q_2=0$，$\overline{Q_2}=1$，因此，$J_1=\overline{Q_2}=1$，CP_3 的下降沿时刻 JK 触发器发生翻转，状态由 "0" 态变为 "1" 态，$Q_1=1$。

重复上述操作得到图 4-19 (c)。

画图时一定要注意触发器的翻转时刻，不管触发器的输入状态如何变化，一定要等上升沿或下降沿的时刻到才能翻转，其他时间触发器状态是不会改变的。

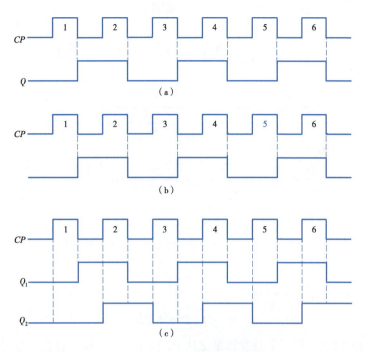

图 4-19 例 4.2 题波形图

【例 4.3】 图 4-20（a）是边沿 JK 触发器，其工作波形如图 4-20（b）所示，试画出 Q 的波形图。设触发器的初态为 0。

（a）逻辑图　　　　　　　　（b）工作波形图

图 4-20 例 4.3 题图

解：解本题需要明确以下几个概念。

（1）CP 脉冲下降沿使触发器翻转，画图时，触发器状态的改变要对齐 CP 的下降沿；

（2）$R_d = S_d = 1$ 时，触发器在 CP 脉冲下降沿接收输入信号；

（3）要清楚输入信号的状态，J 为变化的信号，$K=0$（接地）；

（4）$R_d = 0$，$S_d = 1$ 时，触发器直接置 0，而不受 CP 和 J、K 等的控制。

根据上述四点和 JK 触发器的真值表，得到如图 4-21 所示的波形图。

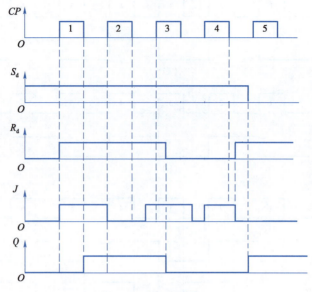

图 4-21　例 4.3 题解

【例 4.4】　图 4-22 中的三个触发器是主从 JK 触发器。设触发器的初态均为"1"，CP 脉冲同时加入到三个触发器的 CP 端。试分析前八个脉冲期间各触发器状态的变化，并判断此电路能完成的功能。

图 4-22　例 4.4 题图

解：分析这个电路首先要明确两个问题，一是图中给出的触发器是在 CP 脉冲的下降沿触发；二是触发器状态的改变取决于 JK 输入端的状态，要根据 JK 触发器的真值表来分析。

分析如下：

1）分别写出各触发器的 JK 输入方程，也就是要确定 JK 输入状态

$$J_0 = K_0 = 1$$
$$J_1 = K_1 = \overline{Q_0}$$
$$J_2 = K_2 = \overline{Q_0^n}\ \overline{Q_1^n}$$

2）工作过程

为了更好地描述，触发器用 F 来表示。设初态为 111，相当于十进制数的 7。

（1）第一个 CP 脉冲的下降沿到来后触发器的状态：

根据 JK 触发器的真值表，CP_1 的下降沿到达，各触发器的状态改变情况如下：

$J_0 = K_0 = 1$，F_0 触发器状态要改变，由"1"态变成"0"态；

$J_1 = K_1 = \overline{Q_0} = 0$,$F_1$触发器状态不变,保持"1"态;

$J_2 = K_2 = \overline{Q_0}\, \overline{Q_1} = 0$,$F_2$触发器状态也不变,保持"1"态。

此时,三个触发器的状态为 $Q_2Q_1Q_0 = 110$(相当于十进制数的6)。

(2) 第二个 CP 脉冲的下降沿到来后触发器的状态:

由于在第一个 CP 脉冲作用后,各触发器的状态发生改变,所以,要重新写出输入方程,以后每次都需要这样,不再复述。

$J_0 = K_0 = 1$,F_0触发器状态要改变,由"0"态变成"1"态;

$J_1 = K_1 = \overline{Q_0} = 1$,$F_1$触发器状态要改变,由"1"态变成"0"态;

$J_2 = K_2 = \overline{Q_0}\, \overline{Q_1} = 0$,$F_2$触发器状态仍然不变,保持"1"态。

此时,三个触发器的状态为 $Q_2Q_1Q_0 = 101$(相当于十进制数的5)。

(3) 第三个 CP 脉冲的下降沿到来后触发器的状态:

$J_0 = K_0 = 1$,F_0触发器状态要改变,由"1"态变成"0"态;

$J_1 = K_1 = \overline{Q_0} = 0$,$F_1$触发器状态不变,保持"0"态。

$J_2 = K_2 = \overline{Q_0}\, \overline{Q_1} = 0$,$F_2$触发器状态仍然不变,保持"1"态。

此时,三个触发器的状态为 $Q_2Q_1Q_0 = 100$(相当于十进制数的4)。

(4) 第四个 CP 脉冲的下降沿到来后触发器的状态:

$J_0 = K_0 = 1$,F_0触发器状态要改变,由"0"态变成"1"态;

$J_1 = K_1 = \overline{Q_0} = 1$,$F_1$触发器状态改变,由"0"态变成"1"态;

$J_2 = K_2 = \overline{Q_0}\, \overline{Q_1} = 1$,$F_2$触发器状态改变,由"1"态变成"0"态。

此时,三个触发器的状态为 $Q_2Q_1Q_0 = 011$(相当于十进制数的3)。

按照上述方法,可以分析到第八个 CP 脉冲的后沿到达后,触发器的状态回到初态,$Q_2Q_1Q_0 = 111$。

归纳上述分析写出电路的真值表,见表4-7。通过分析可知,该电路的逻辑功能是八进制减1计数器。

表 4-7 例 4.4 题真值表

CP	Q_2	Q_1	Q_0
0	1	1	1
1	1	1	0
2	1	0	1
3	1	0	0
4	0	1	1
5	0	1	0
6	0	0	1
7	0	0	0
8	1	1	1

4.3.6 触发器的选用和使用注意事项

触发器种类繁多且各具特色,在进行逻辑电路设计时,必须根据实际需求从以下几个方面做出合理的选择。

1. 合理选用触发器

1) 从逻辑功能来选择触发器

如果要将输入信号存入到触发器中，则选择 D 触发器。如果需要一个输入信号，且要求触发器具有翻转和保持功能，则选择 T 触发器（可用 JK 触发器转换为 T 触发器）。如果只需要翻转功能，则选用 T′触发器。如果需要两个输入信号，要求触发器具有置 0、置 1、保持和翻转功能，则选用 JK 触发器。

2) 从电路结构形式来选择触发器

如果触发器只用作寄存一位进制数码，则可以选用可控 RS 触发器。如果输入信号不够稳定或易受干扰，则选用边沿触发器，这样可以避免空翻现象的发生，提高电路的可靠性。

3) 从制造工艺来选择触发器

从制造工艺的角度来讲，目前市售的集成触发器产品大多都属于 TTL 和 CMOS 两大类。TTL 触发器的速度较快，而 CMOS 触发器的优点是功耗低和抗干扰能力强。如果要求速度快则选用 TTL 电路中的高速系列或改进型高速系列。

2. 触发器使用的注意事项

（1）集成触发器中一般都有直接置 0 和置 1 端，可以利用它们给触发器预置初始状态。

（2）每一片集成触发器都有且只有一个公共的电源和地。如果触发器输入端接"1"，可以通过一个限流电阻接到电源的正极；如果触发器输入端接"0"，则可以接公共"地"。

（3）时钟 CP 脉冲输入与输入信号在作用时间上要很好地配合，否则，不能可靠工作。

（4）一个集成电路中可能集成了一个或几个触发器，它们之间是相互独立的，可以单独使用。

本节思考题

1. 在一片集成触发器中有四个 JK 触发器，试问每个 JK 触发器都要独立接电源吗？
2. 有两片集成触发器同时工作，试问两片集成触发器都要接电源吗？
3. 若把触发器的某输入端（如 J 或 K）常接逻辑"1"，应该怎样接？
4. D 触发器的逻辑功能表，当 $R_d = 0$，$S_d = 1$，$Q = 0$ 和 $R_d = 1$，$S_d = 0$，$Q = 1$，这两种情况时，触发器分别处于何种状态？R_d、S_d 的作用是什么？
5. D 触发器正常接收输入端信号的条件是什么？
6. 画 D 触发器工作波形时应注意什么事项？
7. 试写出例 4.1（图 4-10）的解题过程。
8. JK 触发器的功能表有几种功能？如何由功能表得到状态表？
9. JK 触发器计数工作条件是什么？
10. 多输入控制端的 JK 触发器，J_1、J_2、J_3 是什么逻辑关系？K_1、K_2、K_3 之间的逻辑关系呢？
11. 试描述画图 4-14 所示波形图的过程。
12. 不同类型的触发器之间的转换有何实际意义？
13. JK 触发器如何转换为 D 触发器？
14. D 触发器如何转换为 T 触发器？

小 结

1. 触发器是具有记忆功能的逻辑部件，是构成时序逻辑电路的单元电路。触发器按逻辑功能可分为基本 RS 触发器、可控 RS 触发器、D 触发器、JK 触发器和 T 触发器等。

2. 基本 RS 触发器是构成其他触发器的基本单元电路，可用与非门构成，也可用或非门构成（可参看其他参考书），用负脉冲触发。

3. 可控 RS 触发器是在基本 RS 触发器的基础上增加了两个与非门，引入了时钟控制信号 CP，使得触发器能按一定的节拍工作，只有当 $CP=1$ 时，触发器才能工作。

4. 基本 RS 触发器的两个输入端 R_d、S_d 是直接置 1 和置 0，用于给触发器预置初始状态。

5. 触发器状态的翻转需要有两个条件：一是 CP 脉冲的触发时刻，即上升沿还是下降沿触发；第二是当 CP 脉冲触发时刻到，触发器向何种状态翻转取决于触发器输入端的状态，这要根据不同触发器的真值表来决定。

6. 真值表与状态表的唯一区别是在状态表中要把 Q^n 当作已知条件，利用卡诺图将真值表改写成状态表。

7. 目前市售的集成触发器产品大多都属于 TTL 和 CMOS 两大类。TTL 产品速度较快，CMOS 产品功耗低，抗干扰性能好等优点，可根据情况选用。

8. 各触发器的作用：
(1) 基本 RS 触发器具有置 0、置 1、保持功能；
(2) D 触发器具有置 0、置 1 功能；
(3) JK 触发器具有置 0、置 1、保持、计数功能；
(4) T 触发器具有保持、计数功能；
(5) T′ 触发器具有计数功能。

9. 描述触发器逻辑功能的方法主要有真值表、状态表、特性方程、状态图和波形图等。
10. 不同类型的触发器之间可以相互转换。

习 题

1. 触发器有_____个稳态，存储 8 位二进制信息要_____个触发器。

2. 一个基本 RS 触发器在正常工作时，它的约束条件是 $R' + S' = 1$ 则它不允许输入 $R' =$ _____ 且 $S' =$ _____的信号。

3. 触发器有两个互补的输出端 Q、$\overline{Q}$，定义触发器的 1 状态为_____，0 状态为_____，可见触发器的状态指的是端的状态 Q。

4. 一个基本 RS 触发器在正常工作时，不允许输入 $R = S = 1$ 的信号，因此它的约束条件是_____。

5. 在一个 CP 脉冲作用下，引起触发器两次或多次翻转的现象称为触发器的_____，触发方式为_____式或_____式的触发器不会出现这种现象。

6. N 个触发器可以构成能寄存_____位二进制数码的寄存器。

7. 一个触发器可记录一位二进制代码，它有_____个稳态。

8. 存储 8 位二进制信息要_____个触发器。

9. 对于 T 触发器，若原态 $Q=0$，欲使新态 $Q^*=1$，应使输入 $T=$_____或_____。

10. 对于 T 触发器，若原态 $Q=1$，欲使新态 $Q^*=1$，应使输入 $T=$_____或_____。

11. 对于 D 触发器，欲使 $Q^*=Q$，应使输入 $D=$_____。

12. 欲使 D 触发器按 $Q^*=Q'$ 工作，应使输入 $D=$_____。

13. 如果 D 触发器外接一个异或门，则可把 D 触发器转换成 T 触发器，试画出其逻辑图。

14. 试用 T 触发器和门电路分别构成 D 触发器和 JK 触发器。

15. 逻辑电路如图 4-23（a）所示，设初始状态 $Q_1=Q_2=0$，试画出 Q_1 和 Q_2 端的输出波形。时钟脉冲 CP 的波形如图 4-23（b）所示，如果时钟频率是 4 000 Hz，那么 Q_1 和 Q_2 的频率各为多少？

图 4-23　题 15 图

第 5 章 时序逻辑电路

学习目标

- 掌握时序逻辑电路的分析方法,如写状态表、画状态图和波形图,会从状态表或状态图及波形图判断电路的逻辑功能。
- 读懂中规模时序逻辑电路集成器件的功能表。
- 会用常用中规模集成计数器,设计为任意进制的计数器以及计数功能的扩展。
- 熟悉中规模集成寄存器的使用,能够根据功能表分析寄存器的工作原理和应用电路设计与扩展。

寄存器和计数器等时序逻辑电路是组成数字系统的重要逻辑部件,计算机中的 CPU 内部就含有寄存器和计数器等逻辑单元。因此,本章将给予重点分析和介绍。

5.1 概 述

时序逻辑由组合逻辑和触发器构成,它是组成数字系统的重要逻辑电路,如电子计算机中的寄存器、计数器和存储器等都属于时序逻辑电路。时序逻辑电路分为同步时序和异步时序,它们都包括时序逻辑电路的分析和时序逻辑电路的设计两部分内容。

5.1.1 时序逻辑电路的组成

时序逻辑电路是由组合逻辑电路和触发器构成的,它在逻辑功能上的特点是任意时刻的输出不仅取决于当时的输入信号 X,而且还取决于电路原来的状态,或者说,还与以前的输入有关。图 5-1(a)所示的是组合逻辑电路框图,图 5-1(b)所示的是在组合逻辑电路的基础上,与触发器共同组成时序逻辑电路框图。

(a)组合逻辑电路框图   (b)时序逻辑电路框图

图 5-1 组合逻辑电路与时序逻辑电路组成框图

为了说明时序逻辑电路的特点，先认识一个简单的时序逻辑电路，如图 5-2 所示。在图 5-2 中，虚线的上部由非门和与门构成组合逻辑电路，虚线的下部由 JK 触发器构成存储电路，输出信号由与门 Z 端输出。可见时序逻辑电路有如下特点：

（1）时序逻辑电路不仅包含组合逻辑电路，而且还含有存储元件（触发器），具有记忆功能。

（2）组合逻辑电路至少有一个输出反馈到存储电路的输入端（在图 5-2 中，非门的输出反馈到 JK 触发器的输入端），存储电路的状态至少有一个作为组合电路的输入（在图 5-2 中，触发器的输出 Q 是与门电路的一个输入端），与其他输入信号共同决定电路的输出。

图 5-2　时序电路图

5.1.2　时序逻辑电路的分类

时序逻辑电路可以从不同的角度进行分类：

1. 按时钟脉冲 CP 的加入时刻分类

同步时序逻辑：同步时序是指组成时序电路的各个触发器同时接收触发脉冲信号 CP，如果触发器具备翻转条件，各触发器的状态将会同时翻转，其逻辑图如图 5-3（a）所示。图中，两个触发器同时得到 CP 脉冲信号，所以是同步时序逻辑。

异步时序逻辑：异步时序是指各个触发器不是受同一触发脉冲 CP 的控制，各触发器的状态不是同时翻转，其逻辑图如图 5-3（b）所示。图中，触发器 1 的输出 Q_1 是触发器 2 的 CP_2 脉冲信号，两个触发器的 CP 脉冲加入时刻不一样，所以是异步时序逻辑。

图 5-3　同步、异步时序逻辑图

2. 按输出变量与输入变量的关系分类

按输出变量与输入变量的依从关系来分，又可分为米利（Mealy）型和穆尔（Moore）型两类，两种电路的区别仅在于有无外输入变量 X 而已。

米利（Mealy）型电路有外加输入信号，因此它的输出是输入变量和触发器现态变量的函数，即

$$y_i = f_i(x_1, x_2, \cdots, x_n, \quad Q_1, Q_2, \cdots, Q_n) \quad i = 1, 2, 3, \cdots, n$$

穆尔（Moore）型电路不需要外加输入信号，输出仅与触发器的现态有关，即

$$Y_i = f_i(Q_1, Q_2, Q_3, \cdots, Q_n) \qquad i = 1, 2, 3, \cdots, n$$

3. 按输入变量的类型分类

输入信号是脉冲，则称为脉冲控制型时序逻辑电路。
输入信号是电位，则称为电位控制型时序逻辑电路。

本节思考题

1. 从电路结构上看时序逻辑电路与组合逻辑电路的根本区别是什么？
2. 同步时序逻辑电路与异步时序电路的根本区别是什么？
3. 米利（Mealy）型和穆尔（Moore）型两类电路的区别是什么？

5.2 时序逻辑电路分析与设计

视频
时序逻辑
电路的分析

本节主要对时序逻辑电路进行分析，根据已知的逻辑图分析它要实现的逻辑功能。

5.2.1 分析步骤

描述时序逻辑电路主要有四种方法：状态方程、波形图（又称时序图）、状态表和状态图等，这几种描述方法是等价的，并且可以相互转换。

时序逻辑电路分析一般按如下步骤进行：

（1）写出方程。从给定的逻辑图中写出各触发器的输入方程（驱动方程），然后，将输入方程代入触发器的特性方程便得到各触发器的次态方程，也称状态方程。

（2）列出状态表。假定各触发器的初始状态，根据触发器的真值表，逐一列出触发器在 CP 脉冲作用下，它们的状态发生改变而得到新的状态，将新状态列成表称为状态表。

（3）画出波形图或状态转换图。将状态表的状态变化规律用波形图、状态转换图来表示。

（4）描述逻辑功能。根据分析结果给出时序电路逻辑功能的文字描述。

下面以例题的形式介绍时序逻辑的分析方法。

5.2.2 同步时序逻辑电路分析

【例 5.1】 试分析图 5-4 所示的时序逻辑电路的逻辑功能（设三个触发器的初态均为 "0"）。

图 5-4 例 5.1 图

解： 由图 5-4 可见，电路没有外输入信号，输出与输入没有关系，所以该电路为穆尔（Moore）型电路；三个触发器同时接收触发脉冲，因此，该电路为同步时序逻辑电路。

1）写出各触发器输入方程

$$J_1 = \overline{Q_3^n}, K_1 = 1; J_2 = K_2 = Q_1^n; J_3 = Q_1^n Q_2^n, K_3 = 1; C = Q_3^n$$

2）写状态方程

根据 JK 触发器的特征方程：$Q^{n+1} = J\overline{Q^n} + \overline{K}Q^n$，将各触发器的输入方程代入到特征方程中，便可得到各触发器的状态方程：

$$Q_1^{n+1} = J_1\overline{Q_1^n} + \overline{K_1}Q_1^n = \overline{Q_3^n} \cdot \overline{Q_1^n}$$

$$Q_2^{n+1} = J_2\overline{Q_2^n} + \overline{K_2}Q_2^n = Q_1^n \cdot \overline{Q_2^n} + \overline{Q_1^n} \cdot Q_2^n$$

$$Q_3^{n+1} = J_3\overline{Q_3^n} + \overline{K_3}Q_3^n = Q_1^n Q_2^n \overline{Q_3^n}, \quad C = Q_3$$

3）写状态表

状态表见表 5-1。表的左列是触发器的现态，可作为已知条件，将该已知条件代入上述状态方程就可得到触发器的次态，最右列是输出状态 C。

表 5-1　例 5.2 题状态表

Q_3^n	Q_2^n	Q_1^n	Q_3^{n+1}	Q_2^{n+1}	Q_1^{n+1}	C
0	0	0	0	0	1	0
0	0	1	0	1	0	0
0	1	0	0	1	1	0
0	1	1	1	0	0	1
1	0	0	0	0	0	0
1	0	1	0	1	0	0
1	1	0	0	1	0	0
1	1	1	0	0	0	0

4）画状态转换图

状态转换图如图 5-5 所示。

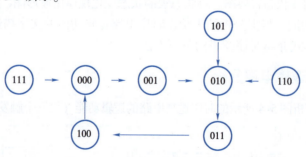

图 5-5　例 5.1 状态转换图

5）画波形图

波形图如图 5-6 所示。

6）逻辑功能描述

由状态图或波形图可见，该电路的逻辑功能为五进制加 1 计数器。从图 5-6 所示的状态转换图可清楚地看出，从 000 初态开始对 CP 脉冲计数，第五个 CP 脉冲使触发器都回到初始状态，所以称为五进制加 1 计数器。因此，把时序逻辑电路经过 N 个时钟脉冲回到计数的初始状态，称为 N 进制计数器。该电路具有自校正能力，因为图中还有三个状态没有进入计数环，但它们能够自动地进入有效计数循环，这称为有自校正能力或称有自启动能力，否则称为无自校正能力（无自启动能力）。

图 5-6　例 5.1 波形图

【例 5.2】　试分析图 5-7 所示时序逻辑电路的逻辑功能。要求作出状态图和状态表；设输入 $X=101111010111$，作出波形图，分析电路的逻辑功能。（设触发器初态为 00）

图 5-7　例 5.2 题图

解：
1）写出各触发器的输入方程

$$J_1 = \overline{Q_2^n}X, K_1 = 1(悬空视为逻辑1); J_2 = Q_1^nX, K_2 = \overline{X}$$

2）写状态方程

把输入方程代入到 JK 触发器的特征方程即可得状态方程：

$$Q_1^{n+1} = J_1\overline{Q_1^n} + \overline{K_1}Q_1^n = \overline{Q_2^n}\,\overline{Q_1^n}X$$

$$Q_2^{n+1} = J_2\overline{Q_2^n} + \overline{K_2}Q_2^n = Q_1^n\overline{Q_2^n}X + XQ_2^n$$

$$Z = Q_2^nX$$

3）写状态表

将 Q_1^n、Q_2^n 和 X 的各种取值的组合，分别代入状态方程得到状态表，见表 5-2。

表 5-2　例 5.2 状态表

$Q_2^nQ_1^n$ \ X	$Q_2^{n+1}Q_1^{n+1}/Z$	
	0	1
00	00/0	01/0
01	00/0	10/0
10	00/0	10/1
11	00/0	10/1

4）画状态转换图

状态转换图如图 5-8 所示。

图 5-8　例 5.2 状态转换图

5）画波形图

波形图如图 5-9 所示。

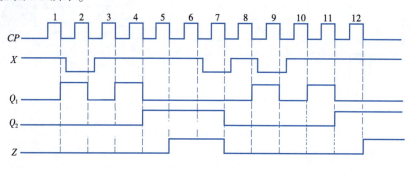

图 5-9　例 5.2 波形图

6）逻辑功能描述

由波形图可见，此电路是脉冲序列检测器的逻辑图，只有连续输入三个或三个以上 1 时，在 CP 脉冲到来时输出才为 1。

5.2.3　异步时序逻辑电路分析

异步时序电路的分析方法与同步时序电路大致相同，分析过程中同样采用状态方程、状态表、状态图和波形图等进行描述，唯一的区别是各触发器的触发脉冲加入时刻不同。

下面举例说明异步时序逻辑电路的分析方法。

【例 5.3】　异步时序逻辑图如图 5-10 所示，试分析其逻辑功能。

图 5-10　例 5.3 题图

解：由电路可知 $CP_0 = CP$，$CP_1 = Q_0$，$CP_2 = Q_1$。设电路初始状态均为"0"。

1）写出各触发器输入方程

$$J_0 = K_0 = 1, J_1 = Q_0^n, K_1 = 1, J_2 = Q_1^n, K_2 = 1$$

2）写状态方程

根据 JK 触发器的特征方程：$Q^{n+1} = J\overline{Q^n} + \overline{K}Q^n$，将各触发器的输入方程代入到特征方程中，便可得到各触发器的状态方程：

$$Q_0^{n+1} = J_0\overline{Q_0^n} + \overline{K_0}Q_0^n = \overline{Q_0^n}$$
$$Q_1^{n+1} = J_1\overline{Q_1^n} + \overline{K_1}Q_1^n = Q_0^n\overline{Q_1^n}$$
$$Q_2^{n+1} = J_2\overline{Q_2^n} + \overline{K_2}Q_2^n = Q_1^n\overline{Q_2^n}$$

3）写状态表

根据状态方程计算各触发器在 CP 脉冲作用下得到新的状态。

这里要注意的是：触发脉冲 CP_1 的下降沿是 Q_0 由"1"态变为"0"态时形成的，CP_2 的下降沿是 Q_1 由"1"态变为"0"态时形成的。这样列出的状态表如表 5-3 所示。

表 5-3 例 5.3 状态表

CP	Q_2^n	Q_1^n	Q_0^n	Q_2^{n+1}	Q_1^{n+1}	Q_0^{n+1}
1	0	0	0	0	0	1
2	0	0	1	0	1	0
3	0	1	0	0	1	1
4	0	1	1	1	0	0
5	1	0	0	1	0	1
6	1	0	1	1	1	0
7	1	1	0	1	1	1
8	1	1	1	0	0	0

4）画状态图

由状态图 5-11 可知，该电路实现的逻辑功能是八进制加 1 计数器。

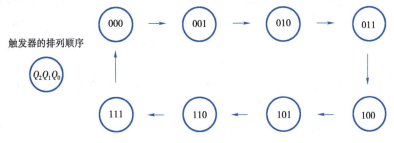

图 5-11 例 5.3 状态图

5）画波形图

根据输入方程和 JK 触发器的真值表画出的波形图如图 5-12 所示（也可根据状态表来画）。

图 5-12 例 5.3 波形图

5.2.4 时序逻辑电路的基本设计方法

时序逻辑电路的设计就是需要按照给出的设计要求，设计出具体的时序电路图。

1. 时序逻辑电路设计的一般步骤

1）逻辑抽象，建立原始状态图

（1）分析给定设计要求，确定输入变量、输出变量、电路内部状态之间的关系及状态个数。

（2）定义输入变量、输出变量逻辑状态的含义，进行状态赋值，对电路的各个状态进行编号。

（3）按照题意建立原始状态图。

2）进行状态化简，求最简状态图

（1）确定等价状态。原始状态图中，凡是在输入相同时，输出相同并且要转换到的次态也相同的状态，都是等价状态。

（2）合并等价状态，画出最简状态图。不难理解，对电路外部特性来说，等价状态时可以合并的，多个等价状态合并成一个状态，多余的都去掉，即可画出最简的状态图。

3）进行状态分配，画出用二进制数进行编码后的状态图

（1）确定二进制代码的位数。如果用 M 表示电路状态数，用 n 表示要使用的二进制代码的位数，那么根据编码的概念，应根据以下不等式来确定 n 的取值：$2n-1 \leqslant M \leqslant 2n$。

（2）对电路状态进行编码。n 位二进制代码有 2^n 种不同的取值，用来对 M 个状态进行编码，方案很多。如果选择恰当，则可以得到比较简单的设计结果，反之，若方案选择不好，设计出来的电路就会很复杂。至于如何才能找到较好的方案，既要有技巧，还需要经验。

（3）画出编码后的状态图。状态编码方案确定之后，便可画出用二进制代码表示电路状态的状态图，在这种状态中，电路次态、输出与现态及输入间的函数关系都准确无误地被规定了。

4）选择触发器，求时钟方程、输出方程和状态方程

（1）选择触发器。一般选择 JK 触发器和 D 触发器，个数由状态数决定。

（2）求时钟方程。若采用同步方案，各个触发器的时钟信号都是统一的。如果采用异步

电路，需要根据状态图先画出时序图，然后从翻转时刻点分析每个触发器的时钟信号。

（3）求输出方程。可以从状态图中规定的输出与现态和输入的逻辑关系写出输出信号的标准与或表达式，用公式法求其最简表达式，如果由状态图画出输出信号的卡诺图，再用图形法求最简表达式也行。

注意，无效状态对应的最小项应该当成约束项处理，因为在电路正常工作时，这些状态是不会出现的。

（4）求状态方程。

采用同步方案时，既可以由状态图直接写出次态的标准与或表达式，在用公式法求最简与或式，也可以画出卡诺图，用图形法求次态的最简与或式，不管使用哪种方法，都要尽量利用约束项，即无效状态所对应的最小项进行化简。

采用异步方案时，若注意一些特殊约束项的确认和处理，则可以得到更加简单的状态方程。

① 约束项的确认。电路无效状态对应的最小项可当成约束项处理，这和同步方案中的情况类似，对于各个触发器的次态函数都适用。

对于在输入 CP 信号到来电路状态转换时，不具备时钟条件的触发器。如 FF_i 的次态 Q_i^{n+1} 来说，该时刻电路的现态所对应的最小项也可以当成约束项。因为不具备时钟条件，FF_i 会保持原来状态不变，把这种最小项当成 0 或 1 都无所谓。

② 约束项的应用。在求状态方程式时，要充分利用约束项进行化简，尤其是在求某些时刻不具备时钟条件的触发器的次态方程时，后者正是异步时序电路总是比同步时序电路简单的根本原因。

5）求驱动方程

（1）变换状态方程，使之具有和触发器特性方程相一致的表达形式。

（2）与特性方程进行比较，按照变量相同、系数相等，两个方程必等的原则，求出驱动方程，即各个触发器同步输入端信号的逻辑表达式。

6）画出逻辑电路图

（1）先画触发器，并逐次编号。

（2）按照时钟方程、驱动方程和输出方程连线。根据具体情况对驱动方程和输出方程做适当的变换，以便利用合适的门电路。

7）检查设计的电路能否自启动

（1）将电路无效状态依次代入状态方程进行计算，观察在输入 CP 信号操作下能否回到有效状态。如果无效状态形成了循环，则所设计的电路不能自启动，反之则能自启动。

（2）若电路不能自启动，则应采取措施进行解决。比如修改设计重新分配状态，或利用触发器的异步输入端强行预置到有效状态。

2. 时序逻辑电路设计举例

【例 5.4】设计一个时序电路，状态图如图 5-13 所示。

解：由于题目中已经给出状态转换图，所以略去设计步骤的（1）（2）（3），直接从第四步开始。

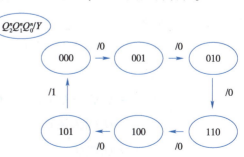

图 5-13　例 5.4 时序电路图

1）选定触发器，求时钟方程、输出方程和状态方程

（1）选定触发器。由于 JK 触发器功能齐全使用灵活，在这里选择三个 CP 下降沿触发的边沿 JK 触发器。

（2）求时钟方程。采用同步方案，故取 $CP_0 = CP_1 = CP_2 = CP$。

（3）根据状态图得到卡诺图

① 确定输出项：图中共有 6 个状态，还有 110、111 两个状态没有出现，所以是无效状态，其对应的最小项当作约束项处理。

② 根据状态图画出卡诺图，如图 5-14 所示。

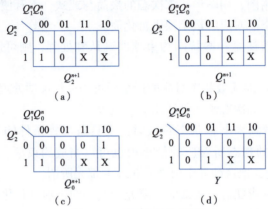

图 5-14　所画出的卡诺图

（4）求输出方程和状态方程。

对图 5-14（d）进行化简可得

$$Y = Q_2^n Q_0^n \tag{5.1}$$

对图 5-14（a）进行化简可得

$$Q_2^{n+1} = Q_1^n Q_0^n + Q_2^n \overline{Q_0^n} \tag{5.2}$$

对图 5-14（b）进行化简可得

$$Q_1^{n+1} = \overline{Q_2^n Q_1^n} Q_0^n + Q_1^n \overline{Q_0^n} \tag{5.3}$$

对图 5-14（c）进行化简可得

$$Q_0^{n+1} = \overline{Q_0^n} \tag{5.4}$$

2）求驱动方程

JK 触发器的特性方程为

$$Q^{n+1} = J\overline{Q^n} + \overline{K}Q^n$$

（1）变换状态方程，使之与特性方程一致：

$$Q_0^{n+1} = \overline{Q_0^n} = 1\overline{Q_0^n} + \overline{1}Q_0^n$$

$$Q_1^{n+1} = \overline{Q_2^n Q_1^n} Q_0^n + Q_1^n \overline{Q_0^n} = \overline{Q_2^n} Q_0^n \overline{Q_1^n} + \overline{Q_0^n} Q_1^n$$

$$Q_2^{n+1} = Q_1^n Q_0^n + Q_2^n \overline{Q_0^n} = Q_1^n Q_0^n (Q_2^n + \overline{Q_2^n}) + Q_2^n \overline{Q_0^n}$$

$$= Q_1^n Q_0^n Q_2^n + Q_1^n Q_0^n \overline{Q_2^n} + Q_2^n \overline{Q_0^n} \quad \text{（约束项 } Q_2^n Q_1^n Q_0^n \text{ 应去掉）}$$

$$= Q_1^n Q_0^n \overline{Q_2^n} + Q_2^n \overline{Q_0^n}$$

（2）比较特性方程求驱动方程：

$$J_0 = K_0 = 1$$
$$J_1 = \overline{Q_2^n} Q_0^n \quad K_1 = Q_0^n$$
$$J_2 = Q_1^n Q_0^n \quad K_2 = Q_0^n$$

3）画逻辑电路图（见图 5-15）

图 5-15　例 5.4 逻辑电路图

4）检查电路能否自启动

将无效状态 110、111 代入式（5.1）~式（5.4）公式计算，结果如下：110—111—000。可见，所设计的电路能够自启动。

【例 5.5】　设计一个串行数据检测电路，要求是：连续输入 3 个 1 或 3 个以上 1 时输出为 1，其他情况下输出为 0。

解：

1）进行逻辑抽象，建立原始状态图

检测电路的输入信号是串行数据，输出信号是检测结果，从起始状态出发，要记录连续输入 3 个和 3 个以上 1 的情况，大体上应设置 4 个内部状态，既取 $M=4$。

现在用 X 和 Y 分别表示输入数据和输出信号，用 S_0 表示起始状态，用 S_1、S_2、S_3 分别表示连续输入 1 个 1、2 个 1、3 个 1 和 3 个以上 1 时电路的状态。

根据题意，可建立图 5-16 所示的原始状态图。起始状态为 S_0，输入第一个 1 时输出为 0，状态转换为 S_1，连续再输入一个 1 时输出为 0，状态转换到 S_2，连续输入第三个 1 时输出为 1，状态转换到 S_3，此后，只要连续不断地输入 1，输出应该总是 1，电路也是保持 S_3 状态不变。不难理解，电路无论在哪个状态，只要输入 0，都应该回到 S_0 状态，以便重新开始检测。

图 5-16　原始状态图

2）进行状态简化，画出最简状态图

（1）确定等价状态。仔细观察可以发现，S_3 和 S_2 是等价状态，因为无论是 S_2 还是 S_3，当输入 1 时输出均为 1，且都转换到 S_3，当输入为 0 时，且都转换到 S_0 状态。

（2）合并等价状态。把 S_2 和 S_3 合并，用 S_2 表示，如图 5-17 所示。

图 5-17　化简后的状态图

3）进行状态分配，画出用二进制编码后的状态图

因状态数 $M=3$，应取 $n=2$；进行状态编码，取 $S_0=00$，$S_1=01$，$S_2=11$。画出编码后的状态图，如图 5-18 所示。

图 5-18　二进制编码后的状态图

4）选择触发器，求时钟方程、输出方程和状态方程

选择两个 CP 上升沿触发的 JK 触发器，采用同步方案，即取

$$CP_0 = CP_1 = CP$$
$$Y = XQ_1^n$$
$$Q_0^{n+1} = X$$
$$Q_1^{n+1} = XQ_0^n$$

5）求驱动方程

JK 触发器的方程为

$$Q^{n+1} = JQ^n + \bar{K}Q^n$$

变换状态方程，使之形式与特性方程相同。

$$Q_1^{n+1} = XQ_0^n(Q_1^n + Q_1^n) = XQ_0^n Q_1^n + XQ_0^n Q_1^n$$
$$= XQ_0^n Q_1^n + XQ_0^n Q_1^n + XQ_1^n Q_0^n \quad （加上约束项 $XQ_1^n Q_0^n$）$$
$$= XQ_0^n Q_1^n + XQ_1^n$$
$$Q_0^{n+1} = X(Q_0^n + Q_0^n) = XQ_0^n + XQ_0^n$$
$$J_1 = XQ_0^n \quad K_1 = \bar{X}$$
$$J_0 = X \quad K_0 = \bar{X}$$

6）画出逻辑电路图（见图 5-19）

图 5-19　逻辑电路图

7）检查电路能否自启动

将电路的无效状态 10 代入方程和状态方程进行计算，结果如下：

$$00 \xrightarrow{0/0} 10 \xrightarrow{1/1} 11$$

可见电路可以自启动。

本节思考题

1. 什么是同步时序逻辑电路？什么是异步时序逻辑电路？
2. 时序逻辑电路中米里（Mealy）型和穆尔（Moore）型两者的区别是什么？
3. 时序逻辑电路的分析有哪几步？同步时序逻辑和异步时序逻辑分析步骤相同吗？
4. 在异步时序逻辑电路中，如果后一级触发器的 CP 脉冲是前一级的输出，要求产生 CP 脉冲的下降沿，那么前级的输入状态如何变化？
5. 表 5-3 是如何写出来的，请进行分析。
6. 时序逻辑电路的设计步骤有哪些？

5.3 寄 存 器

寄存器是常用的时序逻辑部件，寄存器主要由触发器和一些控制门组成，每个触发器能存放一位二进制码，存放 N 位数码，就应具有 N 个触发器。为保证触发器能正常完成寄存器的功能，还必须有适当的门电路组成控制电路。

根据它的逻辑功能，寄存器又分为数码寄存器和移位寄存器。

5.3.1 数码寄存器

数码寄存器具有接收、存放和传送数码的功能。各种类型的触发器都可以构成寄存器，而用 D 触发器或 D 锁存器构成数码寄存器最为方便。数码寄存器的逻辑图如图 5-20 所示。

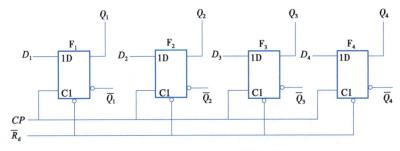

图 5-20 数码寄存器的逻辑图

由图 5-20 可见，当复位 $\overline{R_d}$ 为 0 时，触发器被复位，各触发器输出均为 0。当 $\overline{R_d} = 1$ 时，CP 脉冲的上升沿到来，输入 D_1、D_2、D_3、D_4 的状态被锁存于寄存器的输出端，并可以暂时保留，也可读出数据。要说明的是图中未出现 $\overline{S_d}$ 信号线，它的值隐含为 1。

5.3.2 集成移位寄存器

目前常用的集成移位寄存器种类较多，其中 CT40194（74LS194）是一种典型的中规模集成移位寄存器，其逻辑符号及引脚排列如图 5-21（a）和图 5-21（b）所示。

(a) 逻辑符号　　　　　　　　　（b）CT40194移位寄存器引脚排列

图 5-21　CT40194 逻辑符号与引脚排列图

1. 逻辑符号及引脚排列说明

CT40194 由四级触发器构成，Q_0、Q_1、Q_2、Q_3 是移位寄器的输出端，D_0、D_1、D_2、D_3 是并行数据输入端，S_L 是数据左移端，S_R 是数据右移端，CP 是移位脉冲输入端，$\overline{CR}$ 是复位端，S_0、S_1 是数据移位方式控制输入端。

2. 逻辑功能表

CT40194 集成移位寄存器的逻辑功能见表 5-4。

表 5-4　CT40194 功能表

功能	输 入									输 出			
	$\overline{CR}$	CP	S_1	S_0	S_L	S_R	D_0	D_1	D_2	D_3	Q_0	Q_1	Q_2	Q_3
清零	0	×	×	×	×	×	×	×	×	×	0	0	0	0
送数	1	↑	1	1	×	×	D_0	D_1	D_2	D_3	D_0	D_1	D_2	D_3
右移	1	↑	0	1	×	0	×	×	×	×	0	Q_0	Q_1	Q_2
	1	↑	0	1	×	1	×	×	×	×	1	Q_0	Q_1	Q_2
左移	1	↑	1	0	0	×	×	×	×	×	Q_1	Q_2	Q_3	0
	1	↑	1	0	1	×	×	×	×	×	Q_1	Q_2	Q_3	1
保持	1	↓	0	×	×	×	×	×	×	×	保持			

3. 工作方式

（1）并入-并出方式。并入-并出方式是在功能控制输入端 $S_1S_0=11$ 时实现的。在这种方式下，移位脉冲 CP 的上升沿将输入端 $D_0D_1D_2D_3$ 数据并行送到输出端，再对输出端的数据并行输出，该工作方式常用于数据锁存。

（2）并入-串出方式。该方式是先将数据 $D_0D_1D_2D_3$ 并行输入到寄存器的四个输出端，然后改变控制信号的状态使 $S_1S_0=01$ 或 $S_1S_0=10$，在 CP 脉冲的控制下，使寄存器输出端的数据向右或向左逐位移动输出，从而实现数据的串出。并入-串出方式可把并行输入的数据转换为串行数据输出，这是实现计算机串行通信的重要操作过程。

（3）串入-并出方式。该方式只要把被移动的数据从左移端 S_L 或右移端 S_R 输入即可，然后实现并行输出数据。

（4）串入-串出方式。该方式是寄存器执行右移或左移功能实现的。

4. 应用举例

移位寄存器应用很广，现举一个作环形计数器的例子。

把移位寄存器的输出反馈到它的串行输入端，就可以进行循环移位，如图 5-22 所示。设初始状态 $D_0D_1D_2D_3$ = 0001，当 S_1S_0 = 11 时，在移位脉冲的上升沿作用下，移位的初始数据 0001 并行送到输出端，使 $D_0D_1D_2D_3$ = $Q_0Q_1Q_2Q_3$ = 0001，为移位计数做好准备；当 S_1S_0 = 01 时，在移位脉冲作用下，寄存器开始移位，移位过程见表 5-5，这样，实现了循环移位的功能。经过四个移位脉冲，寄存器输出端的状态复位。

图 5-22 环形计数器

表 5-5 环形移位计数状态表

$\overline{CR}$	CP	S_1	S_0	S_L	S_R	D_0	D_1	D_2	D_3	Q_0	Q_1	Q_2	Q_3	说 明
1	↑	1	1	×	×	0	0	0	1	0	0	0	1	置移位初值
1	↑	0	1	×	Q_3	×	×	×	×	1	0	0	0	第 1 次移位
1	↑	0	1	×	Q_3	×	×	×	×	0	1	0	0	第 2 次移位
1	↑	0	1	×	Q_3	×	×	×	×	0	0	1	0	第 3 次移位
1	↑	0	1	×	Q_3	×	×	×	×	0	0	0	1	第 4 个脉冲使输出端恢复至初值

本节思考题

1. 试分析图 5-20 电路寄存数码的工作原理。
2. 对于双向移位寄存器 CT74194，它是如何选择左移或右移的？
3. 双向移位寄存器 CT74194，要输入数据到输出端，应该如何操作？
4. 双向移位寄存器 CT74194 有哪几种功能？

5.4 计 数 器

在数字电路中，把记忆输入脉冲个数的操作称为计数，计数器就是实现计数操作的时序逻辑电路。计数器应用非常广泛，除用于计数、分频外，还用于数字测量、运算和控制，从小型数字仪表到大型数字电子计算机，几乎无所不在，是任何现代数字系统中不可缺少的组成部分。

计数器的种类很多，按其进制不同分为二进制计数器、十进制计数器、N 进制计数器；按触发脉冲的连接方式分为同步计数器和异步计数器；按计数时是增还是减分为加法计数器、减法计数器和加/减法计数器（可逆计数器）。下面首先介绍二进制计数器。

5.4.1 同步二进制计数器

同步二进制计数器是同步时序逻辑，因此它采用的分析方法与步骤和同步时序逻辑的分析相同。下面以例题的形式来介绍同步计数器逻辑功能的分析过程。

【例 5.6】 图 5-23 是同步三位二进制计数器，CP 脉冲同时加入到三个触发器中，触发器 F_1 的输入端受到前级 F_0 输出 Q_0 状态的控制，触发器 F_2 的输入端也受到前级输出 Q_1 状态的控制。因此，首先要写出各触发器的输入方程，看哪个触发器在 CP 脉冲到来时可以发生状态变化,即状态翻转。设触发器的初态均为"0"态。为了叙述方便,触发器用 F 表示。

图 5-23 同步三位二进制计数器

1. 写输入方程

$$J_0 = K_0 = 1, \quad J_1 = K_1 = Q_0^n, \quad J_2 = K_2 = Q_0^n Q_1^n$$

根据输入方程和 JK 触发器的真值表,触发器 F_0 每来一个 CP 脉冲的下降沿,它的输出状态就改变一次;对于触发器 F_1 状态改变的条件是:$Q_0^n = 1$,当 CP 脉的下降沿到达时,它的输出状态才会改变;对于触发器 F_2,要等到 $J_2 = K_2 = Q_1^n Q_0^n = 1$ 时,CP 脉冲的下降沿到来时,它的状态才会发生改变。

2. 写状态表

根据各触发器的输入方程写出状态表,见表5-6。由状态表可见,当计数脉冲 CP 计到第八个脉冲时,各触发器清零,又回到计数的初态,根据计数模的定义,几个 CP 脉冲计数器清零就是几进制计数器,因此,该电路实现的是模为 8 的加 1 递增计数器。

表 5-6 例 5.6 的状态表

CP	Q_2^n	Q_1^n	Q_0^n	Q_2^{n+1}	Q_1^{n+1}	Q_0^{n+1}	说 明
1	0	0	0	0	0	1	F_0 翻转,其他未具备翻转条件
2	0	0	1	0	1	0	F_0、F_1 翻转,F_2 未具备翻转条件
3	0	1	0	0	1	1	F_0 翻转,其他未具备翻转条件
4	0	1	1	1	0	0	三个触发器均翻转
5	1	0	0	1	0	1	F_0 翻转,其他未具备翻转条件
6	1	0	1	1	1	0	F_0、F_1 翻转,F_2 未具备翻转条件
7	1	1	0	1	1	1	F_0 翻转,其他未具备翻转条件
8	1	1	1	0	0	0	三个触发器均翻转

3. 画波形图

根据表 5-6 或输入方程,画出它的波形图如图 5-24 所示。

图 5-24 例 5.6 波形图

【例 5.7】 电路如图 5-25 所示，图中的三个触发器是主从 JK 触发器。设触发器的初态均为"1"，CP 脉冲同时加入到三个触发器的 CP 端。试分析前八个脉冲期间各触发器状态的变化，并判断此电路能完成的功能。

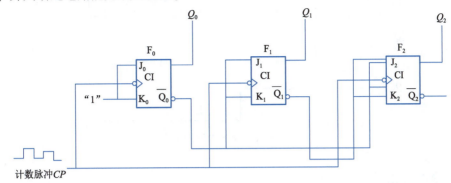

图 5-25　例 5.7 题图

解：分析这个电路首先要明确两个问题，一是图中给出的触发器是在 CP 脉冲的后沿触发；二是触发器状态的改变取决于 JK 输入端的状态，要根据 JK 触发器的真值表来分析，其中，第三个触发器 F_2 的 JK 输入端是两对 J、K 状态的逻辑"与"。根据输入方程和 JK 触发器的真值表就可以进行如下的分析：

1）分别写出各触发器的 J、K 输入方程

$$J_0 = K_0 = 1, \quad J_1 = K_1 = \overline{Q_0^n}, \quad J_2 = K_2 = \overline{Q_0^n} \, \overline{Q_1^n}$$

2）写状态表

根据 J、K 输入方程和它的真值表，可写出状态表见表 5-7。由状态表可见，当第八个 CP 脉冲的下降沿到来时，三个触发器的输入状态又回到计数的初始值，因此，该电路实现的逻辑功能是八进制减 1 计数。

表 5-7　例 5.7 的状态表

CP	Q_2^n	Q_1^n	Q_0^n	Q_2^{n+1}	Q_1^{n+1}	Q_0^{n+1}	说　　明
1	1	1	1	1	1	0	F_0 翻转，其他触发器状态不变
2	1	1	0	1	0	1	F_0、F_1 均翻转，F_2 未具备翻转条件
3	1	0	1	1	0	0	F_0 翻转，其他未具翻转条件
4	1	0	0	0	1	1	三个触发器均翻转
5	0	1	1	0	1	0	F_0 翻转，其他未具备翻转条件
6	0	1	0	0	0	1	F_0、F_1 均翻转，F_2 未具备翻转条件
7	0	0	1	0	0	0	F_0 翻转
8	0	0	0	1	1	1	三个触发器均翻转

说明：例 5.6 和例 5.7 所示的状态表是通过触发器的工作过程分析而得到的，实际上也可以采用直接套公式：$Q^{n+1} = J\overline{Q^n} + \overline{K}Q^n$，把触发器现态 $Q_2^n Q_1^n Q_0^n$ 的不同取值代入 Q^{n+1} 中，即可得到同样的状态表。

3）画波形图

根据输入方程和 JK 触发器的真值表，画出波形图如图 5-26 所示。

图 5-26　例 5.7 波形图

5.4.2　异步计数器

异步计数器的分析与前述的异步时序电路相同，下面举例说明。

【**例 5.8**】　图 5-27 所示是异步计数器的逻辑图，试分析是几进制计数器，设各触发器的初态均为"0"。

图 5-27　例 5.8 图

解：

1）该电路的特点

（1）各触发器的输入端都接高电平"1"，即 $J = K = 1$，只要有计数脉冲 CP 的下降沿到来，触发器的状态就会发生改变。

（2）后一级的触发脉冲由前一级触发器的 $\overline{Q_n}$ 端的输出状态决定，且当 $\overline{Q_n}$ 由"1"态变为"0"态时，给后一级触发器送去触发脉冲，使后一级触发器状态发生改变。

2）写输入方程

各触发器的输入方程均为 $J = K = 1$；$CP_1 = \overline{Q_0^n}$，$CP_2 = \overline{Q_1^n}$。

3）工作过程分析

（1）第一个 CP 脉冲作用后，各触发器的状态：当第一个 CP 脉冲的下降沿到来时，F_0 状态发生改变，由"0"态变为"1"态，即 $Q_0 = 1$；此时，$\overline{Q_0}$ 则由"1"态变为"0"态，相当于给触发器 F_1 送去触发脉冲下降沿，F_1 的状态也发生改变，$Q_1 = 1$；在 Q_1 的状态变为 1 的同时，$\overline{Q_1}$ 的状态由"1"变为"0"，相当于给触发器 F_2 送去触发脉冲的下降沿，使 F_2 的状态发生改变，$Q_2 = 1$，$\overline{Q_2} = 0$。

因此，外加 CP 的下降沿到来时，三个触发器的状态均发生翻转，触发器的状态 $Q_2 Q_1 Q_0 = 111$，而 $\overline{Q_2}\ \overline{Q_1}\ \overline{Q_0} = 000$。

（2）第二个 CP 脉冲作用后，各触发器的状态：当第二个 CP 的下降沿到来时，F_0 状态发生改变，由"1"态变为"0"态，所以 $Q_0 = 0$，$\overline{Q_0} = 1$；$\overline{Q_0}$ 的状态由"0"态变为"1"

态，相当于 CP_1 脉冲的上升沿（前沿）到来，因此，触发器 F_1 状态不具备翻转条件，状态不改变。$Q_1 =1$，$\overline{Q_1}=0$；同理，触发器 F_2 的状态也不翻转，$Q_2 =1$，$\overline{Q_2}=0$。此时，三个触发器的状态 $Q_2Q_1Q_0 =110$，$\overline{Q_2}\,\overline{Q_1}\,\overline{Q_0}=001$。

（3）第三个触发脉冲 CP 作用后，各触发器的状态：第三个 CP 的下降沿到来时，F_0 状态又发生改变，由"0"态变为"1"态，所以 $Q_0 =1$。而 $\overline{Q_0}$ 的状态由"1"态变为"0"态，相当于 CP 脉冲的下降沿（后沿），也就是触发器 F_1 得到 CP 脉冲的下降沿，状态也会发生改变，因此，$Q_1 =0$，$\overline{Q_1}=1$。此时，由于 $\overline{Q_1}$ 的状态是由 0 变到 1，相当于给触发器 F_2 送去了触发脉冲的上升沿，F_2 的输出状态不会发生翻转，$Q_2 =1$，$\overline{Q_2}=0$。此时的状态为 $Q_2Q_1Q_0 =101$，$\overline{Q_2}\,\overline{Q_1}\,\overline{Q_0}=010$。

（4）第四个触发脉冲 CP 作用后，各触发器的状态：第四个 CP 的下降沿到来时，只有触发器 F_1 翻转，其他触发器均不翻转，此时，触发器的状态为 $Q_2Q_1Q_0 = 100$，$\overline{Q_2}\,\overline{Q_1}\,\overline{Q_0}= 011$。

依此类推，当第八个 CP 脉冲到来时，触发器又清零，因此，该电路的逻辑功能是八进制减 1 计数器。由分析得到该逻辑图的工作波形如图 5-28 所示。

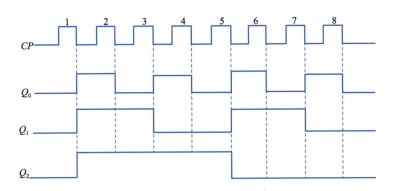

图 5-28　例 5.8 的波形图

本节思考题

1. 同步计数器计数功能的分析方法是什么？除了例 5.6 和例 5.7 中介绍的状态表的方法，是否还可以直接画状态图和波形图的方法来分析？

2. 状态表表 5-6 是如何得到的？试着再练习一遍。

3. 当触发器同一输入端有多个引脚时，它们之间是什么逻辑关系？

4. 在图 5-27 中，为什么说要获得第一个 CP 脉冲的下降沿，$\overline{Q_0^n}$ 要从"1"态变到"0"态，而不是从"0"态变到"1"态？

5. 对于异步计数器计数功能的分析，关键的问题在哪里？在例 5.7 中 CP_1、CP_2 的下降沿是如何形成的？

5.5 中规模集成计数器

实际应用中,直接采用厂家生产的集成计数器芯片,它有同步计数器和异步计数器之分,而且功能较多。

5.5.1 同步四位二进制计数器 74LS161

74LS161 是四位二进制同步加法计数器,除了有二进制加法计数功能外,还具有异步清零、同步并行置数、保持等功能。下面对该计数器进行介绍。

1. 74LS161 内部逻辑图

为了使读者了解其内部逻辑电路结构,给出了电路内部逻辑图供读者参考。74LS161 的内部逻辑图如图 5-29 所示。

图 5-29 74LS161 内部逻辑图

2. 74LS161 外引脚和逻辑符号

74LS161 外引脚和逻辑符号如图 5-30 所示。图 5-30（a）是芯外的外引脚图，其中所示的数字是引脚编号，图 5-30（b）是逻辑符号，图中的 $\overline{CR}$ 是异步清零端，$\overline{LD}$ 是预置计数初始值控制端，D_0、D_1、D_2 和 D_3 是预置数据输入端，P 和 T 是计数使能端，C 是进位输出端，它的设置为多片集成计数器的级联提供了方便。

（a）芯片的外引脚图　　　　（b）逻辑符号

图 5-30　74LS161 的外引脚图和逻辑符号图

说明：$\overline{CR}$、$\overline{LD}$ 两个标识符上的横杠表示这两个引脚的信号是低电平有效，不是非运算符，不要混淆。

3. 逻辑功能表

74LS161 逻辑功能表见表 5-8。

表 5-8　74LS161 逻辑功能表

输入									输出			
CP	$\overline{CR}$	$\overline{LD}$	P	T	D_3	D_2	D_1	D_0	Q_3	Q_2	Q_1	Q_0
×	0	×	×	×	×	×	×	×	0	0	0	0
↑	1	0	×	×	d	c	b	a	d	c	b	a
×	1	1	0	×	×	×	×	×	保持			
×	1	1	×	0	×	×	×	×	保持（$C=0$）			
↑	1	1	1	1	×	×	×	×	计数			

注：表中的"dcba"是预置计数初值。

功能说明如下：

① 异步清零功能。当 $\overline{CR}=0$ 时，不管其他输入端的状态如何（包括时钟信号 CP），四个触发器的输出全为零。

② 同步并行预置数功能。在 $\overline{CR}=1$ 的条件下，当 $\overline{LD}=0$ 且有时钟脉冲 CP 的上升沿作用时，D_3、D_2、D_1、D_0 输入端的数据将同时被送到 $Q_3 \sim Q_0$ 输出端，由于置数操作必须有 CP 脉冲上升沿相配合，故称为同步置数。

③ 保持功能。在 $\overline{CR}=\overline{LD}=1$ 的条件下，当 $T=P=0$ 时，不管有无 CP 脉冲作用，计数器都将保持原有状态不变（停止计数）。

④ 同步二进制计数功能。当 $\overline{CR}=\overline{LD}=P=T=1$ 时，74LS161 处于计数状态，计数器从 0000 状态开始，连续输入 15 个计数脉冲后，计数器的输出将从 1111 状态返回到 0000 状态。

⑤ 进位输出 C。当计数控制端 $T=1$，且触发器的输出状态全为 1 时（$Q_3Q_2Q_1Q_0 = 1111$），C 端送出一个高电平进位信号 "1"，$C=Q_3Q_2Q_1Q_0T$。

74LS161 计数器的真值表见表 5-9。

表 5-9 74S161 计数器的真值表

CP	Q_3^n	Q_2^n	Q_1^n	Q_0^n	Q_3^{n+1}	Q_2^{n+1}	Q_1^{n+1}	Q_0^{n+1}
1	0	0	0	0	0	0	0	1
2	0	0	0	1	0	0	1	0
3	0	0	1	0	0	0	1	1
4	0	0	1	1	0	1	0	0
5	0	1	0	0	0	1	0	1
6	0	1	0	1	0	1	1	0
7	0	1	1	0	0	1	1	1
8	0	1	1	1	1	0	0	0
9	1	0	0	0	1	0	0	1
10	1	0	0	1	1	0	1	0
11	1	0	1	0	1	0	1	1
12	1	0	1	1	1	1	0	0
13	1	1	0	0	1	1	0	1
14	1	1	0	1	1	1	1	0
15	1	1	1	0	1	1	1	1
16	1	1	1	1	0	0	0	0

4. 用 74LS161 同步预置构成十进制计数器

74LS161 计数器的计数最大模 $N=2^4=16$，因此，可用该计数器构成模小于 16 的任意进制计数器。

在讨论之前，先要特别提示一个问题，即该计数器预置计数初值时需要一个计数脉冲。

计数真值表中有 16 个状态 0000~1111，设计十进制计数器时可根据需要选择 10 个状态作为十进制计数。下面以选择前 10 个状态 0000~1001 为例，设计方法如下：

（1）写状态表：计数状态表见表 5-10。

表 5-10 计数状态表

CP	Q_3	Q_2	Q_1	Q_0
0	0	0	0	0
1	0	0	0	1
2	0	0	1	0
3	0	0	1	1
4	0	1	0	0
5	0	1	0	1
6	0	1	1	0
7	0	1	1	1
8	1	0	0	0
9	1	0	0	1

CP_{10}

（2）画计数逻辑图：根据计数器的定义，第几个 CP 脉冲使计数器回到计数的初始值就是几进制计数器。那么，这里的十进制计数器就是第十个 CP 脉冲的上升沿到来时，计数器的输出状态要回到计数初值 0000。由 74LS161 计数器的逻辑功能表可知，置计数初始值的三个条件，其中，$\overline{CR}$引脚端无论是送数还是计数，它的状态都为 1，所以将它置 1 就可以了。因此，设计逻辑图时，只要考虑两个条件，即 $\overline{LD}$ 与 CP。当计数器计数到第 9（即 1001）个状态时就要为 $\overline{LD}$ = 0 创造条件，增加辅助逻辑门（这里是与非门），待第 10 个 CP 脉冲的上升沿到，计数器的输出端就回到计数的初始状态。根据这个设计思想设计出的十进制加 1 计数器的逻辑图如图 5-31 所示。

图 5-31   0000~1001 的计数逻辑图

归纳计数器的设计方法：用该数字集成芯片设计计数模（M）小于 16 的任意进制计数器的方法为反馈置初始值。

① 首先写计数状态表，状态表的个数 $n = M - 1$，例如，十进制就写 9 个状态表，七进制就写 6 个状态表。

② 反馈置初值。将计数器最后一个状态中的"1"接至辅助与非门，与非门的输出接$\overline{LD}$，这样就使$\overline{LD}$ = 0，第 10 个 CP 脉冲上升沿到，计数器的输出就回到计数的初始状态。

5. 计数长度的扩展

由于四位或八位的二进制集成计数器比较常见，但其计数范围有限，当计数值超过计数范围时，可采用多个计数器的级联来实现。如要用 74LS161 组成二百五十五进制计数器，因为计数长度 255 > 15，所以要用两片 74LS161 构成此计数器，每片均接成十六进制，如图 5-32 所示。

图 5-32   两片 74LS161 级联

图 5-32 所示为把两片 74LS161 级联起来构成的二百五十五进制同步加法计数器。两片 74LS161 的 CP 端均与计数脉冲 CP 连接，因而是同步计数器。计数的原理如下：

低位片（1）的使能端 $P = T = 1$，因而它总是处于计数状态；高位片（2）的使能端 P 和 T 接至低位片的进位信号输出端 C，只有当片（1）计数至 1111 状态，使其 C = 1 时，片（2）才能处于计数状态。在下一个计数脉冲作用后，片（1）由 1111 状态变成 0000 状态，片（2）计入一个脉冲，同时片(1)的进位信号 C 也变成 0，使片(2)停止计数，直到下一次片(1)的 C 再为 1。

5.5.2 二进制可逆计数器 74LS169

74LS169 是同步、可预置四位二进制可逆计数器，其逻辑符号如图 5-33 所示，功能表见表 5-11。

图 5-33 74LS169 逻辑符号

表 5-11 74LS169 功能表

CP	P + T	$U/\overline{D}$	$\overline{LD}$	Q_D	Q_C	Q_B	Q_A
×	1	×	1	保持			
↑	0	×	0	D	C	B	A
↑	0	1	1	二进制加法计数			
↑	0	0	1	二进制减法计数			

1. 74LS169 计数器的特点

（1）该器件为加减双向可控计数器。$U/\overline{D}=1$ 时进行加法计数；$U/\overline{D}=0$ 时进行减法计数。计数模为 16，时钟脉冲上升沿触发。

（2）$\overline{LD}$ 为同步预置控制端，低电平有效。

（3）没有清 0 端，因此，清 0 靠预置来实现。

（4）进位和借位输出都从同一输出端 O_C 输出。当加法计数进入 1111 后，O_C 端有负脉冲输出，当减法计数进入 0000 后，O_C 端有负脉冲输出。输出端的负脉冲与时钟上升沿同步，宽度为一个时钟周期。

（5）P、T 为计数允许端，低电平有效。只有当 $\overline{LD}=1$，$P=T=0$ 时，在 CP 作用下计数器才能正常工作。

2. 应用举例

【例 5.9】 用 74LS169 构成模 6 加法计数器和模 6 减法计数器。

解： 由于 74LS169 没有清 0 端，清 0 靠预置来实现。74LS169 为同步预置数，低电平有效（$\overline{LD}=0$），其最大计数值为 15，因此，加计数时初始值为 15 − 5 = 10 =（1010），然后从 1010 开始计数，计到 1111 时，从 O_C 端有负脉冲输出至 $\overline{LD}$ 端，$\overline{LD}=0$，此时，与 $\overline{LD}$ 同步的 CP 脉冲上升沿触发，使计数器回到预置的初始值，完成了一个计数循环，并为下一轮计数做好准备。减法计数时预置值为计数模 $M − 1 = 6 − 1 = 5 =$（0101），从 0101 开始减 1 计数，计到 0000 时，从 O_C 端有负脉冲输出至 $\overline{LD}$ 端，$\overline{LD}=0$，此时，与 $\overline{LD}$ 同步的 CP 脉冲上升沿触发，使计数器回到预置的初始值 1010 状态，完成了一个减法计数的循环。加 6 计数和减 6 计数的状态表如图 5-34 所示。它们的计数逻辑图如图 5-35 所示。

(a) 模6加法计数器状态表　　　(b) 模6减法计数器状态表

图 5-34　74LS169 构成模 6 加减法计数器

(a) 模6加计数　　　(b) 模6减计数

图 5-35　6 进制计数器逻辑图

由上例可见，用 74LS169 可构成 $M \leqslant N$ 的任意进制的计数器，其 M 为计数模，N 为该计数器的最大计数模，它使用灵活。

5.5.3　异步集成计数器 74LS90

异步集成计数器 74LS90 是十进制计数器，其内部逻辑图如图 5-36 所示，图 5-37 所示为它的逻辑符号。它由四个 JK 触发器和两个与非门组成。由图可见，它是两个独立的计数器，触发器 A 计数模 $M=2$，对 CP_1 计数，触发器 B、C、D 组成异步计数模 $M=5$ 的计数器，对 CP_2 计数。

图 5-36　74LS90 集成计数器内部逻辑图

若将 Q_A 输出端与 CP_2 相连接，计数脉冲由 CP_1 输入，则构成 2×5 的十进制计数器，其状态 $Q_D Q_C Q_B Q_A$ 输出的是 8421 BCD 码。

若将 CP_1 接至 Q_D 的输出端，计数脉冲由 CP_2 输入，则构成 5×2 的十进制计数器，其状态 $Q_A Q_D Q_C Q_B$ 输出的是 5421 BCD 码。

1. 逻辑功能表

逻辑功能表见表 5-12，计数器具有如下功能：

（1）R_{91}、R_{92} 为 0 时，R_{01}、R_{02} 为 1 时，计数器置 0。

（2）R_{01}、R_{02} 为 0 时，R_{91}、R_{92} 为 1 时，计数器置 9。

（3）$CP_2 = 0$，CP_1 输入时钟脉冲，Q_A 输出，实现模 2 计数器。

（4）$CP_1 = 0$，CP_2 输入时钟脉冲，$Q_D Q_C Q_B$ 输入，实现模 5 计数器。

（5）CP_1 输入时钟脉冲，Q_A 输出接 CP_2，实现 8421BCD 码十进制计数器。

（6）CP_2 输入时钟脉冲，Q_D 输出接 CP_1，实现 5421BCD 码十进制计数器，即当模 5 计数器由 100 至 000 时，Q_D 产生一个时钟，使 Q_A 改变状态。

图 5-37　74LS90 逻辑符号

表 5-12　74LS90 异步计数器功能表

R_{01}	R_{02}	R_{91}	R_{92}	CP_1	CP_2	Q_D	Q_C	Q_B	Q_A	说　明
1	1	0	×	×	×	0	0	0	0	异步置 0
1	1	×	0	×	×	0	0	0	0	异步置 0
0	×	1	1	×	×	1	0	0	1	异步置 9
×	0	1	1	×	×	1	0	0	1	异步置 9
×	0	×	0	↓	0	二进制计数				由 Q_A 输出
×	0	0	×	0	↓	五进制计数				由 $Q_D Q_C Q_B$ 输出
0	×	0	×	↓	Q_A	8421 码十进制计数				$Q_D Q_C Q_B Q_A$ 输出
0	×	0	×	Q_D	↓	5421 码十进制计数				$Q_A Q_D Q_C Q_B$ 输出

2. 应用举例

1) 用反馈置零法构成 $M=6$ 的计数器（计数初值为：0000）

根据 74LS90 的逻辑功能表计数器置 0 的条件，是 R_{01}、R_{02} 均为 1，因此可不需要外加逻辑门就可接成模 6 的计数器，计数过程见表 5-13。由于该计数器是异步置 0，所以，当计数到 6（0110）时，从 Q_B、Q_C 两个输出端引出反馈线至 R_{01}、R_{02}，从而使输出端 $Q_D Q_C Q_B Q_A$ = 0000，回到了计数初始状态，逻辑图如图 5-38(a) 所示。

表 5-13　反馈置零状态表

六进制计数状态表					七进制计数状态表				
Q_D	Q_C	Q_B	Q_A		Q_D	Q_C	Q_B	Q_A	
0	0	0	0		0	0	0	0	
0	0	0	1	CP_1	0	0	0	1	CP_1
0	0	1	0	CP_2	0	0	1	0	CP_2
0	0	1	1	CP_3	0	0	1	1	CP_3
0	1	0	0	CP_4	0	1	0	0	CP_4
0	1	0	1	CP_5	0	1	0	1	CP_5
0	1	1	0	CP_6（过渡状态）	0	1	1	0	CP_6
					0	1	1	1	CP_7（过渡状态）

(a) $M=6$ 的计数器接线图　　(b) $M=7$ 的计数器接线图

图 5-38　74LS90 构成计数器

2）用反馈置零法构成 $M=7$ 的计数器（计数初值为：0000）

七进制的计数模小于十进制计数模，可以用 74LS90 计数器采用反馈置零法来构成七进制计数器。

若选用 8421 BCD 十进制计数，则只要用到七个状态，还有三个是无效状态，因此要加辅助电路才能实现七进制计数。

计数过程见表 5-13，当计数计到第七个脉冲时，计数器的状态为 $Q_D Q_C Q_B Q_A = 0111$ 这个过渡状态，马上就应该使 $Q_D Q_C Q_B Q_A = 0000$。根据这个思想设计的逻辑图如图 5-38（b）所示。

图 5-38（b）的与门起辅助作用，当 $Q_D Q_C Q_B Q_A = 0111$ 时，从 A、B、C 三个输出端引出三根反馈线至与门，然后，与门输出接至 R_{01}、R_{02} 清零端，使 $Q_D Q_C Q_B Q_A = 0000$。

5.5.4　十进制可逆集成计数器 74LS192

74LS192 是同步、可预置十进制可逆计数器，其逻辑符号如图 5-39 所示，功能表见表 5-14。

表 5-14　74LS192 功能表

CP_+	CP_-	LD	CR	Q_D	Q_C	Q_B	Q_A
×	×	×	1	0	0	0	0
×	×	0	0	D	C	B	A
↑	1	1	0	加法计数			
1	↑	1	0	减法计数			
1	1	1	0	保持			

图 5-39　74LS192 逻辑符号

1. 74LS192 计数器的特点

（1）该器件为双时钟工作方式，CP_+ 是加法计数脉冲输入端，CP_- 是减法计数脉冲输入端，均为上升沿触发，采用 8421 BCD 码计数。

（2）CR 为异步清 0 端，高电平有效。

（3）$\overline{LD}$ 为异步预置控制端，低电平有效，当 $CR=0$，$\overline{LD}=0$ 时，预置输入端 D、C、B、A 的数被送至输出端，即 $Q_D Q_C Q_B Q_A = DCBA$。

（4）进位输出和借位输出是分开的。

O_C 是进位输出，加法计数时，进入 1001 状态后有负脉冲输出。

O_B 是借位输出，减法计数时，进入 0000 状态后有负脉冲输出。

2. 应用举例

【例 5.10】 用 74LS192 实现模 6 加计数和模 6 减计数的逻辑功能。

由于 74LS192 为异步预置，即预置计数初值是不要计数脉冲的，最大计数模 $N=10$，M 为所要求的计数模，因此，加计数时预置值 $X=N-1-M=10-1-6=3$，减计数时，预置值 $X=M=6$，其状态表如图 5-40 所示，逻辑图如图 5-41 所示。

图 5-40　74LS192 加、减计数状态表

图 5-41　模 6 加、减计数逻辑图

目前集成计数器的种类很多，功能完善，通用性强，在实际应用中如果要设计各种进制的计数器，可以直接选用集成计数器，外加适当的辅助逻辑门连接而成。在使用集成计数器时，不必去剖析集成电路的内部结构，一般只须查阅手册给出的功能表和芯片引脚图，按其指定的功能使用即可。

> **本节思考题**
>
> 1. 状态表 5-6 是如何得到的？请自己再练习写一遍。
> 2. 试写出图 5-25 减 1 运算的过程。
> 3. 当触发器同一输入端有多个引脚时，它们之间是什么逻辑关系？
> 4. 在图 5-27 中，为什么说要获得 CP_1 脉冲下降沿，就要使 $\overline{Q_0}$ 从 "1" 态变为 "0" 态，而不是从 "0" 态变为 "1" 态？
> 5. 74LS161 计数器各引脚的逻辑功能是什么？计数的工作条件是什么？

6. 如果用 74LS161 实现 8421BCD 码计数，当计到 9 时，计数器如何清 0？
7. 图 5-32 所示是两片 74LS161 级联构成的电路，试说明实现 255 计数的工作原理。
8. 试分析 74LS169 计数的工作过程。
9. 74LS90 有几种计数功能？各种计数功能的电路结构如何连接？计数的工作条件是什么？
10. 使用 74LS90 器件，采用复位法，如何实现 $M=5$ 的计数器？
11. 什么是反馈置零法？请对照表 5-14 说明反馈置零法的应用。

小　　结

1. 时序逻辑电路分为同步时序逻辑电路和异步时序逻辑电路，以触发器状态转换是否用同一 CP 触发脉冲触发来区分。时序逻辑电路的描述方法有输入方程、状态表、状态图和时序图等。

2. 时序逻辑电路的分析步骤是：根据电路写出输入方程（激励方程）和输出方程，写出触发器的次态方程（转换方程）、列出状态表，画出状态转换图和时序图（波形图），最后描述电路的逻辑功能。

3. 对于异步时序逻辑电路，如果后一个触发器的时钟脉冲输入端接至前一个触发器的输出端，则 CP 脉冲上升沿的形成是前一个触发器的状态由"0"态变化到"1"态，下降沿的形成是前一个触发器的状态由"1"态变化到"0"态。

4. 数码寄存器和移位寄存器用于数据的暂存、数据传输中的缓冲等，移位寄存器还用于数据的串-并、并-串转换等。

5. 计数/分频器种类较多，用途广泛，集成计数器以二进制、十进制为主，有同步、异步、加、减、可逆等类型电路，读懂逻辑功能表是正确运用计数器的前提，可采用复位法、置位法、级联法等方法，可将二进制、十进制计数器组成 N 进制计数器。

6. 74LS161 和 74LS169 是一个系列的集成计数器，在预置计数初始值时，需要一个计数脉冲的触发才能把计数初值送到计数器的输出端。74LS90 和 74LS92 也是一个系列的，它们预置计数初值时是不需要触发脉冲的，这一点要搞清楚，因为这涉及写计数状态表。如果被设计的计数器模为 M，则前者状态表的个数要写 $M-1$ 个，后者状态表的个数为 M 个。

习　　题

1. 时序电路如图 5-42 所示，起始状态为 001，画出电路的时序图。

图 5-42　习题 1 电路图

2. 画出图 5-43 所示电路的状态图。

图 5-43　习题 2 电路图

3. 画出图 5-44 所示电路的状态图和时序图。

图 5-44　习题 3 电路图

4. 画出图 5-45(a)所示电路中 B、C 端波形。输入端 A、CP 波形如图 5-45(b)所示，触发器起始状态为零。

图 5-45　习题 4 电路图

5. 画出图 5-46 所示电路的状态图，若令 FF_0 触发器的 $K=1$，试问电路计数顺序将如何变化。

6. 求图 5-47 所示电路的计数长度 N 是多少，能否自启动。

7. 画出图 5-48 所示电路的状态图和时序图。

图 5-46 习题 5 电路图

图 5-47 习题 6 电路图

图 5-48 习题 7 电路图

8. 试用下降沿触发的边沿 JK 触发器设计一个同步时序电路，要求如图 5-49 所示。

图 5-49 习题 8 电路图

9. 试用上升沿触发的边沿触发器和与非门设计一个同步时序电路，要求如图 5-50 所示。

图 5-50 习题 9 电路图

10. 设计一个脉冲序列发生器，使之在一系列 CP 信号作用下，输出端能周期地输出 00101101 脉冲序列。

11. 设计一个步进电动机用的三相六状态脉冲分配器，如果用 1 表示线圈导通，用 0 表示线圈截至，则三个线圈 ABC 的状态转换图应如图 5-51 所示，在正转时控制输入端 G 为 1，反转时为 0。

图 5-51 习题 11 状态图

12. 设计一个按自然态序进行计数的同步加法计数器，要求当控制信号 $M=0$ 时为六进制，$M=1$ 时为十二进制。

13. 分析图 5-52 所示各电路，画出它们的状态图和时序图，指出各是几进制计数器。

图 5-52 习题 5.13 电路图

14. 分析图 5-53 所示各电路，画出它们的状态图和时序图，指出各是几进制计数器。

图 5-53 习题 5.14 电路图

15. 试分别画出利用下列方法构成的六进制计数器的连线图：
(1) 利用 74161 的异步清零功能；
(2) 利用 74163 的同步清零功能；
(3) 利用 74161 或者 74163 的同步置数功能；
(4) 利用 74290 的异步清零功能。

16. 分别画出用 74161 的异步清零和置数功能构成的下列计数器的连线图：
(1) 十进制计数器；

(2) 六十进制计数器；
(3) 一百进制计数器。
(4) 一百八十进制计数器。

17. 分别画出用 74290 构成的下列计数器的连线图：
(1) 九进制计数器；
(2) 五十进制计数器；
(3) 八十八进制计数器；
(4) 三十进制计数器。

18. 分别画出用 74164 构成的下列计数器的连线图：
(1) 3 位环形计数器；
(2) 5 位环形计数器；
(3) 7 位环形计数器。

第 6 章 半导体存储器和可编程逻辑器件

学习目标

- 掌握半导体存储器的分类、特点和基本结构及相关概念。
- 掌握半导体存储器容量扩展的方法，具备按要求进行扩展接线的能力。
- 了解可编程逻辑器件的基本原理和应用。

半导体存储器是计算机的重要逻辑部件，因此，本章给予详细的介绍。通过本章的学习，使读者掌握半导体存储器的分类、工作原理及与其他部件（如 MCU/CPU）的连接，特别是对存储器容量的扩展进行了较详尽的叙述。对可编程逻辑器件进行了简要介绍。

6.1 概 述

在计算机硬件系统中有一个很重要的部分，就是存储器。存储器是用来存储程序和数据的部件，对于计算机来说，有了存储器才有记忆功能，才能保证正常工作。存储器的种类很多，按其用途可分为主存储器和辅助存储器，主存储器又称内存储器（简称内存）。

内存是计算机中的主要逻辑部件，它是相对于外存而言的。我们平常使用的程序，如 Windows 系统、打字软件、游戏软件等，一般都是安装在硬盘等外存上的，如果要运行这些程序就必须把它们调入内存中来运行，我们平时输入一段文字、或玩一个游戏，其实都是在内存中进行的。通常我们把要永久保存的、大量的数据存储在外存上，而把一些临时的或少量的数据和程序放在内存上。

内存一般采用半导体存储单元，包括随机存储器（RAM），只读存储器（ROM）及高速缓存（cache）等，本节将只研究 ROM（read-only memory）和 RAM（random access memory）。

对于一个存储器来说，主要用存储容量和存储速度来描述其性能。

视频
存储器的指标

1. 存储容量

存储容量指主存能存放二进制代码的总位数，即

$$存储容量 = 存储单元个数 \times 存储字长$$

它的容量也可用字节总数来表示，即

$$存储容量 = 存储单元个数 \times 存储字长/8$$

2. 存储速度

存储速度是由存取时间和存取周期来表示的。

存取时间是指启动一次存储器操作到完成该操作所需要的全部时间。存取时间分为读时间和写时间两种。

存取周期是指存储器进行连续两次独立的存储器操作所需要的最小间隔时间。通常，存储周期要大于存储时间。

从集成度来看，半导体存储器属于超大规模集成电路。本章首先介绍半导体存储器的分类及它们的工作原理，同时讨论存储器与其他部件的连接方式。

另一种功能特殊的超大规模集成电路是可编程逻辑器件 PLD（programmable logic device）。PLD 是一种可由用户自定义其功能的特殊的逻辑器件，具有设计灵活、集成度高等诸多优点。本章将介绍几种典型的 PLD 的基本结构和简单应用。

本节思考题

1. 存储器的性能指标主要有哪些？各有什么意义？
2. 举例说明，目前你生活中用到的电子设备使用存储器了吗？

6.2 半导体存储器

半导体存储器的种类很多，从不同的角度可以对存储器进行不同的分类。如果按照存取信息方式划分，可分为只读存储器（ROM）和随机存储器（RAM）两大类，它们之间最大的区别就是掉电后是否能够保存数据。对于 RAM，一旦掉电，存储在其中的数据就会消失，而 ROM 掉电后存储在其中的数据依然存在。下面就这两大类存储器分别讨论。

6.2.1 只读存储器

按照 ROM 的定义，一旦信息写入了就不能改变。但是用户总是希望能够根据自己的需要，任意改变存储器中的内容。这便出现了 PROM、EPROM 和 EEPROM 等。

1. 掩模 ROM

掩模 ROM 是一种最简单的半导体存储器，其内部存储的数据是由生产厂家在出厂时一次性写入的。它在使用时数据只能读出，不能写入，因此通常只用来存放固定的数据。也正因为它是一次性写入的，所以其成本比较低廉。

2. PROM

PROM 指可编程只读存储器（programmable read-only memory）。这样的产品只允许写入一次，所以也被称为一次可编程只读存储器（one time progarmming ROM，OTP-ROM）。PROM 在出厂时，存储的内容全为 1，用户可以根据需要将其中的某些单元写入数据 0（部分的 PROM 在出厂时数据全为 0，则用户可以将其中的部分单元写入 1），以实现对其"编程"的目的。PROM 的典型产品是"双极性熔丝结构"，如果我们想改写某些单元，则可以给这些单元通以足够大的电流，并维持一定的时间，原先的熔丝即可熔断，这样就达到了改写某些位的效果。所以，PROM 只能进行一次写入，图 6-1 给出了 PROM 芯片的外观。

3. EPROM

EPROM 指的是可擦写可编程只读存储器（erasable programmable read-only memory）。与 PROM 相比，它的特点是具有可擦除功能，擦除后即可进行再编程，可以反复使用。但是缺点是擦除需要使用紫外线照射一定的时间。这一类芯片特别容易识别，其封装中包含有"石英玻璃窗"，一个编程后的 EPROM 芯片的"石英玻璃窗"一般使用黑色不干胶纸盖住，以防止遭到阳光直射。早期的计算机 BIOS 芯片大多都是采用 EPROM 芯片，图 6-2 给出了实际 EPROM 芯片的外观。

4. EEPROM

EEPROM 指的是电可擦除可编程只读存储器（electrically erasable programmable read-only memory）。相比上面所说的 EPROM 来说，它的最大优点是可直接用电信号擦除，也可用电信号写入。目前，大多数计算机的 BIOS 芯片都是使用 EEPROM 或 Flash，图 6-3 是一块实际的 EEPROM 芯片。

图 6-1　PROM 芯片的外观

图 6-2　EPROM 芯片的外观

图 6-3　EEPROM 芯片

5. Flash

Flash Memory 也被称为闪存，它也是一种非易失性的内存，属于 EEPROM 的改进产品。它与 EEPROM 最大的区别在于：Flash 存储器里数据擦除的最小单位是块（block），并且不同厂家的产品块的大小一般来说都是不同的；而 EEPROM 中的数据擦除的最小单位是字节（B）。同样是 Flash 存储器，根据其是否能在片内执行程序，它们又可以分为两类：Nand Flash 和 Nor Flash。Nand Flash 只能存储程序数据而不能执行，它就相当于计算机中的硬盘，当需要执行其中的程序时需要复制到内存中执行；而 Nor Flash 不但能存储程序数据而且能够在片内执行。目前，Flash 存储器被广泛使用在各个领域，如 U 盘、手机存储卡等。图 6-4 是一款 U 盘的内部结构，圈中就是一款三星半导体公司出品的 2GB Nand Flash 存储器。

图 6-4　U 盘内部结构图
（圈中为 Nand Flash）

6.2.2　随机存储器

随机存储器又称随机存取存储器或随机读/写存储器，简称 RAM。RAM 工作时可以随时从任何一个指定的地址写入或读出信息。根据存储单元的工作原理的不同，RAM 可以分为静态（SRAM）和动态（DRAM）两种。

1. SRAM

SRAM 是指静态随机存取存储器（static random access memory，SRAM），所谓的"静态"，是指这种内存只要保持通电，里面存储的数据就可以一直保持。SRAM 的存取速度很快,但价格昂贵,容量较低。所以一般用作系统缓存,像 CPU 内部的一级缓存与二级缓存。图 6-5 是一款三星制造的 32KB SRAM 芯片。

2. DRAM

DRAM 是指动态随机存取存储器(dynamic random access memory,DRAM)。虽然同样是随机存储器,但 DRAM 与 SRAM 还是有很大区别的。对于 DRAM,即使保持通电状态其内部所存储的数据也只能维持 1~2 ms。为此,必须在这 1~2 ms 之内对保存在 DRAM 中的数据恢复一次原态,这个过程称为再生或刷新。也正是因为 DRAM 需要刷新,所以它的存取速度要比 SRAM 慢许多,同时价格也要便宜很多。在实际生活中,DRAM 主要用作系统的主存,例如通常所说的 SDRAM(synchronous dynamic random access memory)、DDR SDRAM(double data rate synchronous dynamic random access memory)等。图 6-6 是一个由四片 DRAM 芯片组成的存储器模块。

图 6-5 三星 SRAM 芯片

图 6-6 DRAM 芯片模块

6.2.3 存储器的内部结构

1. ROM 存储器的组成及其工作原理

一个 ROM 芯片主要由地址译码器、存储矩阵及读/写电路组成,它们之间的关系如图 6-7 所示。

地址译码器:能把地址总线送来的地址信号翻译成对应存储单元的选择信号,该信号在读/写电路的配合下完成对被选中单元的读/写操作。

存储矩阵:用来保存实际存放在存储器内的数据,其内部是一个个存储单元。

读/写电路:包括读出和写入电路,它们用来完成对存储器芯片的实际的读/写操作。

1)地址译码阵列结构分析

为了简化译码和存储单元电路,采用二极管作为开关元件。图 6-8 是地址译码模块阵列的结构示意图,其中,A、B 是地址译码输入变量,它们分别通过非门后变成为 $\bar{A}$、$\bar{B}$,W_0、W_1、W_2、W_3 是译码输出端,称为字线。为了便于分析,对图中的二极管加上了标号。

图 6-7 ROM 存储芯片组成框图

对地址译码阵列分析如下:

把第一列 W_0 线上的逻辑电路抽出来,画成如图 6-8(b)所示的等效电路,该等效电路是二极管"与"逻辑电路,它满足 $W_0 = \bar{A}\,\bar{B}$。

同理,可把译码阵列的第 2~4 列分别等效为二极管与逻辑电路,可得到各条字线与地址变量的与逻辑关系表示式

(a) 地址译码模块阵列与逻辑结构　　　(b) 与逻辑等效图

图 6-8　地址译码模块阵列结构示意图

$$W_1 = \overline{A}B$$
$$W_2 = A\overline{B}$$
$$W_3 = AB$$

由上述分析可得到地址译码阵列简化画法如图 6-9 所示。图中的输入与输出关系可以用之前最小项的概念来帮助理解，地址译码有两个输入变量，输出一定有四个最小项。

2）存储矩阵阵列结构分析

存储矩阵阵列结构示意图如图 6-10（a）所示，图中，D_0、D_1、D_2、D_3 四根线称为数据线。同样，为了便于分析，对图中的二极管加上了标号。

对存储矩阵结构分析如下：

把第一行 D_0 数据线上的逻辑电路抽出来，画成如图 6-10（b）所示的等效电路，该等效电路是二极管"或"逻辑电路，它满足 $D_0 = W_3 + W_2$。

图 6-9　ROM 的简化图

(a) 存储矩阵阵列结构示意图　　　(b) 或逻辑电路

图 6-10　或阵列结构示意图

同理，可把存储矩阵的第 2~4 行分别等效为二极管或逻辑电路，可得到各条数据线与地址译码输出字线间的逻辑关系表示式

$$D_1 = W_0 + W_1$$

$$D_2 = W_1 + W_3$$
$$D_3 = W_0 + W_2$$

根据上述逻辑表达式,存储矩阵的简化画法如图 6-11 所示,图中的黑点表示接有二极管。

综合上面两部分,可得

$$D_0 = A\overline{B} + AB$$
$$D_1 = \overline{A}\,\overline{B} + \overline{A}B$$
$$D_2 = \overline{A}B + AB$$
$$D_3 = \overline{A}\,\overline{B} + A\overline{B}$$

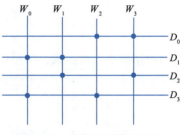

图 6-11 存储矩阵简化画法

由存储矩阵输出变量 D 与地址译码输入变量 A、B 间的逻辑表达式可见,它们的关系是一个标准的"最小项"与或表达式,因此,可以用 ROM 与或阵列实现任何组合逻辑函数,下面举例说明。

【例 6.1】 用 ROM 与或阵列实现四位二进制码到格雷码的转换

解:首先写出真值表,四位二进制码转换为格雷码的真值表,见表 6-1。

表 6-1 二进制码转换为格雷码的真值表

二进制代码				格 雷 码			
B_3	B_2	B_1	B_0	G_3	G_2	G_1	G_0
0	0	0	0	0	0	0	0
0	0	0	1	0	0	0	1
0	0	1	0	0	0	1	1
0	0	1	1	0	0	1	0
0	1	0	0	0	1	1	0
0	1	0	1	0	1	1	1
0	1	1	0	0	1	0	1
0	1	1	1	0	1	0	0
1	0	0	0	1	1	0	0
1	0	0	1	1	1	0	1
1	0	1	0	1	1	1	1
1	0	1	1	1	1	1	0
1	1	0	0	1	0	1	0
1	1	0	1	1	0	1	1
1	1	1	0	1	0	0	1
1	1	1	1	1	0	0	0

观察表 6-1,表的左边是输入变量,右边是输出变量,这是一个多输入与多输出的逻辑函数。分别将 G_3、G_2、G_1、G_0 各函数取值对应的最小项进行逻辑加,即得到各函数的表达式如下:

$$G_3 = \sum W(8,9,10,11,12,13,14,15)$$
$$G_2 = \sum W(4,5,6,7,8,9,10,11)$$
$$G_1 = \sum W(2,3,4,5,10,11,12,13)$$
$$G_0 = \sum W(1,2,5,6,9,10,13,14)$$

根据最小项表达式，按照前面所说的方法画出"与或"阵列图，如图 6-12 所示。

图 6-12 代码转换"与或"阵列逻辑图

2. RAM 存储器的组成及其工作原理

RAM 的组成框图如图 6-13 所示。它由三部分组成：地址译码器、存储矩阵和输入/输出控制电路，因此，它有三类信号线，即地址线、数据线和控制线等。

图 6-13 RAM 组成框图

1）存储矩阵

RAM 的存储矩阵由许多存储单元构成，每个存储单元存放一位二进制数码。与 ROM 存储单元不同的是，RAM 存储单元的数据不是预先固定的，而是取决于外部输入的信息。要存得住这些信息，RAM 存储单元必须由具有记忆功能的电路构成。

2）地址译码器

与 ROM 地址译码器一样，也是一种 N 取一译码器，一个地址码对应着一条字线。当某条字线被选中时，与该字线相联系的存储单元就与数据线相通，以便实现读数或写数。

3) 读/写控制电路

当一个地址码选中存储矩阵中相应的存储单元时，是读还是写，可采用高、低电平来控制，当读控制输入端为高电平时，即 $\overline{W}/R = 1$ 时，执行的是读操作，当 $\overline{W}/R = 0$ 时，执行的是写操作。

4) 片选控制

实际的 RAM 存储系统都是由多片 RAM 组成的，以满足实际工作的需要。在读/写（访问）存储器时，每次只与其中的一片或几片交换信息，这种有选择性地交换信息的任务是由片选控制机构来完成的。片选 $\overline{CS}$ 为选择芯片的控制输入端，低电平有效。也就是说，当某芯片的 $\overline{CS} = 0$ 时，该芯片才能被读出或写入信息，否则，该芯片呈现高阻状态，不能被访问。

5) RAM 芯片介绍

RAM 也有双极型和 MOS 型两类。在 MOS 型 RAM 中，按其工作模式又分为动态 RAM 和静态 RAM 两种。动态 RAM 集成度高，功耗小，但不如静态 RAM 使用方便。一般情况下，大容量存储器使用动态 RAM，小容量存储器使用静态 RAM。RAM 芯片有多种型号规格，下面以 2114 静态 RAM 为例介绍 RAM 的使用。图 6-14 所示是 2114 静态 RAM，容量为 1 024 字 × 4 位，有 10 条地址输入线 $A_9 \sim A_0$，4 条数据线 $IO_3 \sim IO_0$，$\overline{WE}$ 为读写允许控制信号输入端，$\overline{WE} = 0$ 时为写入，$\overline{WE} = 1$ 时为读出，$\overline{CS}$ 为片选信号输入端，当 $\overline{CS} = 0$ 时，该芯片被选中，V_{CC} 为 +5V 电源，GND 为接地端。

图 6-14　2114 引脚排列图

6.3　存储器容量扩展

在生产实际中，如果需要大容量的存储系统，而存储芯片的容量不能满足存储系统的要求，就要进行存储器容量的扩展。存储器容量的扩展包括位扩展、字扩展和字位同时扩展等。

6.3.1　存储器与 CPU 的连接

在存储系统扩展前，先了解存储器与 CPU 是如何连接的。

在计算机系统中，存储器与 CPU 相连接，CPU 要从存储器中读取数据，或者向存储器写入数据，这称为 CPU 操作（访问）存储器。存储芯片通过地址总线、数据总线和控制总线与 CPU 连接，连接的方法如下：

1. 地址线的连接

存储器的地址线与 CPU 的地址线相互连接，由 CPU 把要访问的存储器地址送到存储器的地址译码器输入端进行地址译码，因此，地址线上的信号传递是单方向的。一般来说，存储芯片的容量不同，其地址线数也不同，而 CPU 的地址线往往比存储芯片的地址线要多。通常总是将 CPU 地址线的低位与存储芯片的地址线相连，而 CPU 地址线的高位可以作为其他用途。

视频
存储芯片与
CPU连接

2. 数据线的连接

存储器的数据线与 CPU 的数据线相连接，它们之间数据的传递是双向的。

地址线和数据线的位数共同反映存储芯片的容量。例如：存储芯片 RAM2114 的地址线为 10 根，数据线为 4 根，则该芯片的容量可表示为 $1K(2^{10}) \times 4$，容量为 4K 位；如果存储芯片的地址线为 14 根，数据线为 1 根，则该芯片可表示为 $16K(2^{14}) \times 1$，容量为 16K 位。

3. 控制线的连接

CPU 的控制线与存储器的控制线相连接。控制线主要有：片选信号 $\overline{CS}$ 和读/写信号 $R/\overline{W}$ 两种控制线。

（1）存储器的读/写控制端可直接与 CPU 读/写命令线相连，通常高电平为读，低电平为写。有些 CPU 的读/写命令线是分开的，此时，CPU 的读命令线应与存储芯片的读控制端相连，而 CPU 的写命令线应与存储芯片的允许写控制端相连。

（2）片选线的连接。片选线（$\overline{CS}$）的连接是 CPU 与存储芯片正确工作的关键。前面说过，片选线就像一个开关，用来控制芯片是否工作。所以在多个芯片与 CPU 连接的时候，哪一个芯片被选中完全取决于该存储芯片的片选线 $\overline{CS}$ 是否能接收到了来自 CPU 的片选有效信号。图 6-15 是 RAM 芯片 2114 与 CPU 的连接图。

图 6-15　芯片 2114 连接图

图中，CPU 的数据线 $IO_1 \sim IO_4$ 分别与 RAM 2114 的 $IO_1 \sim IO_4$ 相连，控制线 $\overline{WE}$（读/写）与 2114 的 $\overline{WE}$（读/写）相连，由于此时 CPU 只与一块 2114 芯片连接，所以 2114 的 $\overline{CS}$ 端接地，表示该块芯片始终被选中（$\overline{CS}$ 为低电平有效）。特别注意的是地址线的连接，CPU 提供了 $A_0 \sim A_N$ 共 N 条地址线，而对于 RAM 2114 来说只用了其中 $A_0 \sim A_9$ 十根，所以 CPU 的 $A_0 \sim A_9$ 与芯片的 $A_0 \sim A_9$ 相连，多余的地址线 $A_{10} \sim A_N$ 悬空不接。

6.3.2　扩展方法

由于每片存储芯片的容量总是有限的，往往很难满足实际的需要。因此，必须将若干存储芯片连在一起才能组成足够容量的存储器，称为存储容量的扩展，存储容量的扩展通常有位扩展、字扩展和字位同时扩展。

1. 位扩展

当存储芯片的数据位数与系统要求的数据位数不相等时，就要进行数据位扩展，简称位扩展，以满足计算机系统工作的需要。

位扩展是指增加存储系统的数据位数。例如，2 片 1K×4 位的芯片 2114 可组成 1K×8 位的存储器，如图 6-16 所示。

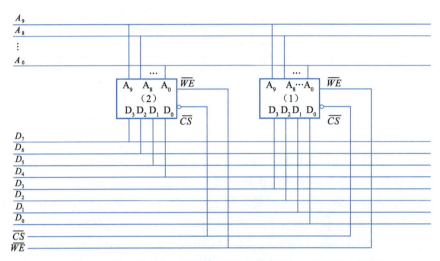

图 6-16 由 2 片 1K×4 位的芯片 2114 组成 1K×8 位的存储器

图中 2 片 2114 芯片的 $A_0 \sim A_9$ 连在一起，接到系统的地址线（计算机主机板上）与 CPU 的地址线相连接。数据线则是要进行扩展的对象，第一片 2114 的数据线作为低四位 $D_0 \sim D_3$，第二片 2114 的数据线作为高四位 $D_4 \sim D_6$，两个 2114 的片选信号 $\overline{CS}$ 和读/写控制 $\overline{WE}$ 信号需要并接，这样，就实现了数据位由四位到八位的扩展。

这里要强调指出：位扩展中，两个芯片的片选信号 $\overline{CS}$ 必须接到同一根地址线上，才能确保两个芯片同时被 CPU 访问，实现输出八位数据的目的。读/写控制 $\overline{WE}$ 信号也一样，两个芯片要同时被读或写。

2. 字扩展

字扩展是指增加存储器的字长。例如，2 片 1K×4 位的芯片可组成 2K×4 位的存储器，如图 6-17 所示。在字扩展中，存储器芯片的地址线与系统的地址线相连接（CPU 上的地址线），芯片的数据线与系统的数据线相连接，两块芯片的片选信号端接到地址线 A_{10}。由于两块芯片不能同时工作，所以 A_{10} 直接连接到第一片芯片的 $\overline{CS}$ 端，然后再通过一个非门连接到第二片芯片的 $\overline{CS}$ 端。当 A_{10} 为低电平时，第一片 2114 工作；当 A_{10} 为高电平时，第二片 2114 工作。

这里要强调指出：字扩展中，两个芯片的 $\overline{CS}$ 信号端不能并接，要分别接，因为 CPU 访问它们是有先有后的，不是同时访问。

3. 字位同时扩展

字位同时扩展是指既要增加存储器的字长，又要增加存储器的数据位数，扩展的方法是先进行位扩展，然后在位扩展的基础上再进行字扩展。图 6-18 给出了用四片 2114 组成 2K×8 位的存储器。

图 6-17 由两片 2114 字扩展组成 2K×4 位的存储器

扩展方法如下:

(1) 位扩展。首先要进行位扩展。用两片 2114 把数据位由四位扩展成八位,扩展后的容量为 1K×8,扩展方法参见前面的位扩展介绍。

(2) 字扩展。在位扩展(1K×8)的基础上进行字扩展,如图 6-18 所示。由图 6-18 可见,每两片构成一组 1K×8 位的存储器,两组便构成 2K×8 位的存储器。图中,两组 $\overline{CS}$ 用非门加以区分,第一组 $\overline{CS}$ 接非门的输入,第二组的 $\overline{CS}$ 接非门的输出,由于非门的输入与输出逻辑电平刚好相反,所以,当第一组被选中时,第二组就不工作,反之亦然。这样,实现了存储器存储容量的扩展。

图 6-18 由四片 2114 组成 2K×8 位的存储器

在实际应用过程中,还要注意存储器的时序配合、速度匹配等问题。下面用一个实例来剖析如何确定存储器与 CPU 的连接方式。

这里要强调指出: 在字扩展时,这里采用非门来控制两组 $\overline{CS}$。如果不用非门控制也可以,方法是将 $\overline{CS}$ 分别接高位地址线,如 $\overline{CS_1}$、$\overline{CS_2}$ 并接入 A_{10} 地址线,$\overline{CS_3}$、$\overline{CS_4}$ 并接入高位地

址线 A_{11}。

【例 6.2】 设 CPU 有 12 根地址线、8 根数据线，现有 1K×4bit 的存储芯片若干片。要求把 CPU 的地址线全部扩充满，画出 CPU 与存储器的连接图。

解：第一步，确定所需芯片的数量。

由于 CPU 有 12 根地址线，可寻址的范围为 $0 \sim 2^{12}$，即 0~4K，而题中所给出的存储芯片为 1KB，有 10 根地址线，所以需要 4 块存储芯片才能扩展字长为 4K；另一方面，CPU 的数据线有 8 根，而存储芯片的数据线只有 4 根，需要 2 块存储芯片才能将数据位扩展为 8 位。根据上述，共需要 8 块存储芯片，每 2 片为一组，共 4 组。组内为位扩展，组间为字扩展。

第二步，位扩展。位扩展设计如图 6-19 所示。

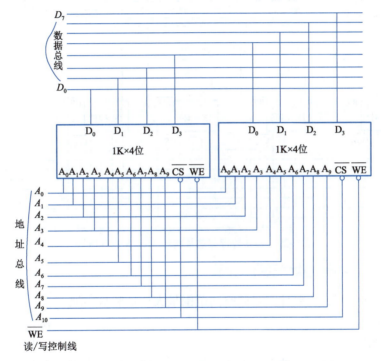

图 6-19 位扩展接线图

第三步，确定片选信号的连接。由于组内是位扩展，根据位扩展的设计要求，对组内的两个芯片的 $\overline{CS}$ 并接在一起，两芯片可同时被选中。组间是字扩展，根据字扩展的设计要求，同一时刻有且只能有一组芯片被选中，因此，两组芯片的两个 $\overline{CS}$ 要分别接。接入的方法是将 CPU 多出的 2 根地址线（由于 2114 芯片只有 1K 字长，即 2^{10}，它有 10 根地址线，而 CPU 却提供了 12 根地址线，CPU 就多出了 2 根地址线）。通常，这 2 根地址线就作为片选信号来使用。现在本题的关键就在于如何用 2 根地址线形成 4 个片选信号，并且在同一时刻这 4 个片选信号有且只能有一个是有效的，其他 3 个是无效的。联想到前面所学的 2 线-4 线译码器刚好符合这个特性，所以在此使用一个 2 线-4 线译码器形成片选信号。

第四步，画出存储器字位扩展图。根据上面的分析，可以画出符合题意的字位扩展连接图，如图 6-20 所示。

图 6-20 由 8 片存储芯片构成 4K×8 位存储器

6.3.3 存储空间物理地址范围的计算

存储器进行扩展后，需要计算存储空间范围最大地址和最小地址，以便 CPU 访问。

1. 线选法编址

为了使读者理解存储器地址编写方法，先举一个两根地址线的地址的编写。两根地址线可有四个地址空间，即 00、01、10、11，其编址示意如图 6-21 所示。观察图 6-21，最小的存储空间地址为全 "0"，最大的存储空间地址为全 "1"，根据这个编址特点就很容易写出存储器的空间地址。

以图 6-17 为例，片选信号接到地址线上，当芯片 1 的片选信号为低电平时，该芯片就被选中，可以工作。对于芯片 1，$\overline{CS} = A_{10} = 0$，其最小地址和最大地址为

图 6-21 具有两根地址线的存储空间

对于芯片 2 要求 A_{10} 引脚端输出高电平 "1"，经过非门则为低电平，因此，芯片 2 的 $\overline{CS} = \overline{A_{10}} = 0$。

它的地址空间为

A_{10}	A_9	A_8	A_7	A_6	A_5	A_4	A_3	A_2	A_1	A_0	
1	0	0	0	0	0	0	0	0	0	0	0x400H
到											到
A_{10}	A_9	A_8	A_7	A_6	A_5	A_4	A_3	A_2	A_1	A_0	0x7FFH
1	1	1	1	1	1	1	1	1	1	1	

有了空间地址范围就知道 CPU 是如何访问这两个存储芯片的。当 CPU 访问的地址小于 0x3FF 时，系统从芯片 1 中读取数据；当 CPU 访问的地址大于 0x3FF 时，系统从芯片 2 中读取数据。同样，以图 6-18 为例，在该例中，每两块芯片构成一组，共两组，所以对于第一组芯片（左边），其地址空间为

A_{10}	A_9	A_8	A_7	A_6	A_5	A_4	A_3	A_2	A_1	A_0	
0	0	0	0	0	0	0	0	0	0	0	0x000H
到											到
A_{10}	A_9	A_8	A_7	A_6	A_5	A_4	A_3	A_2	A_1	A_0	0x3FFH
0	1	1	1	1	1	1	1	1	1	1	

对于第 2 组芯片（右边），其地址空间为

A_{10}	A_9	A_8	A_7	A_6	A_5	A_4	A_3	A_2	A_1	A_0	
1	0	0	0	0	0	0	0	0	0	0	0x400H
到											到
A_{10}	A_9	A_8	A_7	A_6	A_5	A_4	A_3	A_2	A_1	A_0	0x7FFH
1	1	1	1	1	1	1	1	1	1	1	

通过上面两个例子可以看出：位扩展的两个芯片是同时工作，它们的地址是统一的。对于字扩展来说，需要区分其地址空间，两组存储芯片的地址是叠加的。

2. 全译码法编址

线选法编址方法简单，但存在一块存储芯片占用两个地址空间，造成系统存储空间资源浪费问题，因此，可采用全译码编写地址。

全译码法编址接线如图 6-20 所示，利用译码器的输出是低电平，可直接与 $\overline{CS}$ 端连接。

编写地址的方法是：

第一组存储芯片要求 $A_{11}A_{10} = 00$，对应的输出是 $\overline{Y_0}$，选中第一组芯片，则第一组芯片的最小地址和最大地址为

A_{11}	A_{10}	A_9	A_8	A_7	A_6	A_5	A_4	A_3	A_2	A_1	A_0	
0	0	0	0	0	0	0	0	0	0	0	0	0x000H
到												到
A_{11}	A_{10}	A_9	A_8	A_7	A_6	A_5	A_4	A_3	A_2	A_1	A_0	0x3FFH
0	0	1	1	1	1	1	1	1	1	1	1	

这样，得到第一组芯片的空间地址是 0000H～03FFH。

采用这个方法可依次得到第二组、第三组和第四组芯片的空间地址，具体的地址由读者

自行计算。

> **本节思考题**
> 1. 存储器可以分为哪几类？它们分别有什么特点？
> 2. 对于一个 ROM 存储器来说，它的内部是如何构成的？大致可以分为哪些部分？
> 3. 结合上节中举出的存储器的实例，想想它们都属于哪类存储器？

6.4 可编程逻辑器件

集成电路芯片我们已经不太陌生了，目前接触的芯片都是功能固定不变的，只要按照它的要求进行电路设计即可。实际上，数字系统中的集成电路可分为非用户定制电路、全用户定制电路和半用户定制电路。前面所说的集成电路芯片都是属于非用户定制电路，而全用户定制电路则是为了满足特定的应用而专门设计的集成电路，它又可称为专用集成电路，由于它为某种应用专门定制，所以其性能最好，但成本较高。半定制电路就是兼具上面两种电路特点的一种特殊的电路，它是由厂商制作的"半成品"，用户可以通过专门的工具开发后烧入到其中以实现特殊功能。本节中所述的可编程逻辑器件就是属于半定制电路。

6.4.1 可编程逻辑器件的发展

1964 年由 Signetics 公司推出的双极型可编程逻辑阵列（programmable logic array，PLA）是最早的实用 PLD（可编程逻辑器件）。这种器件的"与"阵列和"或"阵列均可编程。但由于封装大和成本高等原因，限制了它的使用范围。

可编程阵列逻辑（programmable array logic，PAL）于 1966 年由单片存储器公司（MMI）开发出来，它克服了 PLA 的一些不足，得到了比较广泛的使用。PAL 器件的与阵列可编程，而或阵列固定。所以其灵活性不如 PLA；但成本较低，容易编程，使用方便。

1986 年 Lattice 公司推出了通用阵列逻辑（generic array logic，GAL），GAL 是在 PAL 结构基础上产生的新一代器件，是 PAL 器件的增强型。它采用 EECMOS 工艺，实现了电可擦除、电可改写。GAL 器件分为两大类：一类为普通型 GAL，其与或阵列结构与 PAL 相似。例如：GAL16V8、ISPGAL16Z8、GAL20V8 等；另一类为新型 GAL，其与或阵列均可编程，主要有 GAL39V8 等。经过几十年的发展，许多公司都开发出了可编程逻辑器件。比较典型的就是 Altera、Lattice、Xilinx 公司的器件系列。

Altera 公司 20 世纪 90 年代以后发展很快，是最大的可编程逻辑器件供应商之一，目前已经被 Intel 公司收购。主要产品有 MAX3000/6000、FLEX10K、APEX20K、Cyclone 等系列。图 6-22 是一款 Cyclone 芯片的外形图。

Lattice 公司是 ISP（in-system_ program，在线编程）技术的发明者，ISP 技术极大地促进了 PLD 产品的发展。该公司的中小规模 PLD 比较有特色，1999 年推出可编程模拟器件，并于当年收购 Vantis 公司，成为第三大可编程逻辑器件的供应商。其主要产品有 ispMACH4000、EC/ECP、XP 等等。图 6-23 是 ispMACH4000 芯片的外形图。

Xilinx 公司是 FPGA 的发明者，老牌的 FPGA 公司，以前是最大的可编程逻辑器件供应商之一，在 2022 年被 AMD 公司收购。产品种类齐全，主要有 Versal、Spartan、Virtex 等。

图 6-22　Cyclone 芯片

图 6-23　ispMACH4000 芯片的外形图

除了上述介绍的公司外,目前 FPGA 领域还有不少其他企业,如高通、微芯科技等,而在国内,随着科技的不断发展也涌现出了一批 FPGA 企业,如紫光国芯、复旦微电等。

6.4.2　VHDL 简介

前面说过,可编程逻辑器件是一种可以半定制的电路,那么用户如何实现这个半定制的电路呢?这就要涉及 VHDL 语言,用户可以通过 VHDL 编写程序并烧写入芯片改变其内部阵列的连接以实现不同的电路连接。

VHDL(very-high-speed integrated circuit hardware description language)诞生于 1982 年。1986 年底,VHDL 被 IEEE 和美国国防部确认为标准硬件描述语言。自 IEEE 公布了 VHDL 的标准版本,IEEE-1076(简称 87 版)之后,各 EDA 公司相继推出了自己的 VHDL 设计环境,或宣布自己的设计工具可以和 VHDL 接口。此后 VHDL 在电子设计领域得到了广泛的接受,并逐步取代了原有的非标准的硬件描述语言。1993 年,IEEE 对 VHDL 进行了修订,从更高的抽象层次和系统描述能力上扩展 VHDL 的内容,公布了新版本的 VHDL,即 IEEE 标准的 1066-1993 版本,(简称 93 版)。VHDL 主要用于描述数字系统的结构、行为、功能和接口。除了含有许多具有硬件特征的语句外,VHDL 的语言形式和描述风格与句法十分类似于一般的计算机高级语言。

编写 VHDL 程序,就是在描述一个电路。写完一段程序以后,应当对生成的电路有一些大体的了解,不能用纯软件的设计思路来编写程序。要做到这一点,学习时需要多实践、多思考、多总结。30% 的基本 VHDL 语句就可以完成 95% 以上的电路设计,很多生僻的语句并不能被所有的开发软件支持,因此在程序移植或者更换软件平台时,容易产生兼容性问题,并且也不利于其他人阅读和修改。建议读者多用心钻研常用语句,深入理解这些语句的硬件含义。

一个完整的 VHDL 语言程序通常包含五个部分:
(1) 实体(entity):用于描述设计电路的外部输入、输出接口信号。
(2) 结构体(architecture):用于描述电路内部的结构和行为。
(3) 程序包(package):用于存放各设计模块都能共享的数据类型、常量和子程序。
(4) 配置(configuration):用于从库中选取所需单元,组成系统设计的不同版本。
(5) 库(library):用于存放已经编译的实体、结构体、程序包和配置。
以下程序是一个简单的 VHDL 程序,其功能是实现:$y = \overline{a \cdot b}$。

```
Library ieee;                   —IEEE 库使用说明("—"符号表示单行注释)
Use ieee.std_logic_1164.all;
Entity nand2 is                 —nand2 实体说明
Port(a,b:in std_logic;          —端口说明,用以描述
y:out std_logic);               —器件的输入引脚为 a、b,输出引脚为 y
end nand2;
architecture nand2_1 of nand2 is —结构体
begin                           —用以描述器件内部工作的逻辑关系
y <= a nand b;
end nand2_1;
```

6.4.3 可编程逻辑器件的开发流程

利用 VHDL 语言，用户就可以很容易设计出可编程逻辑电路，下面就是一个典型的可编程逻辑电路系统的开发流程。

（1）使用文本编辑器输入设计源文件（用户可以使用任何一种文本编辑器。但是，为了提高输入的效率，用户可以用某些专用的编辑器，如 Hdl Editor、Tubor Writer 或者一些 EDA 工具软件集成的 VHDL 编辑器）。

（2）使用编译工具编译源文件。VHDL 的编译器有很多。ACTIVE 公司、MODELSIM 公司、SY LICITY 公司、SYNO YS 公司、VERIBEST 公司等都有自己的编译器。

（3）功能仿真。对于某些人而言，仿真这一步似乎是可有可无的。但是对于一个可靠的设计而言，任何设计最好都进行仿真，以保证设计的可靠性。另外，对于作为一个独立的设计项目而言，仿真文件的提供足可以证明用户设计的完整性。

（4）综合。综合的目的在于将设计的源文件由语言转换为实际的电路。（但是此时还没有在芯片中形成真正的电路。这一步就好像是把人的脑海中的电路画成原理图。这是笔者个人观点，似乎在很多文献中都没有提到"综合"的准确定义。）这一步的最终目的是生成门电路级的网表（Netlist）。

（5）布局、布线。这一步的目的是生成用于烧写（Programming）的编程文件。在这一步，将用到第 4 步生成的网表并根据 CPLD/FPGA 厂商的器件容量，结构等进行布局、布线。这就好像在设计 PCB 时的布局布线一样。先将各个设计中的门根据网表的内容和器件的结构放在器件的特定部位。然后，根据网表中提供的各门的连接，把各个门的输入/输出连接起来。最后，生成一个供编程的文件。这一步同时还会加一些时序信息（Timing）到用户的设计项目中去以便进行后仿真。

（6）仿真。这一步主要是为了确定用户的设计在经过布局布线之后，是不是还满足设计要求。如果设计电路的时延满足要求的话，则就可以进入第（7）步。

（7）烧写器件（编程）。

本节思考题

1. 集成电路芯片可以分为哪几类？

2. 为什么可编程逻辑器件可以实现芯片功能上的定制？
3. 目前生产可编程逻辑器件的厂商主要有哪些？它们有哪些系列的产品？

小 结

1. 半导体存储器是当前数字系统不可缺少的组成部分，它由半导体器件构成，在数字系统中主要用来存储二进制的信息和数据。

2. 存储器的性能指标主要有两个：

（1）存储容量：存储容量指主存能存放二进制代码的总位数，即

$$存储容量 = 存储单元个数 \times 存储字长$$

它的容量也可用字节总数来表示，即

$$存储容量 = 存储单元个数 \times 存储字长/8$$

（2）存储速度：存取时间是指启动一次存储器操作到完成该操作所需要的全部时间。

3. 根据信息存储的方式不同，半导体存储器可分为：ROM 和 RAM 两类。对于 RAM，一旦掉电，存储在其中的数据就会消失；而 ROM 刚好相反，掉电后存储在其中的数据依然存在。

4. 存储器容量扩展有：位扩展、字扩展、字位同时扩展。

5. 可编程逻辑器件是一种可由用户定制的特殊器件，用户可以通过 VHDL 语言编程改变其中的"与或"阵列的连接方式，以实现特殊的功能。

习 题

1. 填空题。

（1）存储器从存、取功能上可以分为_____和_____两大类。ROM 在正常工作状态下，只能_____，而不能_____，但保存在其中的数据断电后_____。RAM 在正常工作状态下可以随时_____，但断电后数据_____。

（2）可编程逻辑器件 PLD 属于_____集成电路。

（3）可编程逻辑器件具有_____、_____、_____、_____、_____、_____等优点。

（4）只读存储器按照数据写入方式的不同，可分为_____、_____、_____、_____和_____五种。

（5）半导体存储器中，ROM 属于组合逻辑电路，而 RAM 属于_____逻辑电路。

2. 某台计算机的内存储器设置有 32 位地址线，16 位并行数据输入/输出端，试计算其最大存储容量是多少？

3. 简述 ROM 与 RAM、EPROM 与 E^2PROM 的区别。

4. 试用 4 片 256 MB×16 位的 SRAM 芯片，并选用合适的译码器组成最大存储容量为 1 024 MB×16 位的 RAM 存储器。

5. 试用 4 片 256 MB×16 位的 SRAM 芯片，并选用合适的译码器组成最大存储容量为 512 MB×32 位的 RAM 存储器。

第 7 章 数/模和模/数转换电路

学习目标

- 掌握数字信号和模拟信号相互转换的基本知识，建立起对数字系统前端信号处理的基本概念。
- 数/模（D/A）与模/数（A/D）转换电路的原理、结构和常用典型 A/D、D/A 芯片的应用等。
- 掌握常用典型 A/D、D/A 芯片的使用方法。

本章是介绍数字电路与模拟电路之间进行信号转换的专门电路，主要内容包括数/模转换电路（digital to analog converter）和模/数转换电路（analog to digital converter）的基本原理、电路结构及主要技术指标和常用的典型集成 D/A、A/D 芯片等内容。

7.1 概　　述

在当今信息化社会里，使用计算机对信息进行加工和处理变得越来越普通。由于计算机的基本电路是数字电路，所以它只能识别数字化的信息，但是大量的外界信息却往往是模拟的，如温度、湿度、压力、速度和酸碱度等。为了使得数字电路也能对这些模拟信号进行处理，必须把模拟信号转换成数字信号，即进行 A/D 转换。另一方面，计算机要实现模拟控制，一些场合也要把数字信号转换成模拟信号，即进行 D/A 转换。因此，D/A 和 A/D 转换是计算机与计算机外部联系的重要接口电路。

数/模和模/数转换的原理框图如图 7-1 所示。

图 7-1　数/模和模/数转换的原理框图

其中：

(1) 传感器把从外部世界取得的非电量转换为电量模拟信号；

(2) A/D 转换器将模拟信号转换成计算机能接收的数字信号；

(3) 计算机或数字系统对数字信号进行分析和处理，然后输出字化的执行信号；

(4) D/A 转换器将数字信号转换成模拟信号后送给执行部件；
(5) 执行部件用来实现对外部世界的某些控制。

> **本节思考题**
> 1. 列举生活中哪些设备具有数/模或者模/数转换功能？
> 2. 计算机是如何采集外部世界的模拟信号？又是如何通过执行部件去控制外部环境的？

7.2 数/模转换电路

数字信号到模拟信号的转换称为数/模转换，简称 D/A 转换，能实现数/模转换的电路称为 D/A 转换器或 DAC。

7.2.1 数/模转换器的原理与结构

1. D/A 转换器的原理

数字量由二进制组成，每个二进制位的位数为 2^i，为把数字量变成模拟量需要两个环节：先把数字量的每一位上代码按权转换成对应的模拟电流；再将模拟电流相加后由运算放大器将其变成模拟电压。

2. T 形电阻网络 D/A 转换器的结构

D/A 转换器基本上由四部分组成，即权电阻网络、运算放大器、基准电源和模拟开关。T 形电阻网络 D/A 转换器是最广泛使用的一种 D/A 转换器，这种 D/A 转换器结构如图 7-2 所示。

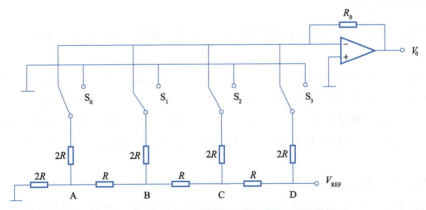

图 7-2 采用 T 形电阻网络的 D/A 转换器结构图

电阻网络中只有 R 和 $2R$ 两种规格的电阻，网络节点的数目等于输入二进制数码的位数，各位的模拟切换开关的工作状态决定于输入数字信号相应位的状态。模拟切换开关位于电阻网络和集成运放之间，基准电压直接引入电阻网络。由图 7-2 中可以看出，当 S_i 开关倒向右边，该位支路的 $2R$ 电阻接虚地；当 S_i 开关倒向左边，该位支路的 $2R$ 电阻接地。由此可见，不管开关状态如何，都可以认为该支路接地，据此可以得到反 T 形电阻网络的等效电路，如

图 7-3 所示。

图 7-3 反 T 形电阻网络等效电路图

在反 T 形电阻网络中，每一节的等效电阻均为 R；A 点、B 点、C 点、D 点的电位分别为 $0.125V_{REF}$，$0.25V_{REF}$，$0.5V_{REF}$，V_{REF}；各支路的电流分别为 $I/16$、$I/8$、$I/4$、$I/2$。

若让开关 S_0、S_1、S_2、S_3 分别对应于 1 位二进制数，且全为 1，即数字量 1111 时，流入集成运放的电流为

$$I = \frac{V_{REF}}{2R} + \frac{V_{REF}}{4R} + \frac{V_{REF}}{8R} + \frac{V_{REF}}{16R}$$

$$= \frac{V_{REF}}{2R}\left(1 + \frac{1}{2} + \frac{1}{4} + \frac{1}{8}\right) = \frac{V_{REF}}{2R}\left(\frac{1}{2^0} + \frac{1}{2^1} + \frac{1}{2^2} + \frac{1}{2^3}\right)$$

相应的输出电压为

$$V_0 = -IR_0 = \frac{V_{REF}}{2R}R_0\left(\frac{1}{2^0} + \frac{1}{2^1} + \frac{1}{2^2} + \frac{1}{2^3}\right)$$

由此可见，输出电压 V_0 与输入二进制数（2^0、2^1、2^2、2^3），集成运放的反馈电阻 R_0、标准电压 V_{REF} 有关。

7.2.2 数/模转换器的性能指标

D/A 转换器的主要性能指标有分辨率、转换精度、转换时间、偏移量误差和线性度等。

1. 分辨率

分辨率是指 D/A 能分辨的最小输出模拟增量，取决于输入数字量的二进制数的位数。分辨率通常用数字量的位数表示，一般为 8 位、12 位、16 位等。一个 n 位的 D/A 所能分辨的最小电压增量定义为满量程值的 $1/2^n$。例如，满量程为 10 V 的 8 位 D/A 芯片的分辨率为 $10\ V \times 2^{-8} = 39\ mV$。一个同样量程的 16 位 D/A 的分辨率则高达 $10\ V \times 2^{-16} = 153\ \mu V$。

2. 转换精度

转换精度和分辨率是两个不同的概念。转换精度是指满量程时 D/A 的实际模拟输出值和理论值的接近程度。对 T 形电阻网络的 D/A 转换器，其转换精度和参考电压 V_{REF}、电阻值和电子开关的误差有关。例如，满量程时理论输出值为 10V，实际输出值为 9.99～10.01 V，其转换精度为 ±10 mV。通常 D/A 转换器的转换精度为分辨率的一半，即为 $LSB/2$。LSB 是分辨率，是指最低一位数字量变化引起幅度的变化量。

3. 转换时间

转换时间是指输入的数字信号转换为输出的模拟信号所需要的时间。一般为几十纳秒至几毫秒。

4. 偏移量误差

偏移量误差是指输入数字量为零时，输出模拟量对零的偏移值。这种误差通常可以通过 D/A 转换器的外接 V_{REF} 和电位计权加以调整。

5. 线性度

线性度是指 D/A 转换器的实际转换特性曲线和理想直线之间的最大偏差。通常，线性度不应超过 $\pm 1/2$ *LSB*。

除上述指标外，供电电源、工作温度和温度灵敏度等指标也是 D/A 的性能指标，关于 DAC 的资料很多，读者可参考其他资料了解这些指标。

目前，市售的 D/A 转换器有两类：一类在一般电子电路中使用，不带使能端和控制端，主要有数字量输入线和模拟量输出线；另一类是专为微型计算机设计的，带有使能端和控制端，可以直接与微型计算机接口。现在与微型计算机接口的 DAC 应用较多，主要有 8 位、10 位、12 位、16 位等。下面以 8 位 DAC 为例介绍 D/A 转换器。

7.2.3 典型数/模转换器的应用

在具体的应用中，DAC 根据与数字系统连接方式的不同可以分为两类：一种是 D/A 芯片内部没有数据输入寄存器，因此不能直接与系统总线连接，如 AD7520、AD7521 等；另一种是 D/A 芯片内部有数据输入寄存器，所以芯片与系统可以直接相连，如 DAC0832、AD7524 等。下面主要介绍带有数据输入寄存器的 D/A 芯片 DAC0832。

1. DAC0832 芯片结构及功能

DAC0832 是一种 8 位 D/A 芯片，内部有一个反 T 形电阻网络，只能提供电流输出，因此，必须外接集成运放，才能得到模拟电压输出。这个 D/A 芯片以其价格低廉、接口简单和转换控制容易等优点，在各种数字系统中得到广泛的应用。

DAC0832 由 8 位输入锁存器、8 位 DAC 寄存器、8 位 D/A 转换电路及转换控制电路构成。DAC0832 芯片内部结构图如图 7-4 所示。

图 7-4　DAC0832 内部结构图

DAC0832 采用 20 引脚双列直插式封装，如图 7-5 所示。

图 7-4 和图 7-5 中各引脚功能如下：

（1）$DI_0 \sim DI_7$：8 位数据输入线，TTL 电平。

（2）*ILE*：数据锁存允许控制信号输入线，高电平有效。

（3）$\overline{CS}$：片选信号输入线（选通数据锁存器），低电平有效。

图 7-5　DAC0832 引脚信号

（4）$\overline{WR_1}$：数据锁存器写选通输入线，低电平有效。由 ILE、$\overline{CS}$、$\overline{WR_1}$ 的逻辑组合产生 LE_1，当 LE_1 为高电平时，数据锁存器状态随输入数据线变换，LE_1 的负跳变时将输入数据锁存。

（5）$\overline{XFER}$：数据传输控制信号输入线，低电平有效。

（6）$\overline{WR_2}$：DAC 寄存器选通输入线，低电平有效。由 $\overline{WR_2}$、$\overline{XFER}$ 的逻辑组合产生 LE_2，当 LE_2 为高电平时，DAC 寄存器的输出随寄存器的输入而变化，LE_2 的负跳变时将数据锁存器的内容存入 DAC 寄存器并开始 D/A 转换。

（7）I_{OUT1}：电流输出端 1，其值随 DAC 寄存器的内容线性变化。

（8）I_{OUT2}：电流输出端 2，其值与 I_{OUT1} 值之和为一常数。

（9）R_{fb}：反馈信号输入线，改变 R_{fb} 端外接电阻值可调整转换满量程精度。

（10）V_{CC}：电源输入端，其范围为 +5 ~ +15 V。

（11）V_{REF}：基准电压输入线，其范围为 -10 ~ +10 V。

（12）AGND：模拟信号地。

（13）DGND：数字信号地。

DAC0832 主要性能指标：

（1）分辨率为 8 位。

（2）电流稳定时间为 1 μs。

（3）可单缓冲、双缓冲或直接数字输入。

（4）只许在满量程下调整其线性度。

（5）功耗低。

2. DAC0832 与 CPU 的连接

根据对 DAC0832 的数据锁存器和 DAC 寄存器的不同的控制方式，DAC0832 有三种工作方式：直通方式、单缓冲方式和双缓冲方式。

若数字系统中只有一路模拟量输出或几路模拟量不需要同时输出的场合，则采用单缓冲器方式，如图 7-6 所示：图中 ILE 接 +5 V，片选信号 $\overline{CS}$ 和传送信号 $\overline{XFER}$ 可以都连到地址译码器某输出线，写选通输入线 $\overline{WR_1}$、$\overline{WR_2}$ 都和数字系统的 $\overline{WR}$ 连接，数字系统对 DAC0832 执行一次写操作，则把一个数据直接写入 DAC 寄存器，DAC0832 输出的模拟量随之发生变化。

图 7-6 DAC0832 单缓冲方式应用

本节思考题

1. 常见的 D/A 转换器有几种？其特点分别是什么？
2. DAC0832 的分辨率是多少？其有几种工作方式？
3. DAC0832 的主要性能指标有哪些？

7.3 模/数转换电路

模拟信号到数字信号的转换称为模/数转换，简称 A/D 转换，能实现模/数转换的电路称为 A/D 转换器或 ADC。一般在进行 A/D 转换之前，需要将模拟信号经滤波、放大等预处理，再经 A/D 转换成为数字信号，最后送入数字系统或计算机完成相关处理。

7.3.1 模/数转换器的原理与结构

A/D 转换器是把模拟量转换为数字量的器件，其品种繁多，常见的有并联比较式、双积分式和逐次逼近式等。

1. A/D 转换器的原理

A/D 转换包括采样-保持、量化、编码等过程

1) 采样-保持

采样又称为抽样，是利用采样脉冲序列 $P(t)$，从连续时间信号 $X(t)$ 中抽取一系列离散样值，使之成为采样信号 $X(nT_s)(n=0,1\cdots)$ 的过程。T_s 称为采样间隔，或采样周期，$1/T_s = f_s$ 称为采样频率。

由于后续的量化过程需要一定的时间 τ，对于随时间变化的模拟输入信号，要求瞬时采样值在时间 τ 内保持不变，这样才能保证转换的正确性和转换精度，这个过程就是保持。正是有了保持，实际上采样保持后的信号是阶梯形的连续函数。

2) 量化

量化又称幅值量化，把采样信号 $X(nT_s)$ 经过舍入或截尾的方法变为只有有限个有效数字的数，这一过程称为量化。

若取信号 $X(t)$ 可能出现的最大值 A，令其分为 D 个间隔，则每个间隔长度为 $R = A/D$，R 称为量化增量或量化步长。当采样信号 $X(nT_s)$ 落在某一小间隔内，经过舍入或截尾方法而变为有限值时，则产生量化误差。

一般又把量化误差看成是模拟信号作数字处理时的可加噪声，故而又称舍入噪声或截尾噪声。量化增量 D 愈大，则量化误差愈大，量化增量大小，一般取决于计算机 A/D 转换器的位数。例如，8 位二进制为 $2^8 = 256$，即量化电平 R 为所测信号最大电压幅值的 $1/256$。

3) 编码

编码是将离散幅值经过量化以后变为二进制数字的过程。

信号 $X(t)$ 经过上述变换以后，即变成了时间上离散、幅值上量化的数字信号。

2. 逐次逼近式 A/D 转换器的结构

逐次逼近式 A/D 转换器是实际中最常见的 ADC，本节主要介绍这种 ADC 的工作原理。

逐次逼近式 A/D 转换器也称为连续比较式 A/D 转换器，是一种采用对分搜索来实现 A/D 转换的方法，其原理图如图 7-7 所示。其中，EOC 代表转换结束，CLK 代表时钟信号。

图 7-7 逐次逼近式 A/D 转换器原理图

7.3.2 模/数转换器的性能指标

1. 分辨率

A/D 转换器的分辨率用其输出二进制数码的位数来表示。位数越多，则量化增量越小，量化误差越小，分辨率也就越高。常用的有 8 位、10 位、12 位、16 位、24 位和 32 位等。

例如，某 A/D 转换器输入模拟电压的变化范围为 $-10 \sim +10$ V，转换器为 8 位，若第一位用来表示正、负符号，其余 7 位表示信号幅值，则最末一位数字可代表 80 mV 模拟电压，即转换器可以分辨的最小模拟电压为 80 mV。而同样情况，用一个 10 位转换器能分辨的最小模拟电压为 20 mV。

2. 转换精度

具有某种分辨率的转换器在量化过程中由于采用了四舍五入的方法，因此最大量化误差应为分辨率数值的一半。如上例 8 位转换器最大量化误差应为 40 mV（80 mV × 0.5 = 40 mV），全量程的相对误差则为 0.4%（40 mV/10 V × 100%）。可见，A/D 转换器数字转换的精度由最大量化误差决定。实际上，许多转换器末位数字并不可靠，实际精度还要低一些。

3. 转换速度

转换速度是指完成一次转换所用的时间，即从发出转换控制信号开始，直到输出端得到稳定的数字量为止所用的时间。转换时间越长，转换速度就越低。转换速度与转换原理有关，如逐次逼近式 A/D 转换器的转换速度要比双积分式 A/D 转换器高许多。除此以外，转换速度还与转换器的位数有关,一般位数少的(转换精度差)转换器转换速度高。目前常用的 A/D 转换器转换位数有 8 位、10 位、12 位、14 位和 16 位等,其转换速度依转换原理和转换位数不同,一般在几微秒至几百毫秒之间。

7.3.3 典型模/数转换器的应用

ADC0809 是 8 位 ADC 芯片,它是采用逐次逼近的方法完成 A/D 转换的,它是 28 脚双列直插式封装。ADC0809 的内部结构如图 7-8 所示。ADC0809 由单一 +5 V 电源供电;片内带有锁存功能的 8 路模拟多路开关,可对 8 路 0 ~ ±5 V 的输入模拟电压信号分时进行转换,完成一次转换约需 100 μs;片内具有多路开关地址译码和锁存电路、高阻抗滤波器、稳定的比较器、256R T 形电阻网络和树状电子开关以及逐次逼近寄存器。输出具有 TTL 三态锁存缓冲特点,可直接接到数字系统的数据总线上。

ADC0809 的引脚简介。ADC0809 是 28 脚双列直插式封装,引脚图如图 7-9 所示。

图 7-8 ADC0809 的内部结构及其引脚图

ADC0809 各引脚功能如下:

(1) $D_7 \sim D_0$:8 位数字量输出引脚。

(2) $IN_0 \sim IN_7$:8 路模拟量输入引脚。

(3) V_{CC}:+5 V 工作电压。

(4) GND:接地。

(5) REF(+):参考电压正端。

(6) REF(-):参考电压负端。

(7) START:A/D 转换启动信号输入端。

(8) ALE:地址锁存允许信号输入端(START 和 ALE 信号用于启动 A/D 转换器)。

(9) EOC:转换结束信号输出引脚,开始转换时为低电平,当转换结束时为高电平。

(10) OE:输出允许控制端,用以打开三态数据输出锁存器。

(11) CLK:时钟信号输入端。

(12) A、B、C:地址输入线,位译码后可选通 $IN_0 \sim IN_7$ 八个通道中的一个。A、B、C 与被选中的通道的关系见表 7-1。

表 7-1 地址输入与通道关系表

C	B	A	选中的通道
0	0	0	IN_0
0	0	1	IN_1
0	1	0	IN_2
0	1	1	IN_3
1	0	0	IN_4
1	0	1	IN_5
1	1	0	IN_6
1	1	1	IN_7

本节思考题

1. 请举出你生活中遇到的模拟信号转化为数字信号的例子。
2. 如何理解逐次逼近转换原理？ADC0809 是如何工作的？

小 结

1. D/A 和 A/D 转换器是现代数字系统中的重要组成部分，在各种检测、现场控制和信号处理等领域都得到广泛的应用。

2. D/A 转换器可分两类：一类在一般电子电路中使用，不带使能端和控制端，主要有数字量输入线和模拟量输出线；另一类是专为微型计算机设计的，带有使能端和控制端，可以直接与微型计算机接口。

3. A/D 转换器按工作原理主要分为并联比较式、双积分式和逐次逼近式。不同类型的 A/D 转换器具有各自的特点。在要求速度高的情况下，可以采用并联比较式 A/D 转换器；在要求精度高的情况下，可以采用双积分式 A/D 转换器；而逐次逼近式 A/D 转换器则在一定程度上兼顾了以上两种转换器的优点。

4. 目前，常用的集成 A/D 转换器和 D/A 转换器种类很多，其发展趋势是高速度、高分辨率和接口简单，以满足各个领域对信号的处理要求。

习 题

1. D/A 转化器，其最小分辨电压 $U_{LSB} = 4$ mV，最大满刻度输出模拟电压 $U_{om} = 10$ V，求该转换器输入二进制数字量的位数 n。

2. 在 10 位二进制数 D/A 转换器中，已知其最大满刻度输出模拟电压 $U_{om} = 5$ V，求最小分辨率电压 U_{LSB} 和分辨率。

3. 在图 7-2 所示 D/A 转换器电路中，若 $R = 10$ kΩ，$U_{REF} = 10$ V，$d_9 d_8 \cdots d_0 = 1100001100$，试计算由基准电压源 U_{REF} 流入芯片的电流 I_{REF}、由芯片（16）流出进入运放反馈回路的电流 i_o 及输出模拟电压 u_o。

4. 在图 7-2 所示 D/A 转换器电路中,基准电压 $U_{REF} = -10$ V,试计算

(1) 输出模拟电压 u_o 的范围;

(2) $d_9d_8d_7d_0 = 0110100101$ 时 u_o 的值。

5. 在 A/D 转换过程中,取样-保持电路的作用是什么?量化有哪两种方法?它们各自产生的量化误差是多少?应该如何理解编码的含义?试举例说明。

6. 在 8 位二进制数输出的逐次渐近 A/D 转换器中,如果 $U_{REF} = -5$ V,$u_i = 4.22$ V,试问其输出 $d_7d_6\cdots d_0 = ?$ 若其他条件不变,而仅将其中的 D/A 转换器改成 10 位,那么输出 $d_9d_8\cdots d_0$ 又会是多少?试写出两种情况下的量化误差。

7. 在双积分型 A/D 转换器中,如果采用的是 8421 BCD 码的十进制数,其容量 $N_1 = (2000)_{10}$,时钟信号 CP 的频率 $f_c = 10$ kHz,试问完成一次转换所需要的最长时间是多少?若已知计数器所计的数值 $N_2 = (369)_{10}$,基准电压 $U_{REF} = \pm 6$ V,则相应的输入模拟电压 u_i 为多少?

8. 在双积分 A/D 转换器中,时钟信号 CP 的频率 $f_c = 100$ kHz,其分辨率为 8 位二进制数,计算电路的最高转换频率。

9. 在双积分 A/D 转换器中,如在 t_i 期间对 u_i 积分结果平均值的绝对值 $|U_i|$ 大于基准电压的绝对值 $|U_{REF}|$,试问转换器中会出现什么情况?要保证双积分 A/D 转换器能够正常工作,$|U_i|$ 和 $|U_{REF}|$ 必须遵守什么关系?

10. 简述 D/A 转换器和 A/D 转换器的转换精度和转换速度与哪些因素有关系。

第 8 章 脉冲波形的产生和变换

学习目标

- 了解脉冲波形的产生方法。
- 读懂555芯片的功能表,理解555芯片内部各个部分的工作原理。
- 掌握采用555电路构成单稳态触发电路、施密特触发电路和多谐振荡电路的方法,掌握外部RC元件参数的计算方法。
- 熟悉555芯片的应用,能分析555芯片在电路中的作用。

555定时器芯片集成了模拟电路和数字电路,添加少量的外围元件后,可以组成单稳态触发器、施密特触发器和多谐振荡器电路,常被用于电路中脉冲波形的产生和变换。

555芯片内部结构介绍

8.1 555芯片的电路结构与工作原理

在数字逻辑电路中,脉冲波形常作为重要的控制信号出现。如三态门中的选通脉冲、时序电路中的周期性时钟脉冲等。这些脉冲波形根据用途有周期性和非周期性两种,而脉冲波形的获取方式主要有两种:(1)通过各种形式的多谐振荡器等脉冲信号产生电路产生脉冲波形;(2)将已有信号通过单稳态触发器和施密特触发器等波形变换电路获得脉冲波形。

8.1.1 555芯片的电路结构

555定时器芯片集成了模拟电路和数字电路,添加少量的外围元件后,可以组成单稳态触发器、施密特触发器和多谐振荡器电路,常被用于电路中脉冲波形的产生和变换。

555芯片有双极型和CMOS型两种类型,引脚图均相同(见图8-1),各引脚的功能见表8-1。

图8-1 555芯片引脚图

表8-1 555引脚功能表

引脚	名称	功　　能
1	GND	接地端,接电源负端或接地
2	TRIG	触发端,当此引脚电压降至$V_{CC}/3$(或由控制端决定的阈值电压)时输出端输出高电平
3	OUT	输出端,输出高电平或低电平
4	RST	复位端,当此引脚接高电平时555定时器工作,当此引脚接低电平时芯片复位,输出端输出低电平

续表

引脚	名称	功能
5	CTRL	控制端，控制芯片的阈值电压。（当此端不用时默认阈值电压为 $V_{CC}/3$ 和 $2V_{CC}/3$）
6	THR	阈值端，当此引脚电压升至 $2V_{CC}/3$（或由控制端决定的阈值电压）时输出端给出低电平
7	DIS	放电端，用于给电容放电
8	V_{CC}	电源端，接电源正极为芯片供电

555 定时器芯片由电阻分压器、电压比较器、基本 SR 触发器、放电管、输出缓冲器组成，如图 8-2 所示。

图 8-2 555 定时器内部结构图

电阻分压器中的三个电阻阻值相同，一般为 5 kΩ，CMOS 型 555 芯片中阻值为 100 kΩ。三个电阻串联的连接方式将 V_{CC} 进行分压，用于为后级电压比较器提供参考电压。

电压比较器将两个输入端的输入电压进行比较，根据输入电压的大小情况输出高电平或低电平。在复位端无效（复位端为高电平）的情况下，基本 SR 触发器的输入端受电压比较器的输出电压控制。若复位端有效（复位端为低电平），SR 触发器的输出端 $\overline{Q}$ 始终输出高电平，则输出端输出低电平。

三极管 VT 作为放电开关，受 SR 触发器的输出端 $\overline{Q}$ 控制，$\overline{Q}$ 为 0 时三极管截止，$\overline{Q}$ 为 1 时三极管导通。放电开关导通后，可以为外接 RC 电路提供放电通路，因此该端称为放电端，在使用时一般会外接 RC 电路。

输出缓冲器接在 SR 触发器的 $\overline{Q}$ 和输出端之间的反相器，主要起提高 555 定时器的带负载能力和隔离负载对 555 定时器的作用。

8.1.2 555 芯片的工作原理

555 定时器芯片上电工作时，当复位端（RST）为低电平时，根据 SR 触发器的特点，$\overline{Q}$ 固定输出高电平，v_out 输出低电平，同时放电管 VT 导通。当复位端（RST）为高电平时，SR 触发器受电压比较器 C1 和 C2 的输出控制。

当 RST 端为高电平且未外加控制电压 v_ic 时，555 定时器有如下几种工作状态：

① 当阈值输入端电压 $v_\text{i1} > 2V_\text{CC}/3$，触发端输入电压 $v_\text{i2} > V_\text{CC}/3$ 时，电压比较器 C1 输出高电平，电压比较器 C2 输出低电平，SR 触发器置 0，$\overline{Q}$ 输出高电平，v_out 输出低电平，VT 导通。

② 当阈值输入端电压 $v_\text{i1} < 2V_\text{CC}/3$，触发端输入电压 $v_\text{i2} > V_\text{CC}/3$ 时，电压比较器 C1 输出低电平，电压比较器 C2 输出低电平，SR 触发器的状态不变，v_out 和 VT 的状态也保持不变。

③ 当阈值输入端电压 $v_\text{i1} < 2V_\text{CC}/3$，触发端输入电压 $v_\text{i2} < V_\text{CC}/3$ 时，电压比较器 C1 输出低电平，电压比较器 C2 输出高电平，SR 触发器置 1，$\overline{Q}$ 输出低电平，v_out 输出高电平，VT 截止。

④ 当阈值输入端电压 $v_\text{i1} > 2V_\text{CC}/3$，触发端输入电压 $v_\text{i2} < V_\text{CC}/3$ 时，电压比较器 C1 输出高电平，电压比较器 C2 输出高电平，由或非门构成的 SR 触发器的 Q 和 $\overline{Q}$ 端输出低电平，v_out 输出高电平，VT 截止。

综合上述分析，555 定时器的功能表见表 8-2。

表 8-2 555 定时器的功能表

输入			输出	
复位端（RST）	阈值端（v_i1）	触发端（v_i2）	输出端（v_out）	放电管 VT
0	×	×	0	导通
1	$>2V_\text{CC}/3$	$>V_\text{CC}/3$	0	导通
1	$<2V_\text{CC}/3$	$>V_\text{CC}/3$	不变	不变
1	$<2V_\text{CC}/3$	$<V_\text{CC}/3$	1	截止
1	$>2V_\text{CC}/3$	$<V_\text{CC}/3$	1	截止

上述分析 555 定时器的功能时，假定控制端 v_ic 未加控制信号。在未加外部控制电压时，电压比较器 C1 是将阈值输入端电压 v_i1 与 $2V_\text{CC}/3$ 相比较，C2 是将触发端输入电压 v_i2 与 $V_\text{CC}/3$ 相比较。若加入控制电压 v_ic，这 C1 将 v_i1 与 v_ic 相比较，C2 将 v_i2 与 $v_\text{ic}/2$ 相比较。

本节思考题

1. 555 内部各个单元的功能是什么？
2. 555 内部放电管 VT 何时导通，何时截止？
3. 试分析 555 芯片的工作过程。

8.2 单稳态触发电路

8.2.1 单稳态触发电路简介

视频
555构成单稳态触发器

单稳态触发电路又称单稳态触发器或者单稳态多谐振荡器,其具有如下特点:
(1)它的输出具有稳态和暂稳态两种状态。
(2)如果没有外加触发脉冲作用时,电路处于稳定状态,在外加触发脉冲的作用下,可以从稳态翻转为暂稳态,暂稳态维持一段时间后,输出又翻转为稳态。
(3)暂稳态的维持时间取决于单稳态触发电路本身的参数,与外加触发脉冲的宽度无关。

根据工作特性不同,单稳态触发电路分为不可重复触发和可重复触发两种,如图 8-3 所示。不可重复触发的单稳态触发器一旦被触发进入暂稳态以后,再加入触发脉冲不会影响电路的工作过程,必须在暂稳态结束以后,它才能受下一个脉冲触发而转入暂稳态。而可重复触发的单稳态触发器在电路被触发而进入暂稳态以后,如果再次加入触发脉冲,电路将重新被触发。

(a)不可重复触发型　　　　　　(b)可重复触发型

图 8-3　两种上升沿触发的单稳态触发电路工作波形

由于单稳态电路的这些特点,被广泛应用于定时、延时和脉冲波形的整形等方面。由于单稳态电路的应用十分普遍,因此也有很多单片集成单稳态电路器件,如 74121、74221、74LS221 都是不可重复触发单稳态触发器,74122、74LS122、74123、74LS123 是可重复触发的触发器。

8.2.2　555 芯片构成单稳态触发电路

将 555 定时器芯片的触发端(TRIG,2 引脚)接入低电平有效的触发信号 v_i,控制端接入 0.01 μF 电容,作为不使用控制电压时的防高频干扰电容,外接 RC 电路,构成如图 8-4 所示的单稳态触发电路。

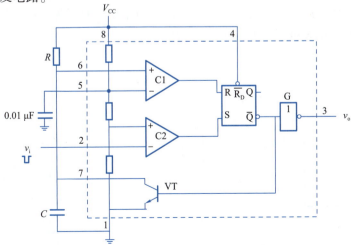

图 8-4　555 定时器构成单稳态电路

该电路的工作原理为：

① 当没有有效触发信号输入时，v_i 为高电平（$>V_{CC}/3$），假定接入电源前电容 C 两端电压 v_c 为 0。接通电源 V_{CC} 后，电容开始充电，其电压开始上升，当电容两端电压大于 $2V_{CC}/3$ 时，电压比较器 C1 输出高电平，C2 输出低电平，SR 触发器置 0，输出电压 v_o 为低电平，同时 VT 导通。VT 导通后电容 C 迅速通过 VT 放电，电压降低使电压比较器 C1 输出低电平，C2 仍然输出低电平不变，SR 触发器的 $R=S=0$，触发器输出保持不变，v_o 和 VT 的状态也保持不变，说明通电后 v_o 将稳定输出低电平。

② 当在 v_i 端输入负脉冲时，电压比较器 C2 的输出变为高电平，SR 触发器变为置 1 状态，v_o 输出高电平，VT 截止，电容 C 开始充电。当充至 $v_c>2V_{CC}/3$ 时，如果 v_i 端的负脉冲已消失，则 C1 输出高电平，C2 输出低电平，则输出 v_o 端返回低电平，VT 导通，电容 C 的电压迅速变为 0。

图 8-5 所示为单稳态电路通电后在负脉冲触发信号作用下的各个波形的对应关系。输出电压 v_o 的高电平持续时间取决于电容电压从 0 充电至 $2V_{CC}/3$ 所需要的时间，因此 t_w 的宽度可根据下式估算。

图 8-5 单稳态电路的工作波形

$$t_w = RC\ln\frac{V_{CC}-0}{V_{CC}-\dfrac{2V_{CC}}{3}} = RC\ln 3 \approx 1.1RC$$

若在电容 C 的充电过程中触发端 v_i 再次出现负脉冲，此时由于 $v_c<2V_{CC}/3$，电压比较器 C1 输出低电平，C2 输出高电平，SR 触发器仍然为置 1 状态，VT 保持截止，电容的充电过程不会被打断，因此该电路为不可重复触发的单稳态电路。

8.2.3 单稳态电路实用案例

【例 8.1】 由 555 芯片和门电路构成的电路原理图如图 8-6 所示。电路输入信号低电平有效。v_2 为周期性脉冲信号，脉冲宽度小于 v_1，试分析电路原理。

解：图 8-6 中，555 电路构成单稳态触发电路，当 v_i 输入低电平时，v_1 会输出高电平，高电平持续时间约为 $1.1RC$，将 v_1 和 v_2 相与后得到信号 v_o，该电路工作波形如图 8-7 所示。改变 RC 的值可以改变 v_1 高电平持续时间。若 v_1 高电平持续时间为 1 s，将 v_o 作为脉冲计数器的输入信号，则该电路可实现测 v_2 频率的功能。

图 8-6 单稳态定时检测电路

图 8-7 例 8.1 工作波形

本节思考题

1. 555 芯片构成单稳态触发电路的原理是什么？自行分析一遍工作过程。
2. 试查询资料，了解 555 芯片如何构成可重复触发的单稳态触发电路。

8.3 施密特触发电路

8.3.1 施密特触发电路简介

施密特触发电路采用电平触发方式，其状态由输入信号电压维持；对于正向增大和负向减小两种不同变化方向的输入信号，施密特电路有不同的阈值电压。这种现象称为迟滞现象，说明施密特电路有记忆性。

施密特触发电路常用于脉冲波形的变换，如将模拟信号波形整形为数字电路能够处理的方波波形。在电路状态转换时，由于电路内部的正反馈过程，输出波形的边沿会变得很陡峭。因此可以利用施密特电路的特点将叠加在方波上的噪声进行去除，实现抗干扰作用。加上少量外加电路后，还可用于实现多谐振荡器的功能。

施密特触发电路的电压传输特性如图 8-8 所示，有同相和反相两种。施密特触发电路的正向阈值电压 U_{T+} 和 U_{T-} 之差，称为回差电压，用 ΔU_T 表示，即

$$\Delta U_T = U_{T+} - U_{T-}$$

(a) 反相特性 (b) 同相特性

图 8-8 施密特触发电路电压传输特性

8.3.2 555 芯片构成施密特触发电路

将 555 电路的触发端和阈值端接在一起，作为输入信号 v_i 的输入端，即构成施密特触发电路，如图 8-9 所示。

当 v_i 从 0 逐渐升高时，该电路的工作过程为：

① 当 $v_i < V_{CC}/3$ 时，比较器 C1 输出 0，C2 输出 1，SR 触发器处于置 1 状态，v_o 输出高电平；

② 当 $V_{CC}/3 < v_i < 2V_{CC}/3$ 时，比较器 C1 输出 0，C2 输出 0，SR 触发器状态不变，v_o 持续输出高电平；

③ $v_i > 2V_{CC}/3$ 时，比较器 C1 输出 1，C2 输出 0，SR 触发器处于置 0 状态，v_o 输出低电平。

当 v_i 从 $>2V_{CC}/3$ 逐渐降低时，该电路的工作过程为：

图 8-9 555 芯片构成施密特触发电路

① 当 $V_{CC}/3 < v_i < 2V_{CC}/3$ 时，比较器 C1 输出 0，C2 输出 0，SR 触发器状态不变，v_o 持续输出低电平；

② 当 $v_i < V_{CC}/3$ 后，比较器 C1 输出 0，C2 输出 1，SR 触发器处于置 1 状态，v_o 输出高电平；

综合以上分析，图 8-9 所示的施密特触发电路的电压传输特性如图 8-10 所示，该电路的回差电压为

图 8-10 图 8-9 电路的电压传输特性

$$\Delta U_T = \frac{2V_{CC}}{3} - \frac{V_{CC}}{3} = \frac{V_{CC}}{3}$$

如果 555 构成的施密特芯片的控制端外加控制电压 v_{ic}，则 U_{T+} 为 v_{ic}，U_{T-} 为 $v_{ic}/2$，ΔU_T 为 $v_{ic}/2$，即可以通过改变控制端外加电压的大小来改变该施密特电路的回差电压。

8.3.3 施密特触发电路实用案例

【例 8.2】 555 芯片构成施密特触发电路如图 8-9 所示，假设输入信号 v_i 为带噪声的脉冲波，试分析输出波形 v_o。

解：例 8.2 工作波形如图 8.11 所示。带噪声 v_i 波形经过施密特触发电路处理后，利用施密特触发电路的特性，可以将噪声去除，对脉冲波形进行整形。根据此原理，还可以将三角波和正弦波整形为方波。

图 8-11 例 8.2 工作波形

本节思考题

（1）555芯片构成施密特触发电路的原理是什么？自行分析一遍工作过程。
（2）试采用555芯片设计一个将正弦波变为方波的电路。
（3）试分析施密特触发电路的回差电压对脉冲整形的影响。

8.4 多谐振荡器

8.4.1 多谐振荡器简介

555构成多谐振荡器的原理

多谐振荡器是一种无稳态触发器，接通电源后，不需外加触发信号，就能产生矩形波输出。由于矩形波中含有丰富的谐波，故称为多谐振荡器。多谐振荡器是一种常用的脉冲波形发生器，触发器和时序电路中的时钟脉冲一般是由多谐振荡器产生的。

多谐振荡器可以由门电路构成。图 8-12 所示为环形振荡电路，该电路结构简单，利用门电路的传输延迟时间，将奇数个反相器首尾相接构成。

图 8-12 环形振荡器

从图 8-12 中可看出，初始状态下（未起振）三个非门的输出状态不稳定，由于内部噪声或其他原因的影响极易产生自激振荡。假定由于某种原因 v_{i1} 产生微小的正跳变，则经过非门 G_1 的延迟时间 t_{pd} 后，v_{i2} 产生更大幅度的负跳变，经非门 G_2 延迟后，v_{i3} 产生更大的正跳变，再经 G_3 延迟后，v_o 产生负跳变并反馈回输入端。如此周而复始，稳定后，该电路产生自激振荡，工作波形如图 8-13 所示。

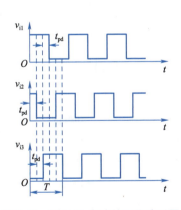

图 8-13 图 8-12 电路的工作波形图

经过以上分析，可知图 8-12 所示的环形振荡器起振后，振荡出的周期性脉冲信号的周期为 $6t_{pd}$。若将任何大于或等于 3 的奇数个非门首尾相接，同样可以构成环形振荡器，其振荡出的信号周期为

$$T = 2nt_{pd} \tag{8.1}$$

用非门构成的图 8-12 所示的环形振荡器结构简单，但振荡周期无法调节。门电路的传输延迟时间极短，想要获得较低频率的方波信号非常困难，而且该频率受制于门电路的延迟时间，无法自由调节。因此在电路中加上 RC 延迟环节，组成带 RC 延迟电路的环形振荡电路，如图 8-14 所示。图 8-14（b）所示电路的振荡信号周期约为

$$T \approx 2.2RC \tag{8.2}$$

图 8-14　带 RC 延迟电路的环形振荡器

8.4.2　555 芯片构成多谐振荡器

将 555 芯片构成施密特触发器之后，再外接电阻 R_1、R_2 和 C 即可构成多谐振荡器，如图 8-15 所示。

图 8-15　555 构成多谐振荡器

该电路的工作原理为：

(1) 电容充电过程：假定电容 C 初始状态时未充电，$v_C = 0$。接通电源后，比较器 C1 输出 0，C2 输出 1，SR 触发器处于置 1 状态，v_o 输出高电平，VT 截止。同时 V_{CC} 通过 R_1 和 R_2 向电容 C 充电，直到电容两端电压 $v_C > 2V_{CC}/3$ 时，比较器 C1 输出 1，C2 输出 0，SR 触发器处于置 0 状态，v_o 输出低电平，VT 导通。

(2) 电容放电过程：当 v_o 输出低电平后，VT 导通，电容 C 通过 R_2 和 VT 放电。当 $v_C < V_{CC}/3$ 时，比较器 C1 输出 0，C2 输出 1，SR 触发器处于置 1 状态，v_o 输出高电平，VT 截止，电容 C 再次开始充电。

综合以上分析，电容 C 在充电和放电状态中反复循环，于是输出端可得到一个周期性矩形波。该电路的工作波形如图 8-16 所示。

电路稳定之后电容充放电过程周而复始，根据图 8-16 所示工作波形中电容的充电时间 T_1 为

图 8-16 图 8-15 中电路的工作波形

$$T_1 = (R_1 + R_2)C\ln\frac{V_{CC} - \frac{V_{CC}}{3}}{V_{CC} - \frac{2V_{CC}}{3}} = (R_1 + R_2)C\ln 2 \tag{8.3}$$

$$T_2 = R_2 C \ln\frac{0 - \frac{2V_{CC}}{3}}{0 - \frac{V_{CC}}{3}} = R_2 C \ln 2 \tag{8.4}$$

故该电路产生信号的振荡周期为

$$T = T_1 + T_2 = (R_1 + 2R_2)C\ln 2 \tag{8.5}$$

振荡频率为

$$f = \frac{1}{T} = \frac{1}{(R_1 + 2R_2)C\ln 2} \tag{8.6}$$

该信号的占空比为

$$q = \frac{T_1}{T} = \frac{R_1 + R_2}{R_1 + 2R_2} \times 100\% \tag{8.7}$$

通过改变图 8-15 中电路的 R_1、R_2 和 C 的值，即可改变振荡出信号的频率。用双极型 555 芯片构成的多谐振荡器最高振荡频率为 500 kHz，CMOS 型 555 芯片构成的多谐振荡器最高频率为 3 MHz。但无论如何调节电路参数，该信号的占空比始终大于 50%。为了获得占空比小于或等于 50% 的矩形波信号，可采用图 8-17 所示的改进电路。

图 8-17 中，V_{CC} 通过 R_1 和 VD_1 向电容 C 充电，放电时，电容通过 VD_2、R_2 和 VT 构成的放电回路进行放电。通过调节可调电阻，可以调节充放电时间常数同时调节输出矩形波的占空比，该电路的输出信号 v_o 的占空比可用下式计算：

图 8-17 用 555 定时器构成占空比可调的多谐振荡器

$$q = \frac{R_1}{R_1 + R_2} \times 100\% \tag{8.8}$$

当 $R_1 = R_2$ 时，输出信号的占空比为 50%。式（8.5）相应修改为

$$T = (R_1 + R_2)C\ln 2 \tag{8.9}$$

8.4.3 多谐振荡器应用实例

【例 8.3】试用 555 定时器芯片设计一个多谐振荡器，要求振荡频率为 1 Hz，输出脉冲占空比为 75%，试计算相关 R 和 C 的具体参数，并画出电路图。

解：采用图 8-18 所示电路图，由式（8.7）可得，当 $R_1 = 2R_2$ 时，输出脉冲占空比为 75%。

由振荡频率可求得：

$$T = (R_1 + 2R_2)C\ln 2 = 4R_2 C\ln 2 = 1 \text{ s}$$

取电容值为 10 μF，则电阻 $R_1 = 72$ kΩ，$R_2 = 36$ kΩ。

图 8-18 例 8.3 电路图

本节思考题

1. 555 芯片构成多谐振荡器电路的原理是什么?自行分析一遍工作过程。
2. 555 芯片构成多谐振荡器时,输出矩形波的频率和占空比如何计算?

小 结

555 集成电路是一种多功能的定时器芯片,搭配合适的外围电路,能够用于脉冲波形的产生和波形的变换。555 芯片可以通过外部电阻和电容的配置,工作在如下三种主要模式下:

(1) 单稳态模式:在此模式下,555 芯片作为一个单次触发的延时电路。当触发输入接收到一个负脉冲时,输出会切换到高电平状态,并保持一段时间,这个时间由外接的电阻和电容决定。该模式可用于延时开关、定时报警器等。

(2) 无稳态模式:又称多谐振荡器模式,在此模式下,555 芯片不需要外部触发信号,而是通过内部的 RC 网络产生连续的方波输出。这种模式常用于脉冲发生器、逻辑电路时钟等。

(3) 双稳态模式:又称施密特触发器模式,在此模式下,555 芯片可以作为一个触发器使用。这种模式常用于脉冲整形或鉴幅电路中。

习 题

1. 555 定时器芯片由_____、_____、_____、放电管、输出缓冲器组成。
2. 在输入脉冲的触发下,若想产生一个可调整输出脉冲宽度的单一正脉冲,可采用_____电路来实现。
3. 555 定时器芯片构成施密特触发电路时,通过改变_____的大小来改变该施密特电路的回差电压。
4. 555 构成单稳态触发电路时,可以通过改变_____来改变输出脉冲的宽度。
5. 555 组成的单稳态电路中,定时电阻为 10 kΩ,电容为 0.033 μF,则输出脉冲宽度为_____。
6. 单稳态触发电路分为_____和_____两种。
7. 由 555 定时器构成的单稳态电路的输出脉冲宽度约为(　　)。
   A. 0.7 RC   B. RC
   C. 1.1 RC   D. 2 RC
8. 要使 555 构成的多谐振荡器停止振荡,可采用的方法是(　　)。
   A. 复位端接低电平   B. 复位端接高电平
   C. 控制端接高电平   D. 输入端接低电平
9. 利用(　　)电路可以将正弦波变为方波。
   A. 可重复触发单稳态电路   B. 不可重复触发单稳态电路
   C. 施密特触发电路   D. 多谐振荡器

10. 如图 8-19 所示，容器中为导电液体，将两个导电电极置于容器中，并将电极连接至电容 C 两端。试分析该电路的功能。

图 8-19　题 10 图

11. 用 555 定时器构成的逻辑电平检测电路如图 8-20 所示。试求：

（1）该 555 定时器构成了什么功能的电路。

（2）该电路的主要参数值。

（3）电路在输入高、低电平时，分别会使一个发光二极管发亮。试求该高低电平分别为多少？输入高低电平时，分别会使哪个发光二极管发亮。

图 8-20　题 11 图

第 9 章 EDA 设计与数字系统综合设计实例

学习目标

- 了解电子设计自动化（EDA）的基本概念。
- 掌握电子设计自动化设计步骤。
- 使用 EDA 软件 Protel 设计一个数字系统。

9.1 EDA 概述

电子设计自动化（electronic design automation，EDA）技术是一种以计算机作为工作平台，以 EDA 软件工具为开发环境，以硬件描述语言和电路图描述为设计入口，以可编程逻辑器件为实验载体，以 ASIC（application specific integrated circuits）、SOC（system on chip）和 SOPC（system on programmable chip）嵌入式系统为设计目标，以数字系统设计为应用方向的电子产品自动化设计技术。它融合了电子技术、计算机技术、信息处理技术、智能化技术等研究成果，是现代电子系统设计、制造不可缺少的技术。EDA 技术代表了当今电子设计技术的最新发展方向，它是电子设计领域的一场革命。设计人员按照"自顶向下"的设计方法，对整个系统进行方案设计和功能划分，然后采用硬件描述语言（HDL）完成系统行为级设计，最后通过综合和适配生成最终的目标器件。

9.1.1 EDA 技术的发展概况

EDA 技术发展迅猛，从 20 世纪 70 年代开始，EDA 技术的水平不断提高，其应用越来越广泛，现在已涉及各行各业。EDA 技术发展至今，经历了下面几个阶段：

1. CAD 阶段

CAD（computer aided design）阶段主要是出现在 20 世纪 70 年代，它是 EDA 发展的初级阶段。其显著的特征是使用计算机来进行图形编辑、图形分析和图形存储，帮助电子工程师们进行电子系统的 IC（integrated circuit）版图编辑和 PCB（printed circuit board）布局布线。在这个阶段，设计人员把一些烦琐的重复性劳动扔给了计算机。但这个阶段的自动化程度低，整个设计过程都需要设计人员的参与；这类专用软件大多以微机为工作平台，易于学习和使用，在设计中小规模电子系统时可靠有效。目前，在实际工作中仍有很多这类软件被广泛应用于工程设计。

2. CAE 阶段

20 世纪 90 年代是 CAE（computer aided engineering）阶段，与 20 世纪 70 年代的 CAD 相比，CAE 除了纯粹的图形绘制功能外还具备了设计自动化的功能。其主要特征是具备了自动布局布线和电路的计算机仿真、分析和验证功能。CAE 的主要功能有：原理图输入、逻辑仿真、电路分析、自动布局布线、PCB 后分析。

3. EDA 阶段

20 世纪 90 年代至今，EDA 阶段又称电子系统设计自动化（electronic system design automation，ESDA）。在 EDA 阶段中，设计者多采用一种新的"自顶向下"的设计顺序和"并行工程"的设计方法。该阶段 EDA 技术的基本特征是，设计人员以计算机为工具，按照"自顶向下"的设计方法，对整个系统进行方案设计和功能划分。设计人员再将划分后的各个模块用硬件描述语言等设计描述方法完成系统行为级设计，再利用先进的开发工具自动完成逻辑编译、化简、分割、综合、优化、布局布线、仿真及特定目标芯片的适配编译和编程下载，这又称数字逻辑电路的高层次设计方法。

9.1.2 EDA 常用软件

EDA 工具层出不穷，目前进入我国并具有广泛影响的 EDA 软件有 Multisim（原 EWB 的最新版本）、SPICE、MATLAB、OrCAD、PCAD、Protel、Viewlogic、Mentor、Graphics、Synopsys、LSIIogic、Cadence、MicroSim 等。这些工具都有较强的功能，一般可用于几个方面，例如很多软件都可以进行电路设计与仿真，同时还可以进行 PCB 自动布局布线，可输出多种网表文件与第三方软件接口。下面简要介绍其中几款软件：

1. Multisim

由 Interactive Image Technologies Ltd 在 20 世纪末推出的电路仿真软件。其最新版本为 Multisim12，和其他 EDA 软件相比，Multisim 中的仪器仪表库中的各仪器仪表比较真实，并且对模数电路的混合仿真功能也做得相当出色，几乎能够完全仿真出真实电路的结果。在仪器仪表库中，Multisim 提供了万用表、信号发生器、功率表、双踪示波器（对于 Multisim10 还具有四踪示波器）、波特仪（相当实际中的扫频仪）、字信号发生器、逻辑分析仪、逻辑转换仪、失真度分析仪、频谱分析仪、网络分析仪和电压表及电流表等仪器仪表。用户可以用其来学习各种器件的使用，为以后的工作打下基础。

2. SPICE

SPICE（simulation program with integrated circuit emphasis）是由美国加州大学推出的电路分析仿真软件。1994 年，美国 MicroSim 公司推出了基于 SPICE 的微机版 PSPICE（personal-SPICE）。对于 SPICE，它可以进行各种各样的电路仿真、激励建立、温度与噪声分析、模拟控制、波形输出、数据输出、并在同一窗口内同时显示模拟与数字的仿真结果。无论对哪种器件哪些电路进行仿真，都可以得到精确的仿真结果。SPICE 中包含了大量的元器件，但同时对于其内部不包含的元器件还支持用户自己添加，这也在更大程度上维护了 SPICE 的灵活性。

3. MATLAB 产品族

MATLAB 的特性是有众多的面向具体应用的工具箱和仿真块，在 MATLAB 包含了完整的函数集用来对图像信号处理、控制系统设计、神经网络等特殊应用进行分析和设计。它具有数据采集、报告生成和 MATLAB 语言编程产生独立 C/C++ 代码等功能。MATLAB 产品族具有下列功能：数据分析；数值和符号计算、工程与科学绘图；控制系统设计；数字图像信号处理；财务工程；建模、仿真、原型开发；应用开发；图形用户界面设计等。它被广泛应用于信号与图像处理、控制系统设计、通信系统仿真等诸多领域。

> **本节思考题**
>
> 1. 什么是 EDA？它是如何发展起来的？
> 2. 常用的 EDA 软件有哪些？

9.2　Protel 辅助电路板设计软件简介

Protel 是 PROTEL（现为 Altium）公司在 20 世纪 90 年代末推出的 CAD 工具，是 PCB 设计者的首选软件。它较早在国内使用，普及率最高。在很多的大中专院校的电路专业还专门开设 Protel 课程。早期的 Protel 主要作为印制电路板自动布线工具使用，其较新版本为 Altium Designer Winter 09，它是个完整的全方位电路设计系统，包含了电原理图绘制、模拟电路与数字电路混合信号仿真、多层印制电路板设计（包含印制电路板自动布局布线）、可编程逻辑器件设计、图表生成、电路表格生成、支持宏操作等功能，并具有 Client/Server（客户/服务体系结构），同时还兼容一些其他设计软件的文件格式，如 Orcad、Pspice、Excel 等。使用多层印制电路板的自动布线，可实现高密度 PCB 的 100% 布通率。Protel 软件功能强大（同时具有电路仿真功能和 PLD 开发功能）、界面友好、使用方便，但它最具代表性的是电路设计和 PCB 设计。

使用 Protel 进行电路板的设计一般来说应遵守以下流程：

(1) 根据功能和技术要求做出设计方案；
(2) 画出原理图；
(3) 对不确定的部分做电路的试验；
(4) 修改原理图，确定各元器件参数；
(5) 设计印制电路板；
(6) 加工印制电路板；
(7) 修改原理图、印制电路板图；
(8) 小批量试生产，整理文档。

9.3　Protel 软件设计举例

下面看看如何使用 Protel 软件来设计一个基本的系统。在本节中，使用 Protel 设计一个红外发射电路。整个设计分为两个部分——原理图设计及 PCB 设计。

9.3.1　原理图设计

打开 Protel 软件，启动后集成开发环境如图 9-1 所示。

选择系统菜单中的 File→New→Schematic 命令进入图 9-2 所示的原理图设计环境

将鼠标移动到元器件库管理面板，单击 Libraries（元件库）标签，Protel 将自动弹出图 9-3 所示的库选择面板。

图 9-1　Protel 软件启动后集成开发环境

图 9-2　原理图设计环境

图 9-3　Protel 库选择面板

库面板中包含了已装载的元件库、元件的原理图名称与逻辑符号、元件的 PCB 封装等重要信息。在安装完 Protel 后，系统已预装了 Miscellaneous Devices. IntLib、Miscellaneous Connectors. IntLib 和基本 FPGA 库，前两个库中包含了常用的基本电子元器件和连接器。如果所需的元件不在上述元件库中，则可以在库选择面板里点击 Install 按钮添加新的元器件库。在准备好所需的元件库后就可以开始绘制真正的原理图了，首先从元器件库中选择所需要的元件，放置在 Protel 的工作区内。在本例中，我们放置了 MCU（ATTINY11）、电阻、电容、晶振等。在放置完元器件后可以按照图 9-4 把这些器件连接在一起，同时对各个元器件进行编号，一般来说，电阻被编号为 $R_1 \sim R_N$，电容被编号为 $C_1 \sim C_N$。

图 9-4　软件界面中连接完成的原理图

最后，还要对原理图中的各个元器件指定其封装。封装，就是指把硅片上的电路引脚，用导线接引到外部接头处，以便与其他器件连接。封装形式是指安装半导体集成电路芯片用的外壳。它不仅起着安装、固定、密封、保护芯片及增强电热性能等方面的作用，而且还通过芯片上的接点用导线连接到封装外壳的引脚上，这些引脚又通过印制电路板上的导线与其他器件相连接，从而实现内部芯片与外部电路的连接。针对不同的芯片，一般来说都有不同的封装。在 Protel 中，指定一个器件的封装是十分方便的。例如需要改变 MCU 的封装，只需要双击该 MCU 芯片就会弹出图 9-5 所示的对话框，选中图中圈处，单击 Edit 按钮即可打开封装选择对话框。

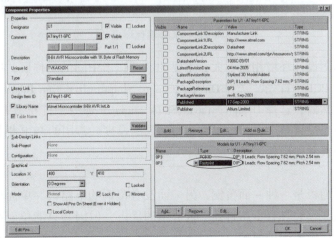

图 9-5　元器件封装更改对话框

9.3.2 PCB 设计

在绘制好原理图检查无误后就可以绘制 PCB 了。使用 Protel 绘制 PCB 一般要遵守图 9-6 所示的步骤。

图 9-6　PCB 设计步骤

选择系统菜单中的 File→New→PCB 命令进入图 9-7 所示的 PCB 设计环境。

图 9-7　PCB 设计环境

该环境与原理图设计环境相差不大,主要的区别在于中间的工作区,中间的黑色部分就是我们所要绘制的 PCB。首先,选择 Design→Board Shape→Redefine Board Shape 命令重新规划电路板的形状。然后,选择 Design→Layer Stack Manager 命令,打开图 9-8 所示的板层设置对话框,在这里可以设置整个电路的层数与每一层的厚度。常用的 PCB 根据板层的多少可以分为单面板、双面板和多层板。

1. 单面板

顾名思义,单面板是一种一面覆铜,另一面没有覆铜的电路板。单面板只能在覆铜的一面放置元器件和布线。它具有不用打孔、低成本的优点,但因其只能单面布线而使其设计工作要比双面板和多层板要困难得多。

2. 双面板

双面板包括顶层和底层两层，两面都可以覆铜，中间为绝缘层。双面板两面都可以布线，一般要用过孔进行连通。双面板可用于比较复杂的电路，但设计工作并没有单面板复杂，因此被广泛采用。

3. 多层板

多层板包含了多个工作层面，它是在双面板的基础上增加了内部电源层、内部接电层以及多个中间布线层。当电路更加复杂，双面板已经无法实现理想的布线时，采用多层板就可以很好地解决这个问题。因此，随着电子技术的不断发展，电路的集成度越来越高，多层板的应用也越来越广泛了。

图 9-8　板层设置对话框

在本例中，采用的是双面板设计，因此只需要使用系统默认的设置即可。切换到原理图编辑画面中，选择 Design→Update PCB Document 命令，将弹出 Engineering Change Order（工程更改顺序）对话框，里面包含了要导入 PCB 中的电气元素信息，单击 Validate Changes 按钮验证导入信息的正确性，如果正确（用✓表示，见图 9-9），再单击 Execute Changes 按钮导入结果，最后关闭对话框。导入元器件后的 PCB 如图 9-10 所示。

图 9-9　导入元器件对话框图

图 9-10　导入元器件后的 PCB

一般来说，元器件导入到 PCB 时的顺序是机械地堆在规划的 PCB 边界旁。所以下一步就需要把这些元器件拖动到规划好的电路板中，在拖动元器件的过程中，按空格键旋转元器件到合适角度，移动元器件可以看到像皮筋一样的线条连着元器件，这是电气导线连接提示，根据连线提示将元器件移动到合适的位置。元器件移动完毕后，PCB 的布局如图 9-11 所示。

在布局完成后，下面就是要对布局好的元器件进行连线了。实际上，在元器件布局初期就要考虑到布线的问题。所以，一旦元器件布局完成后，布线工作就相对简单多了。在 Protel 中支持两种布线：自动布线和手动布线。

1. 自动布线

Protel 提供了一个自动布线工具，使用该工具后软件会自动对 PCB 上的器件进行布线。选择 Auto Router→ALL 命令，弹出布线策略对话框，采用默认的布线策略单击右下角的 Route All 按钮。Protel 在显示完相关信息后便完成了布线，结果如图 9-12 所示。自动布线虽然快捷方便，但其结果往往不能满足用户的需求。因此，在自动布线完成后，一般要对整个 PCB 的导线进行简单的调整，如可以将线距放宽等。

图 9-11　布局完成后的 PCB 图

图 9-12　自动布线后的 PCB

2. 手动布线

除了自动布线外，Protel 还支持手动布线。通过手动布线，可以精确放置每一根导线及过孔，完全控制整个布线过程。下面通过手动布线实现对上面 PCB 的布线。选择 Place→Interactive Routing 命令，进入手动布线模式。光标变成十字状，将该光标移至 C1 第 1 脚，单击，确定布线起点，如图 9-13 所示，然后移动光标到元器件 Y1 的第 2 脚，再单击，确定布线终点，然后右击完成本线段的连接，如图 9-14 所示。

图 9-13　确定布线的起点

图 9-14　完成布线

依次将 PCB 上的其他电气网络连接起来，完成整个系统的布线。在实际的应用中大多数情况都是采用手动布线，因为实际的电路设计往往比较复杂，下面是一些手动布线的技巧：

(1) 单击或按【Enter】键确定一段线段。
(2) 按空格键使得模式在水平和垂直之间转换。
(3) 按【Page Up】键放大显示比例，按【Page Down】键缩小显示比例。
(4) 按【Backspace】键取消刚才放置的线段。
(5) 选中某一线段，按【Delete】键删除。

PCB 设计的最后工作就是产生输出文档，其中包含原理图设计文件和用于生产的光绘文件。选择 File→Fabrication Outputs→Gerber Files 命令，弹出 Gerber 设置对话框，选择 Layers 标签，选择 Plot Layers 为 Used On，如图 9-15 所示，再单击 OK 按钮。Protel 立即会产生 Gerber 文件。把这些文件发到 PCB 制作厂商，就能制造出所绘制的 PCB 了。

图 9-15 Gerber 设置对话框

本节思考题

1. Protel 是一款什么软件？它的最主要功能有哪些？
2. 使用 Protel 绘制电路板的步骤有哪些？
3. 层是什么意思？什么是单面板？什么是多层板？

9.4 数字系统综合设计实例：八路数字抢答器

在很多智力竞赛的场合都有抢答环节，过去只是根据选手举手示意的先后顺序由主持人来判断由谁来回答。但很多时候选手们几乎同时举手很难分辨谁先谁后。在这种情况下，使用数字抢答器就能轻而易举地解决该问题。本节就根据前面所学的知识，设计一个八路数字抢答器。

9.4.1 数字抢答器的功能需求与工作过程

(1) 抢答器可供八名（组）选手同时参加比赛，每名（组）控制一个按键，分别命名

为 $S_0 \sim S_7$。

（2）设置一个"开始/禁止"的按钮 S，供主持人使用。只有当主持人按下该按钮后，选手才能开始抢答，否则抢答无效。

（3）系统包含一个七段数码管，用来显示当前获得答题资格的选手号码。

接通电源后，主持人将按钮 S 拨动至"禁止"位置，宣读竞赛试题，此时 $S_0 \sim S_7$ 按钮任何一个按下均无效，当主持人宣读完竞赛试题后，将按钮 S 拨动至"开始"位置，抢答开始。当 $S_0 \sim S_7$ 中任意一个按钮按下后，其所代表的组号将会显示在七段数码管上，之后其他按钮再按下将不会对显示组号产生任何影响，直至主持人再次将按钮 S 拨动至"禁止"位置。

9.4.2 数字抢答器的设计

实现数字抢答器的方法有很多，如：使用 51 单片机通过编写程序实现；使用 FPGA 通过 VERILOG 语言实现或者用纯数字电路实现。三种方法各有优劣，其中用纯数字电路完成的数字抢答器实现简单，成本低廉。本节所要制作的抢答器就是采用纯数字电路制作的。

根据数字抢答器的需求，结合常用集成电路的功能，本系统将使用到如下器件：74LS48、74LS279、74LS148，下面简要对这几款器件的功能及在本抢答器中的作用简要介绍。

1. 74LS48

74LS48 芯片是一种常用的七段数码管译码器驱动器，常用在各种数字电路和单片机系统的显示系统中。其所接收的输入为四位 BCD 码信号，输出为七段数码管的各段位控制信号，此外，还包含有段位测试信号、灭灯信号等。74LS48 芯片引脚图如图 9-16 所示。

在本数字抢答器中，74LS48 主要用来驱动七段数码管显示当前获得抢答权的组号。

图 9-16 74LS48 芯片引脚图

2. 74LS279

74LS279 是基本型的 RS 触发器，其结构图如图 9-17 所示。

图 9-17 74LS279 芯片结构图

可以看出74LS279内部包含四个独立的RS触发器，其相互不受影响。在本数字抢答器中，74LS279主要是用来作为锁存器使用，通过它把当前获得答题资格的选手号锁存起来，再传递给74LS48，除此之外，74LS279提供了主持人按钮的"开始/禁止"功能。

3. 74LS148

74LS148为8线-3线优先编码器，其能够把8个输入端变为三位二进制编码输出。其引脚图如图9-18所示。

框图中标注为0~7号的引脚为九个选手输入，标注为A_0~A_2的3个引脚为输入引脚对应的编码输出。74LS148为数字抢答器的关键器件，它的八个输入分别连接抢答器的八组答题选手，输出的三位二进制编码则连接到74LS279后再送入到数码管显示。

图9-18 芯片74LS148引脚图

利用上面几块芯片的功能及一些相关器件，可以设计出八路数字抢答器的电路图，如图9-19所示。

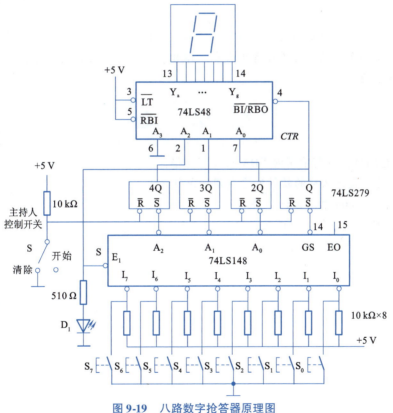

图9-19 八路数字抢答器原理图

9.4.3 原理分析

该电路主要有两个特点：把最先抢答的用户分辨出来，并锁存其编码，同时通过七段数码管显示；主持人具有控制功能，他能够禁止其他选手按键。其工作原理和过程如下：

（1）当主持人控制端S置为清除端时，RS触发器的R、S端均为低电平，即数字信号的0，四个触发器输出为低电平，使得74LS148处于不工作状态。此时无论0~7号选手是否按下抢答按钮，系统将没有任何反应。

(2) 当主持人控制端开关置于"开始"位置时,抢答器开始工作,一旦有选手将任意抢答按钮按下(如按下 S_6),则 74LS148 的输出经过 RS 触发器锁存后送入七段显示电路 74LS48,经过译码显示为"6"。同时,E_1 为高电平,这将禁止 74LS148,封锁其他按键的输入,即禁止其他选手抢答。

(3) 当按键松开再按下时,74LS148 依然为 $E=1$,所以 74LS148 依然处于禁止状态,这就确保了不会出现二次按键问题。如要再次抢答,则需要主持人将其开关重新置于"清除"位置后再进行下一轮抢答。

小 结

本章首先概述了 EDA 软件的基本知识及其发展历史,然后介绍了一个实用工具Protel。完整的 Protel 设计平台包括原理图设计、PCB 设计、可编程逻辑设计及信号仿真四部分。本章主要介绍了原理图设计及 PCB 设计两个部分,通过学习学生应该能够完成简单的 PCB 设计。

最后,用一个实例将本书的多个环节贯通起来,目的是使学生了解整个产品的开发的全过程。当然,整个系统的开发需要考虑成本、体积、性能等多方面的因素,这需要在实际工作中多加积累经验。

习 题

1. 什么是 EDA?目前常用的 EDA 软件有哪些?
2. Protel 是一款什么样的软件?主要用途是什么?
3. 上机练习 Protel 电路设计软件。
4. 上机设计一个串行接口逻辑。
5. 上机设计交通灯数据逻辑。

第二部分

实验指导

实验一 CMOS 集成逻辑门的功能测试

一、实验目的

1. 掌握 CMOS 集成门电路的逻辑功能和器件的使用规则。
2. 学会 CMOS 集成门电路主要参数的测试方法。

二、实验原理

1. CMOS 集成电路。

CMOS 集成电路是将 N 沟道 MOS 晶体管和 P 沟道 MOS 晶体管同时用于一个集成电路中，成为组合两种沟道 MOS 管性能的更优良的集成电路。CMOS 集成电路的主要优点是：

（1）功耗低，其静态工作电流在 10^{-9} A 数量级，是目前所有数字集成电路中最低的，而 TTL 器件的功耗则大得多。

（2）高输入阻抗，通常大于 10^{10} Ω，远高于 TTL 器件的输入阻抗。

（3）接近理想的传输特性，输出高电平可达电源电压的 99.9% 以上，低电平可达电源电压的 0.1% 以下，因此输出逻辑电平的摆幅很大，噪声容限很高。

（4）电源电压范围广，可在 +3 ~ +18 V 范围内正常运行。

（5）由于有很高的输入阻抗，要求驱动电流很小，约 0.1 μA，输出电流在 +5 V 电源下约为 500 μA，远小于 TTL 电路，如以此电流来驱动同类门电路，其扇出系数将非常大。在一般低频时，无须考虑扇出系数，但在高频时，后级门的输入电容将成为主要负载，使其扇出能力下降，所以在较高频率工作时，CMOS 电路的扇出系数一般取 10 ~ 20。

2. CMOS 门电路逻辑功能。

尽管 CMOS 与 TTL 电路内部结构不同，但它们的逻辑功能完全一样。本实验将测定与门 CD4082、或门 CD4071、与非门 CD4011、异或门 CD4030 的逻辑功能。各集成块的逻辑功能与真值表参阅第 3 章及有关资料。

3. CMOS 与非门的主要参数。

CMOS 与非门主要参数的定义及测试方法与 TTL 电路相仿。

4. CMOS 电路的使用规则。

由于 CMOS 电路有很高的输入阻抗，这给使用者带来一定的麻烦，即外来的干扰信号很容易在一些悬空的输入端上感应出很高的电压，导致损坏器件。CMOS 电路的使用规则如下：

（1）V_{DD} 接电源正极，V_{SS} 接电源负极（通常接地），不得接反。CD400 系列的电器允许电压在 +3 ~ +18 V 范围内选择，实验中一般要求使用 +5 ~ +12 V。

（2）所有输入端一律不准悬空。

闲置输入端的处理方法：①按照逻辑要求直接接 V_{DD}（与非门）或 V_{SS}（或非门）。②在工作频率不高的电路中，允许输入端并联使用。

（3）输出端不允许直接与 V_{DD} 或 V_{SS} 连接，否则将导致器件损坏。

（4）在装接电路，改变电路连接或插、拔电路时，均应切断电源，严禁带电操作。

（5）焊接、测试和存储时的注意事项：

① 电路应存放在导电的容器内，有良好的静电屏蔽。

② 焊接时必须切断电源，电烙铁外壳必须良好接地，或拔下烙铁，靠其余热焊接。

③ 所有测试仪器必须良好接地。

④ 若信号源与 CMOS 器件使用两组电源供电，应先开 CMOS 电源，关机时，先关信号源最后才关 CMOS 电源。

三、实验设备与器件（见实验表 1-1）

实验表 1-1

序号	元器件名称	数量	序号	元器件名称	数量
1	+5 V 直流电源	1	8	直流微安表	1
2	双踪示波器	1	9	CD4011 芯片	1
3	连续脉冲源	1	10	CD4071 芯片	1
4	逻辑电平开关	1	11	CD4082 芯片	1
5	0-1 指示器	1	12	CD4030 芯片	1
6	直流数字电压表	1	13	电位器 100 kΩ	1
7	直流毫安表	1	14	电阻 1 kΩ	1

四、实验内容

1. 验证 CMOS 各门电路的逻辑功能，判断其好坏。

验证与非门 CD4011、或门 CD4071、与门 CD4082 及异或门 CD4030 逻辑功能（取器件中的一个门进行验证）。

测试时，如实验图 1-1 所示，选好某一 14P 插座，插入被测器件，其输入端 A、B 接逻辑开关的输出插口，其输出接至 0-1 指示器的输入口，拨动逻辑电平开关，测试各输出端的电位及逻辑状态，并记入实验表 1-2 中。

实验图 1-1

实验表 1-2

输入端		输出端	
A	B	电位/V	逻辑状态
0	0		
0	1		
1	0		
1	1		

2. 观察与非门、与门、或非门对脉冲的控制作用。

选用与非门按实验图 1-2（a）、（b）接线，将一个输入端接连续脉冲源（频率为 10 kHz），用示波器观察两种电路的输出波形，并记录。然后测定"与门"和"或非门"对连续脉冲的控制作用。

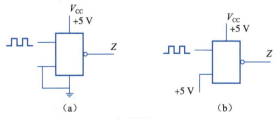

实验图 1-2

五、实验预习要求

1. 复习 CMOS 门电路的工作原理。

2. 熟悉实验用各集成门引脚功能。
3. 画出各实验内容的测试电路与数据记录表格。
4. 画好实验用各门电路的真值表表格。
5. 思考：各 CMOS 门电路闲置输入端如何处理？

六、 实验报告要求

1. 整理实验结果，画出功能特性。
2. 根据实验结果，写出各门电路的逻辑表达式，并判断被测电路的功能好坏。

实验二　半加器和全加器

一、 实验目的

1. 掌握组合逻辑电路的功能调试。
2. 验证半加器和全加器的逻辑功能。
3. 学会二进制数的运算规律。

二、 实验原理

1. 组合逻辑电路的分析方法。
2. 与非门和异或门构成的半加器、全加器的工作原理。
3. 二进制数的运算。

三、 实验设备与器件（见实验表 2-1）

实验表 2-1

序号	元器件名称	数量
1	74LS00 二输入端四与非门	3
2	74LS86 二输入端四异或门	1

四、 实验内容

1. 组合逻辑电路功能测试。

（1）用 2 片 74LS00 组成实验图 2-1 所示的逻辑电路。为便于接线和检查。在图中要注明芯片编号及各引脚对应的编号。

（2）实验图 2-1 中 A、B、C 接电平开关，Y_1、Y_2 接发光管电平显示。

实验图 2-1

（3）按实验表 2-2 要求，改变 A、B、C 的状态填表并写出 Y_1，Y_2 逻辑表达式。

（4）将运算结果与实验比较。

实验表 2-2

输入			输出	
A	B	C	Y_1	Y_2
0	0	0		
0	0	1		
0	1	1		
1	1	1		
1	1	0		
1	0	0		
1	0	1		
0	1	0		

2. 测试用异或门（74LS86）和与非门组成的半加器的逻辑功能。

根据半加器的逻辑表达式可知，半加器 Y 是 A、B 的异或，而进位 Z 是 A、B 相与，故半加器可用一个异或门和两个与非门组成，如实验图 2-2 所示。

（1）在学习机上用异或门和与门接成以上电路。接电平开关 S，Y、Z 接电平显示。

（2）按实验表 2-3 要求改变 A、B 状态，填写实验表 2-3。

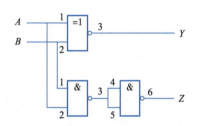

实验图 2-2

实验表 2-3

输入端	A	0	1	0	1
	B	0	0	1	1
输出端	Y				
	Z				

3. 测试全加器的逻辑功能。

（1）写出实验图 2-3 电路的逻辑表达式。

（2）根据逻辑表达式列真值表。

（3）根据真值表画逻辑函数 S_i、C_i 的卡诺图。

实验图 2-3

（4）填写实验表 2-4 各点状态。

实验表 2-4

A_i	B_i	C_{i-1}	Y	Z	X_1	X_2	X_3	S_i	C_i
0	0	0							
0	1	0							
1	0	0							
1	1	0							
0	0	1							
0	1	1							
1	0	1							
1	1	1							

（5）按原理图选择与非门并接线进行测试，将测试结果记入实验表 2-5，并与上表进行比较，看逻辑功能是否一致。

实验表 2-5

A_i	B_i	C_{i-1}	C_i	S_i
0	0	0		
0	1	0		
1	0	0		
1	1	0		
0	0	1		
0	1	1		
1	0	1		
1	1	1		

五、实验预习要求

1. 复习组合逻辑电路的分析方法，掌握半加器和全加器的工作原理。
2. 熟悉 74LS00 和 74LS86 集成门电路的引脚功能，了解与非门和异或门的逻辑特性。
3. 画出实验图 2-1 的测试电路图，标明芯片编号及各引脚的连接关系。
4. 准备实验表 2-2 的数据记录表格，以便在实验中记录结果。
5. 思考：如何利用与非门和异或门构建半加器和全加器？

六、实验报告要求

1. 整理实验数据、图表并对实验结果进行分析讨论。
2. 总结组合逻辑电路的分析方法。

实验三　编码器和译码器

一、实验目的

1. 掌握中规模集成译码器的逻辑功能和使用方法。
2. 熟悉数码管的使用。

二、实验原理

译码器是一个多输入、多输出的组合逻辑电路。它的作用是把给定的代码进行"翻译"，变成相应的状态，使输出通道中相应的一路有信号输出。译码器在数字系统中有广泛的用途，不仅用于代码的转换，终端的数字显示，还用于数据分配，存储器寻址和组合控制信号等。不同的功能可选用不同种类的译码器。

译码器可分为通用译码器和显示译码器两大类。前者又分为变量译码器和代码交换译码器。

1. 变量译码器。

变量译码器又称二进制译码器，如实验图 3-1 所示，用以表示输入变量的状态，如 2 线-4 线、3 线-8 线和 4 线-16 线译码器。若有 n 个输入变量，则有 2^n 个不同的组合状态，就有 2^n 个输出端供其使用。而每一个输出所代表的函数对应于 n 个输入变量的最小项。

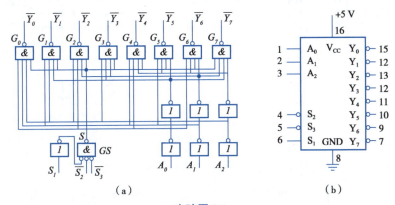

实验图 3-1

以 3 线-8 线译码器 74LS138 为例进行分析，实验图 3-1（a）、(b) 分别为其逻辑图及引脚排列。其中 A_2、A_1、A_0 为地址输入端，$\overline{Y_0} - \overline{Y_7}$ 是译码输出端，S_1、$\overline{S_2}$、$\overline{S_3}$ 是使能端。

当 $S_1 = 1$，$\overline{S_2} + \overline{S_3} = 0$ 时，器件使能，地址码所指定的输出端有信号（为 0）输出，其他所有输出端均无信号（全为 1）输出。当 $S_1 = 0$，$\overline{S_2} + \overline{S_3} = X$ 时或 $S_1 = X$，$\overline{S_2} + \overline{S_3} = 1$ 时，译码器被禁止，所有输出同时为 1，见实验表 3-1。

实验表 3-1

输入					输出							
S_1	$\overline{S_2} + \overline{S_3}$	A_2	A_1	A_0	$\overline{Y_0}$	$\overline{Y_1}$	$\overline{Y_2}$	$\overline{Y_3}$	$\overline{Y_4}$	$\overline{Y_5}$	$\overline{Y_6}$	$\overline{Y_7}$
1	0	0	0	0	0	1	1	1	1	1	1	1
1	0	0	0	1	1	0	1	1	1	1	1	1
1	0	0	1	0	1	1	0	1	1	1	1	1
1	0	0	1	1	1	1	1	0	1	1	1	1
1	0	1	0	0	1	1	1	1	0	1	1	1
1	0	1	0	1	1	1	1	1	1	0	1	1
1	0	1	1	0	1	1	1	1	1	1	0	1
1	0	1	1	1	1	1	1	1	1	1	1	0
0	×	×	×	×	1	1	1	1	1	1	1	1
×	1	×	×	×	1	1	1	1	1	1	1	1

二进制译码实际上也是负脉冲输出的脉冲分配器。若利用使能端中的一个输入端输入数

据信息，器件就成为一个数据分配器（又称多路分配器），如实验图 3-2 所示。若在 S_1 输入端输入数据信息，$\overline{S_2} = \overline{S_3} = 0$，地址码所对应的输出是 S_1 数据信息的反码；若从输入端输入数据信息，令 $\overline{S_1} = 1$，$\overline{S_2} = 0$，地址码所对应的输出就是 S_2 端数据信息的原码。若数据信息是时钟脉冲，则数据分配器便成为时钟脉冲分配器。根据输入地址的不同组合译出唯一地址，故可用作地址译码器。接成多路分配器，可将一个信号源的数据信息传输到不同的地点。

二进制译码器还能方便地实现逻辑函数，如实验图 3-3 所示，实现的逻辑函数是
$$Z = \overline{\overline{ABC} + \overline{A}B\overline{C} + \overline{AB}C + ABC}$$

利用使能端能方便地将两个 3 线-8 线译码器组合成一个 4 线-16 线译码器，如实验图 3-4 所示。

2. 数码显示译码器。

（1）七段发光二极管（LED）数码管。LED 数码管是目前最常用的数字显示器，实验图 3-5（a）、（b）为共阴管和共阳管的电路，实验图 3-5（c）为两种不同出线形式的引出脚功能图。

一个 LED 数码管可用来显示一位 0~9 十进制数和一个小数点。小型数码管（0.5 寸和 0.36 寸）每段发光二极管的正向压降，随显示光（通常为红、绿、黄、橙色）的颜色不同略有差别，通常为 2~2.5 V，每个发光二极管的点亮电流在 5~10 mA。LED 数码管要显示

BCD 码所表示的十进制数字就需要有一个专门的译码器，该译码器不但要完成译码功能，还要有相当的驱动能力。

(2) BCD 码七段译码驱动器。BCD 码七段译码驱动器型号有 74LS47（共阳）、74LS48（共阴）、CC4511（共阴）等，本实验系采用 CC4511 BCD 码锁存/七段译码/驱动器。并驱动共阴极 LED 数码管。

实验图 3-6 所示为 CC4511 引脚排列。

其中：

A、B、C、D 为 BCD 码输入端。

a、b、c、d、e、f、g 为译码输出端，输出"1"有效，用来驱动共阴极 LED 数码管。

$\overline{LT}$ 为调试输入端，$\overline{LT}$ =0 时，译码输出全为"1"。

$\overline{BI}$ 为消隐输入端，$\overline{BI}$ =0 时，译码输出全为"0"。

$\overline{LE}$ 为锁定端，$\overline{LE}$ =1 时译码器处于锁定（保持）状态，译码输出保持在 $\overline{LE}$ =0 时的数值，$\overline{LE}$ =0 为正常译码。

实验表 3-2 所示为 CD4511 功能表。CD4511 内接有上拉电阻，故只需在输出端与数码管之间串入限流电阻即可工作。译码器还有拒伪码功能，当输入码超过 1001 时，输出全为"0"，数码管熄灭。

实验图 3-6

实验表 3-2

LE	$\overline{BI}$	LE	D	C	B	A	a	b	c	d	e	f	g	显示字型
×	×	0	×	×	×	×	1	1	1	1	1	1	1	8
×	0	1	×	×	×	×	0	0	0	0	0	0	0	消隐
0	1	1	0	0	0	0	1	1	1	1	1	1	0	0
0	1	1	0	0	0	1	0	1	1	0	0	0	0	1
0	1	1	0	0	1	0	1	1	0	1	1	0	1	2
0	1	1	0	0	1	1	1	1	1	1	0	0	1	3
0	1	1	0	1	0	0	0	1	1	0	0	1	1	4
0	1	1	0	1	0	1	1	0	1	1	0	1	1	5
0	1	1	0	1	1	0	0	0	1	1	1	1	1	6
0	1	1	0	1	1	1	1	1	1	0	0	0	0	7
0	1	1	1	0	0	0	1	1	1	1	1	1	1	8
0	1	1	1	0	0	1	1	1	1	0	0	1	1	9
0	1	1	1	0	1	0	0	0	0	0	0	0	0	消隐
0	1	1	1	0	1	1	0	0	0	0	0	0	0	消隐
0	1	1	1	1	0	0	0	0	0	0	0	0	0	消隐
0	1	1	1	1	0	1	0	0	0	0	0	0	0	消隐
0	1	1	1	1	1	0	0	0	0	0	0	0	0	消隐
0	1	1	1	1	1	1	0	0	0	0	0	0	0	消隐
1	1	1	×	×	×	×	锁存							锁存

在本数字电路实验箱上已完成了译码器 CD4511 和数码管 BS202 之间的连接。控制端也

已连接好。实验时，只要接通 +5 V 电源和将十进制数的 BCD 码接至译码器的相应输入端 A、B、C、D，将数码管公共端接地即可显示 0~9 的数字。六位数码管可接收六组 BCD 码输入。CD4511 与 LED 数码管的连接如实验图 3-7 所示。

实验图 3-7

三、实验设备与器件（见实验表 3-3）

实验表 3-3

序号	元器件名称	数量	序号	元器件名称	数量
1	+5 V 直流电源	1	6	逻辑电平显示器	1
2	双踪示波器	1	7	拨码开关组	1
3	连续脉冲源	1	8	译码显示器	1
4	逻辑电平开关	1	9	CC4511	1
5	集成芯片 74LS138	2			

四、实验内容

1. 数据拨码的使用。将实验装置上的 4 组拨码开关的输出 A_i、B_i、C_i、D_i，分别接至 4 组显示译码/驱动器 CD4511 的对应输入口，而 LE、$\overline{BI}$、$\overline{LT}$ 接至三个逻辑开关的相应输出插口，再接上 +5 V 显示器的电源，然后按实验表 3-2 输入的要求拨动 4 个数码的增减键（"+"与"-"键）和操作与 $\overline{LE}$、$\overline{BI}$、LT 对应的 3 个逻辑开关，观测拨码盘上的四位数与 LED 数码管显示的对应数字是否一致，及译码显示是否正常。

2. 74LS138 译码器逻辑功能测试。将译码器使能端 S_1、$\overline{S_2}$、$\overline{S_3}$ 及地址端 A_2、A_1、A_0 分别接至逻辑电平开关输出口，8 个输出端 $\overline{Y_0} \sim \overline{Y_7}$ 依次连接在逻辑电平显示器的 8 个输入口上，拨动逻辑电平开关，按实验表 3-1 逐项测试 74LS138 的逻辑功能。

3. 用 74LS138 构成时序脉冲分配器。参照图 3-2 和实验原理说明，时钟脉冲 CP 频率约为 10 kHz，要求分配器输出端 $\overline{Y_0} \sim \overline{Y_7}$ 的信号与 CP 输入信号反相。

画出分配器的实验电路，用示波器观察和记录在地址端 A_2、A_1、A_0 分别取 000~111 共计 8 种不同状态时 $\overline{Y_7} \sim \overline{Y_0}$ 端的输出波形，注意输出波形与 CP 输入波形之间的相位关系。

4. 用两片 74LS138 组合成一个 4 线-16 线译码器，并进行实验。

5. 二-十进制译码器。

选取二-十进制译码器 CD4028，按实验原理的说明，自拟实验线路，进行实验和记录。

五、实验预习要求

1. 复习有关译码器和分配器的原理。

2. 根据实验内容，画出所需的实验电路及记录表格。

六、实验报告要求

1. 画出实验电路，把观察到的波形画在坐标纸上，并标上对应的地址码。
2. 对实验结果进行分析、讨论。

实验四　组合逻辑电路实验分析

一、实验目的

1. 掌握组合逻辑电路的分析方法与测试方法。
2. 了解组合电路的冒险现象及其消除方法。

二、实验原理

1. 组合电路是最常见的逻辑电路，可以用一些常用的门电路组合成具有其他功能的门电路。例如，根据与门的逻辑表达式 $Z = A \cdot B$ 得知，可以用两个与非门组合成一个与门，还可以组合成更复杂的逻辑关系。

2. 组合电路的分析是根据所给的逻辑电路，写出其输入与输出之间的逻辑函数表达式或真值表，从而确定该电路的逻辑功能。

3. 组合电路设计过程是在理想情况下进行的，即假设一切器件均没有延迟效应，但实际上并非如此，信号通过任何导线或器件都需要一段响应时间，由于制造工艺上的原因，各器件延迟时间的离散性很大，这就有可能在一个组合电路中，在输入信号发生变化时，有可能产生错误的输出。这种输出出现瞬时错误的现象称为组合电路的冒险现象（简称险象）。本实验仅对逻辑冒险中的静态 0 型与 1 型冒险进行研究。

如实验图 4-1 所示电路，其输出函数 $Z = A + \overline{A}$，在电路达到稳定时，即静态时，输出 F 总是 1。然而在输入 A 变化时（动态时），从实验图 4-1（b）可见，在输出 Z 的某些瞬间会出现 0，当 A 经历 1→0 的变化时，Z 出现窄脉冲，即电路存在静态 0 型险象。

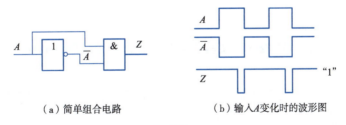

（a）简单组合电路　　　　　（b）输入 A 变化时的波形图

实验图 4-1

同理，如实验图 4-2 所示电路，$Z = \overline{A} \cdot A$，存在静态 1 型冒险。

进一步研究得知，对于任何复杂的按"与或"或"或与"函数式构成的组合电路中，只要函数式为 $A + \overline{A}$ 或 $A \cdot \overline{A}$ 的形式，必然存在险象。为了消除此险象，可以增加校正项，前者的校正项为被赋值各变量的"乘积项"，后者的校正项为被赋值各变量的"和项"。

还可以用卡诺图的方法来判断组合电路是否存在静态险象，以及找出校正项来消除静态险象。

实验图 4-2

三、实验设备与器件（见实验表 4-1）

实验表 4-1

序号	元器件名称	数量	序号	元器件名称	数量
1	+5 V 直流电源	1	5	0-1 指示器	1
2	双踪示波器	1	6	CD4011 芯片	1
3	连续脉冲源	1	7	CD4030 芯片	1
4	逻辑电平开关	1	8	CD4071 芯片	1

四、实验内容

1. 分析、测试用与非门 CD4011 组成的半加器的逻辑功能。

（1）写出实验图 4-3 的逻辑表达式。

$Z_1=$

$Z_2=$

$Z_3=$

$S=$

$C=$

实验图 4-3

（2）根据表达式列出真值表（见实验表 4-2），并画出卡诺图判断能否简化。

实验表 4-2

A	B	Z_1	Z_2	Z_3	S	C
0	0					
0	1					
1	0					
1	1					

（3）根据实验图 4-3，在实验箱选定两个 14P 插座，插好两片 CD4011，并接好连线，A、B 两输入接至逻辑开关的输出插口。S、C 分别接至逻辑电平显示输入插口。按实验表 4-3 的要求进行逻辑状态测试，并将结果填入表中，同时与上面真值表进行比较，两者是否一致。

实验表 4-3

A	B	S	C
0	0		
0	1		
1	0		
1	1		

2. 分析、测试用异或 CD4030 和与非门 CD4011 组成的半加器逻辑电路。

根据半加器的逻辑表达式可知，半加的和 S 是 A、B 的异或，而进位 C 是 A、B 的相与，故半加器可用一个集成异或门和两个与非门组成，如实验图 4-4 所示。测试方法同实验内容 1 的第（3）项，将测试结果填入自拟表格中，并验证逻辑功能。

3. 分析、测试全加器的逻辑电路。

写出实验图 4-4 电路的逻辑表达式。

$S =$ $X_1 =$ $X_2 =$ $X_3 =$

$S_i =$ $C_i =$

实验图 4-4

（1）根据真值表画出逻辑函数 S_i、C_i 的卡诺图。

（2）按实验图 4-4 要求，选择与非门并接线，进行测试，将测试结果填入实验表 4-4，并与上面真值表进行比较，两者是否一致。

实验表 4-4

A_i	B_i	C_{i-1}	S	X_1	X_2	X_3	S_i	C_i
0	0	0						
0	1	0						
1	0	0						
1	1	0						
0	0	1						
0	0	1						
1	0	1						
1	1	1						

（3）列出真值表。

（4）根据实验图 4-5 画出逻辑函数 S_i、C_i 的卡诺图。

实验图 4-5

（5）按实验图 4-4 要求，选择与非门并接线，进行测试，将测试结果实验填入表 4-5，并与上面实验表 4-4 进行比较，逻辑功能是否一致。

实验表 4-5

A_i	B_i	C_{i-1}	S_i	C_i
0	0	0		
0	1	0		
1	0	0		
1	1	0		
0	0	1		
0	1	1		
1	0	1		
1	1	1		

4. 分析、测试用异或门、或非门和非门组成的全加器逻辑电路。

根据全加器的逻辑表达式：

全加和：$S_i = (A_i + B_i) + C_{i-1}$。

进位：$C_i = (A_i + B_i) \cdot C_{i-1} + A_i \cdot B_i$。

可知一位全加器可以用两个异或门和两个与门、一个或门组成。

（1）画出用上述门电路实现的全加器逻辑电路。

（2）按所画的原理图，选择器件，并在实验箱上接线。

（3）进行逻辑功能测试，将测试结果填入自拟表格中，判断测试是否正确。

5. 观察竞争冒险现象。

按实验图 4-6 接线，当 $B = 1$，$C = 1$ 时，A 输入矩形波（$f = 1$ MHz 以上），用示波器观察 Z 输出波形，并用添加校正项方法消除险象。

实验图 4-6

五、实验预习要求

1. 复习组合逻辑电路的分析方法。
2. 复习用与非门和异或门等构成半加器、全加器的工作原理。
3. 复习组合电路险象的种类、产生原因及防止措施。
4. 根据实验内容，设计好必要的电路。

六、实验报告要求

1. 整理实验数据、图表，并对实验结果进行分析讨论。
2. 总结组合电路的分析与测试方法，对竞争冒险现象进行讨论。

实验五　数据选择器的设计

一、实验目的

1. 熟悉中规模集成数据选择器的逻辑功能及测试方法。
2. 学习用集成数据选择器进行逻辑设计。

二、实验原理

1. 查询 74LS153 的引脚功能。
2. 数据选择器。

数据选择器（multiplexer）又称多路开关，是一种重要的组合逻辑部件，它可以实现从多路数据传输中选择任何一路信号输出，选择的控制由专列的端口编码决定，称为地址码，数据选择器可以完成很多逻辑功能，如函数发生器、并串转换器、波形产生器等。

3. 用数据选择器实现组合逻辑函数。

（1）选择器输出为标准与或式，含地址变量的全部最小项。例如，四选一数据选择器输出如下：

$$Y = \overline{A_1}\,\overline{A_0}D_0 + \overline{A_1}A_0D_1 + A_1\overline{A_0}D_2 + A_1A_0D_3$$

而任何组合逻辑函数都可以表示成为最小项之和的形式，故可用数据选择器实现。N 个地址变量的数据选择器，不需要增加门电路最多可实现 $N+1$ 个变量的逻辑函数。

（2）步骤：

①写出函数的标准与或式和数据选择器输出信号表达式。
②对照比较确定选择器各输入变量的表达式。
③根据采用的数据选择器和求出的表达式画出连线图。

三、实验设备与器件（见实验表 5-1）

实验表 5-1

序号	元器件名称	数量	序号	元器件名称	数量
1	TDS-4 数电实验箱	1	3	数据选择器 74LS153	1
2	双踪示波器	1	4	数字万用表	1

四、实验内容

1. 验证 74LS153 的逻辑功能。

将双四选一多路数据选择器 74LS153 接成的电路如实验图 5-1 所示，将 A_1、A_0 接逻辑开关，数据输入端 $D_0 \sim D_3$ 接逻辑开关，输出端 Y 接发光二极管。观察输出状态并填入实验表 5-2。

实验图 5-1

实验表 5-2

$\overline{ST}$	A_1	A_0	D_3	D_2	D_1	D_0	Y
1	×	×	×	×	×	×	
0	0	0	0	0	0	0	
0	0	0	0	0	0	1	
0	0	1	0	0	0	0	
0	0	1	0	0	1	0	
0	1	0	0	0	0	0	
0	1	0	0	1	0	0	
0	1	1	0	0	0	0	
0	1	1	1	0	0	0	

2. 用双四选一数据选择器 74LS153 设计三输入多数表决电路。
（1）写出设计过程。
（2）画出接线图并在 74LS153 上连接好电路。
（3）验证逻辑功能。
3. 用双四选一数据选择器 74LS153 实现全加器。
（1）写出设计过程。
（2）画出接线图并在 74LS153 上连接好电路。
（3）验证逻辑功能。

五、实验预习要求

1. 熟悉 74LS153 的工作原理及使用方法。
2. 根据实验内容要求，写出设计的全过程，画出实验电路图。
3. 用 Multisim 软件对实验进行仿真并分析实验是否成功。
4. 思考：用双四选一数据选择器 74LS153 怎样连接成八选一数据选择器？
5. 思考：数据选择器 74LS153 的使能端有什么好处？

六、实验报告要求

1. 用数据选择器对实验内容进行设计，写出设计全过程、画出接线图、进行逻辑功能测试。
2. 总结实验收获、体会。

实验六　触发器基本功能使用

一、实验目的

1. 掌握基本 RS、JK、D 和 T 触发器的逻辑功能。
2. 掌握集成触发器的使用方法和逻辑功能的测试方法。
3. 熟悉触发器之间相互转换的方法。

二、实验原理

触发器具有两个稳定状态，用以表示逻辑状态"1"和"0"，在一定的外界信号作用下，可以从一个稳定状态翻转到另一个稳定状态，它是一个具有记忆功能的二进制信息存储器件，是构成各种时序电路的基本逻辑单元。

1. 基本 RS 触发器。

实验图 6-1 为由两个与非门交叉耦合构成的基本 BS 触发器，它是无时钟控制低电平直接触发的触发器。基本 RS 触发器具有置"0"、置"1"和"保持"三种功能。通常称 $\bar{S}$ 为置"1"端，因为 $\bar{S}=0$ 时触发器被置"1"；$\bar{R}$ 为置"0"端，因为 $\bar{R}=0$ 时触发器被置"0"，当 $\bar{S}=\bar{R}=1$ 时状态保持，真值表见实验表 6-1。

实验图 6-1

实验表 6-1

输	入	输	出
S	R	Q^{n+1}	$\overline{Q^{n+1}}$
0	1	1	0
1	0	0	1
1	1	Q^n	$\overline{Q^n}$
0	0	φ	φ

2. JK 触发器。

在输入信号为双端的情况下，JK 触发器是功能完善、使用灵活和通用性较强的一种触发器。本实验采用 74LS112 双 JK 触发器，是下降边沿触发的边沿触发器。引脚功能及逻辑符号如实验图 6-2 所示。

 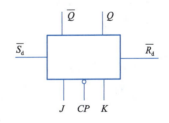

实验图 6-2

JK 触发器的状态方程为

$$Q^{n+1} = J\overline{Q^n} + \overline{K}Q^n$$

J 和 K 是数据输入端，是触发器状态更新的依据，若 J、K 有两个或两个以上输入端时，组成"与"的关系。Q 与 $\bar{Q}$ 为两个互补输出端。通常把 $Q=0$、$\bar{Q}=1$ 的状态定为触发器"0"状态；而把 $Q=1$、$\bar{Q}=0$ 的状态定为触发器"1"状态。

后沿触发 JK 触发器的功能表见实验表 6-2。

实验表 6-2

$\overline{S_d}$	$\overline{R_d}$	$\overline{CP}$	J	K	Q^{n+1}	$\overline{Q^{n+1}}$
0	1	×	×	×	1	0
1	0	×	×	×	0	1
0	0	×	×	×	φ	φ
1	1	↓	0	0	Q^n	$\overline{Q^n}$
1	1	↓	1	0	1	0
1	1	↓	0	1	0	1
1	1	↓	1	1	$\overline{Q^n}$	Q^n
1	1	↑	×	×	Q^n	$\overline{Q^n}$

注：$Q^n(\overline{Q^n})$——现态；$Q^{n+1}(\overline{Q^{n+1}})$——次态；φ——不定态。

JK 触发器常用作缓冲存储器、移位寄存器和计数器。

CD4027 是 CMOS 双 JK 触发器，其功能与 74LS112 相同，但采用上升沿触发，R、S 端为高电平有效。

3. D 触发器。

在输入信号为单端的情况下，D 触发器用起来最为方便，其状态方程为

$$Q^{n+1} = D^n$$

其输出状态的更新发生在 CP 脉冲的上升沿，故又称上升沿触发的边沿触发器，触发器的状态只取决于时钟到来前 D 端的状态，D 触发器的应用很广，可用作数字信号的寄存、移位寄存、分频和波形发生等。有很多种型号可供各种用途的需要而选用。如双 D（74LS74、CD4013），四 D（74LS175、CD4042），六 D（74LS174、CDl4174），八 D（74LS374）等。实验图 6-3 为 74LS74 的引脚排列和逻辑符号。其功能表见实验表 6-3。

实验图 6-3

实验表 6-3

$\overline{S_d}$	$\overline{R_d}$	$\overline{CP}$	D	Q^{n+1}	$\overline{Q^{n+1}}$
0	1	×	×	1	0
1	0	×	×	0	1
0	0	×	×	φ	φ
1	1	↓	1	1	0
1	1	↓	0	0	1
1	1	↑	×	Q^n	$\overline{Q^n}$

4. 触发器之间的相互转换。

在集成触发器的产品中，每一种触发器都有自己固定的逻辑功能。但可以利用转换的方法获得具有其他功能的触发器。例如，将 JK 触发器的 J、K 两端连在一起，并认它为 T 端，就得到所需的 T 触发器。如实验图 6-4（a）所示，其状态方程为

$$Q^{n+1} = \overline{T}Q^n + T\overline{Q^n}$$

T 触发器的功能表见实验表 6-4。

实验表 6-4

输入				输出
$\overline{R_d}$	$\overline{S_d}$	$\overline{CP}$	T	Q^{n+1}
0	1	×	×	0
1	0	×	×	1
1	1	↓	0	Q^n
1	1	↓	1	$\overline{Q^n}$

由功能表可见，当 $T=0$ 时，时钟脉冲作用后，其状态保持不变；当 $T=1$ 时，时钟脉冲作用后，触发器状态翻转。所以，若将 T 触发器的 T 端置 1，如实验图 6-4（b）所示，即得 T′触发器。在 T′触发器的 CP 端每来一个 CP 脉冲信号，触发器的状态就翻转一次，故称为反转触发器，广泛用于计数电路中。

同样，若将 D 触发器的 Q 与 D 端相连，便转换成 T′触发器。如实验图 6-5 所示。

JK 触发器也可转换为 D 触发器，如实验图 6-6 所示。

（a）T 触发器　　　　（b）T′触发器

实验图 6-4　　　　　　　　　　　实验图 6-5　　　　实验图 6-6

三、实验设备与器件（见实验表 6-5）

实验表 6-5

序号	元器件名称	数量	序号	元器件名称	数量
1	+5 V 直流电源	1	4	单次脉冲源	1
2	双踪示波器	1	5	逻辑电平开关	1
3	连续脉冲源	1	6	逻辑电平显示器	1

四、实验内容

1. 测试基本 RS 触发器的逻辑功能。

按实验图 6-1，用两个与非门组成基本 RS 触发器，输入端 $\overline{R}$、$\overline{S}$ 接逻辑开关的输出插口，输出端 Q、$\overline{Q}$ 接逻辑电平显示输入插口，按实验表 6-4 的要求测试，并记录。

2. 测试双 JK 触发器 74LS112 逻辑功能。

（1）测试 $\overline{R_d}$、$\overline{S_d}$ 的复位、置位功能。

任取一只 JK 触发器，R_d、S_d、J、K 端接逻辑开关输出插口，CP 端接单次脉冲源，Q、$\overline{Q}$ 接至逻辑电平显示输入插口。要求改变 R_d、S_d（J、K、CP 处于任意状态），并在 $R_d = 0(S_d = 1)$ 或 $S_d = 0(R_d = 1)$ 作用期间任意改变 J、K 及 CP 的状态，观察 Q、$\overline{Q}$ 状态。自拟表格并记录。

改变 J、K、CP 端状态，观察 Q、$\bar{Q}$ 状态变化，观察触发器状态更新是否发生在 CP 脉冲的下降沿（即 CP 由 $1\to 0$），并记录。

（2）将 JK 触发器的 J、K 端连在一起，构成 T 触发器。

在 CP 端输入 1 Hz 连续脉冲，用实验箱上的逻辑电平指示器观察 Q 端的变化。

在 CP 端输入 1 kHz 连续脉冲，用双踪示波器观察 CP、Q、$\bar{Q}$ 端波形，注意相位与时间的关系，并描绘。

3. 测试双 D 触发器 74LS74 的逻辑功能。

（1）测试 $\bar{R}_d$、$\bar{S}_d$ 的复位、置位功能。

测试方法同实验内容 2 的(1)，自拟表格并记录。

（2）测试 D 触发器的逻辑功能。

（3）将 D 触发器的 $\bar{Q}$ 端与 D 端相连接，构成 T′ 触发器。

测试方法同实验内容 2 的(3)，自拟表格并记录。

4. 设计一个乒乓球练习电路并进行实验。

电路功能要求：模拟两名运动员在练球时，乒乓球能往返运转。（提示：采用双 D 触发器 74LS74，两个 CP 端的触发脉冲分别由两名运动员操作，两触发器的输出状态用逻辑电平显示器显示）。

五、实验预习要求

1. 复习有关触发器内容。
2. 列出各触发器功能测试表格。
3. 按实验内容四要求设计线路，拟定实验方案。
4. 利用普通的机械开关组成的数据开关所产生的信号是否可作为触发器的时钟脉冲信号？为什么？是否可以用作触发器的其他输入端的信号？又是为什么？

六、实验报告要求

1. 列表整理各类触发器的逻辑功能。
2. 总结观察到的波形，说明触发器的触发方式。
3. 体会触发器的应用。

实验七　时序电路设计

一、实验目的

1. 掌握常用的时序电路分析、设计及测试方法。
2. 训练独立进行实验的技能。

二、实验原理

时序逻辑电路设计的一般步骤：

（1）逻辑抽象，建立原始状态图。

① 分析给定设计要求，确定输入变量、输出变量、电路内部状态之间的关系及状态个数。

② 定义输入变量、输出变量逻辑状态的含义，进行状态赋值，对电路的各个状态进行编号。
③ 按照题意建立原始状态图。
（2）进行状态化简，求最简状态图。
① 确定等价状态。
② 合并等价状态，画出最简状态图。
（3）进行状态分配，画出用二进制数进行编码后的状态图。
① 确定二进制代码的位数。
② 对电路状态进行编码。
③ 画出编码后的状态图。
（4）选择触发器，求时钟方程、输出方程和状态方程。
① 选择触发器。
② 求时钟方程。
③ 求输出方程。
④ 求状态方程。
（5）求驱动方程。
① 变换状态方程，使之具有和触发器特性方程相一致的表达形式。
② 与特性方程进行比较，按照变量相同、系数相等，两个方程必等的原则，求出驱动方程，即各个触发器同步输入端信号的逻辑表达式。
（6）画出逻辑电路图。
① 先画触发器，并逐次编号。
② 按照时钟方程、驱动方程和输出方程连线。根据具体情况对驱动方程和输出方程做适当的变换，以便利用合适的门电路。
（7）检查设计的电路能否自启动。
① 将电路无效状态依次代入状态方程进行计算，观察在输入 CP 信号操作下能否回到有效状态。如果无效状态形成了循环，则所设计的电路不能自启动，反之则能自启动。
② 若电路不能自启动，则应采取措施进行解决。比如修改设计重新分配状态，或利用触发器的异步输入端强行预置到有效状态。

三、实验设备与器件（见实验表 7-1）

实验表 7-1

序号	元器件名称	数量	序号	元器件名称	数量
1	双踪示波器	1	3	74LS175 四 D 触发器	1
2	74LS73 双 JK 触发器	2			

四、实验内容

异步二进制计数器。
（1）按实验图 7-1 接线。
（2）由 CP 端输入单脉冲，测试并记录 $Q_1 \sim Q_4$ 端状态及波形。
（3）试将异步二进制加法计数改为减法计数，参考加法计数器，要求实验并记录。

实验图 7-1

五、实验预习要求

1. 复习时序电路的基本原理，熟悉 JK 触发器和 D 触发器的功能及区别。
2. 学习异步二进制计数器的工作原理，思考如何将加法计数改为减法计数。
3. 熟悉双踪示波器的使用，绘制实验电路图，并准备记录 $Q_1 \sim Q_4$ 的状态及波形。

六、实验报告要求

1. 画出实验内容要求的波形及记录表格。
2. 总结时序电路特点。

实验八　移位寄存器

一、实验目的

1. 掌握中规模四位双向移位寄存器逻辑功能及使用方法
2. 熟悉移位寄存器的应用——实现数据的串行、并行转换和构成环形计数器。

二、实验原理

1. 移位寄存器的工作原理。

移位寄存器是一个具有移位功能的寄存器，是指寄存器中所存的代码能够在移位脉冲的作用下依次左移或右移。既能左移又能右移的称为双向移位寄存器，只需要改变左、右移的控制信号便可实现双向移位要求。根据移位寄存器存取信息的方式不同分为串入串出、串入并出、并入串出、并入并出四种形式。

本实验选用的是四位双向通用移位寄存器，型号为 CC40194 或 74LS194，两者的功能相同，可互换使用，其逻辑符号及引脚排列如实验图 8-1 所示。

其中，D_0、D_1、D_2 和 D_3 为并行输入端；Q_0、Q_1、Q_2 和 Q_3 为并行输出端；SR 为右移串行串入端，SL 为左移串行输入端；S_1 和 S_0 为操作模式控制端；$\overline{CR}$ 为直接无条件清零端；CP 为时钟脉冲输入端。

CC40194 有五种不同操作模式：并行送数寄存、右移（方向由 $Q_0 \rightarrow Q_3$）、左移（方向由 $Q_3 \rightarrow Q_0$）、保持及清零。

S_1、S_0 和 $\overline{CR}$ 端的控制作用见实验表 8-1。

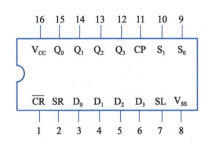

实验图 8-1

实验表 8-1

CP	$\overline{CR}$	S_1	S_0	功能	$Q_3\ Q_2\ Q_1\ Q_0$
×	0	×	×	清除	$\overline{CR}=0$，使 $Q_3Q_2Q_1Q_0=0000$，寄存器正常工作时，$\overline{CR}=1$
↑	1	1	1	送数	CP 上升沿作用后，并行输入数据送入寄存器。$Q_3Q_2Q_1Q_0=D_3D_2D_1D_0$，此时串行数据（$SR$、$SL$）被禁止
↑	1	0	1	右移	串行数据送至右移输入端 SR，CP 上升沿进行右移。$Q_3Q_2Q_1Q_0=SRQ_3Q_2Q_1$
↑	1	1	0	左移	串行数据送至左移输入端 SL，CP 上升沿进行左移。$Q_3Q_2Q_1Q_0=Q_2Q_1Q_0SL$
↑	1	0	0	保持	CP 作用后寄存器内容保持不变。$Q_3Q_2Q_1Q_0=Q_3^n Q_2^n Q_1^n Q_0^n$
↓	1	×	×	保持	$Q_3Q_2Q_1Q_0=Q_3^n Q_2^n Q_1^n Q_0^n$

2. 移位寄存器的运用。

移位寄存器应用很广，可构成移位寄存器型计数器、顺序脉冲发生器、串行累加器；可用作数据转换，即把串行数据转换为并行数据，或把并行数据转换为串行数据等。本实验研究移位寄存器用作环形计数器和数据的串、并行转换。

(1) 环形计数器：把移位寄存器的输出反馈到其串行输入端，就可以进行循环移位，如实验图 8-2 所示，把输出端 Q_3 和右移串行输入端 SR 相连接，设初始状态 $Q_0Q_1Q_2Q_3=1000$，在时钟脉冲作用下，$Q_0Q_1Q_2Q_3$ 将依次变为 0100→0010→0001→1000→…，如实验图 8-2 所示，可见它是一个具有四个有效状态的计数器，这种类型的计数器通常称为环形计数器。实验图 8-2 电路可以由各个输出端输出在时间上有先后顺序的脉冲，因此也可作为顺序脉冲发生器。

实验图 8-2

如果将输出 Q_2 与左移动串行输入端 SL 相连接，即可达到左移循环移位。

(2) 实现数据串、并行转换。

串行/并行转换是指串行输入的数码，经转换电路之后变换成并行输出。

实验图 8-3 是用两片 CC40194（74LS194）四位双向移位寄存器的七位串行/并行数据转换电路。电路中 S_0 端接高电平 1，S_1 受 Q_7 控制，两片寄存器连接成串行输入右移工作模式，Q_7 是转换结束标志，当 $Q_7=1$ 时，S_1 为 0，使之成为 $S_1S_0=01$ 的串行右移工作方式；当 $Q_7=0$ 时，$S_1=1$，有 $S_1S_0=10$，则串行送数结束，标志着串行输入的数据已转换成并行输出了。

串行/并行转换的具体过程如下：

实验图 8-3　七位串行/并行转换器

转换前，CR 端加低电平，使（1）（2）两片寄存器的内容清零，此时 $S_1S_0 = 11$，寄存器执行并行输入工作方式。当第一个 CP 脉冲到来后，寄存器的输出状态 $Q_0 \sim Q_7$ 为 01111111，与此同时 S_1S_0 变为 01，转换电路变为执行串入右移工作方式，串行输入数据由 1 片的 D_{SR} 端加入。随着 CP 脉冲的依次输入，输出状态的变化可列成实验表 8-2 所示。

实验表 8-2

CP	Q_0	Q_1	Q_2	Q_3	Q_4	Q_5	Q_6	Q_7	说明
0	0	0	0	0	0	0	0	0	清零
1	0	1	1	1	1	1	1	1	送数
2	D_0	0	1	1	1	1	1	1	右移操作 7 次
3	D_1	D_0	0	1	1	1	1	1	
4	D_2	D_1	D_0	0	1	1	1	1	
5	D_3	D_2	D_1	D_0	0	1	1	1	
6	D_4	D_3	D_2	D_1	D_0	0	1	1	
7	D_5	D_4	D_3	D_2	D_1	D_0	0	1	
8	D_6	D_5	D_4	D_3	D_2	D_1	D_0	0	
9	D_7	D_6	D_5	D_4	D_3	D_2	D_1	D_0	

由实验表 8-3 可见，右移操作 7 之后，Q_7 变为 0，S_1S_0 又变为 11，说明串行输入结束，这时，串行输入的数码已经转换成了并行输出。

当再来一个 CP 脉冲时，电路又重新执行一次并行输入，为第二组串行数码转换做好了准备。

三、实验设备及器件（见实验表 8-3）

实验表 8-3

序号	元器件名称	数量	序号	元器件名称	数量
1	+5 V 直流电源	1	5	集成芯片 CC40194×2（74LS194）	2
2	单次脉冲源	1	6	集成芯片 CC4011（74LS00）	1
3	逻辑电平开关	1	7	集成芯片 CC4608（72LS30）	1
4	逻辑电平显示器	1			

四、实验内容

1. 测试 CC40194（或 74LS194）的逻辑功能。

CC40194（其引脚图见实验图 8-5）的工作步骤如下：

（1）清除：令 $\overline{CR}=0$，其他输入均为任意态，这时寄存器输出 Q_0、Q_1、Q_2、Q_3 应均为 0。清除后，置 $\overline{CR}=1$。

（2）送数：令 $\overline{CR}=S_1=S_0=1$，送入任意四位二进制数，如 $D_0D_1D_2D_3=abcd$，加 CP 脉冲，观察 $CP=0$、CP 由 0→1、CP 由 1→0 三种情况下寄存器输出状态的变化，观察寄存器输出状态变化是否发生在 CP 脉冲的上升沿。

（3）右移：清零后，令 $\overline{CR}=1$，$S_1=0$，$S_0=1$，由右移输入端 SR 送入二进制数码，如 0100，由 CP 端连续加 4 个脉冲，观察输出情况，并记录。

实验图 8-5

（4）左移：先清零或预置，再令 $\overline{CR}=1$，$S_1=1$，$S_0=0$，由左移输入端 SL 送入二进制数码，如 1111，连续加 4 个 CP 脉冲，观察输出端情况，并记录。

（5）保持：寄存器预置任意 4 位二进制数码 $abcd$，令 $\overline{CR}=1$，$S_1=S_0=0$，加 CP 脉冲，观察寄存器输出状态，并记录到实验表 8-4 中。

实验表 8-4

清除	模式		时钟	串行		输入	输出	功能总结
$\overline{CR}$	S_1	S_0	CP	SL	SR	$D_3D_2D_1D_0$	$Q_3Q_2Q_1Q_0$	
0	×	×	×	×	×	××××		
1	1	1	↑	×	×	$d\ c\ b\ a$		
1	0	1	↑	×	0	××××		
1	0	1	↑	×	1	××××		
1	0	1	↑	×	0	××××		
1	0	1	↑	×	0	××××		
1	1	0	↑	1	×	××××		
1	1	0	↑	1	×	××××		
1	1	0	↑	1	×	××××		
1	1	0	↑	1	×	××××		
1	0	0	↑	×	×	××××		

2. 环形计数器。

自拟实验电路用并行送数法预置寄存器为某二进制数码（如 0100），然后进行右移循环，观察寄存器输出端状态的变化，并记录入实验表 8-5 中。

实验表 8-5

CP	Q_3	Q_2	Q_1	Q_0
0	0	1	0	0
1				
2				
3				
4				

6. 实现数据的串、并行转换。

(1) 串行输入、并行输出，进行右移串入、并出实验，串入数码自定。再改接线路用左移实现并行输出，自拟表格并记录。

(2) 并行输入、串行输出，进行右移并入、串出实验，并入数码自定。再改接线路用左移方式实现串行输出，自拟表格并记录。

五、实验预习要求

1. 复习有关寄存器及串行、并行转换器的有关内容。
2. 查阅 CC40194、CC4011 及 CC4068 逻辑电路。熟悉其逻辑功能及引脚排列。
3. 思考：在对 CC40194 进行送数后，若要使输出端改成另外的数码，是否一定要使寄存器清零？
4. 思考：使寄存器清零，除采用 CR 输入低电平外，可否采用右移或左移的方法？可否使用并行送数法？若可行，如何进行操作？
5. 思考：若进行循环左移，接线应如何改接？
6. 画出用两片 CC40194 构成的七位左移串行/并行转换器线路。
7. 画出用两片 CC40194 构成的七位左移并行/串行转换器线路。

六、实验报告要求

1. 分析实验结果，总结移位寄存器 CC40194 的逻辑功能并写入实验表 8-5 功能总结栏中。
2. 根据环形计数器实验内容的结果，画出 4 位环形计数器的状态转换图及波形图。
3. 分析串/并、并/串转换器所得结果的正确性。

实验九　计数器的设计

一、实验目的

1. 掌握用集成触发器构成计数器的方法。
2. 掌握中规模集成计数器的使用方法及功能测试方法。
3. 能够运用集成计数器构成 $1/N$ 分频器。

二、实验原理

计数器是一个用以实现计数功能的时序部件，它不仅可用来计脉冲数，还常用作数字系统的定时、分频和执行数字运算以及其他特定的逻辑功能。

计数器种类很多。按构成计数器中的各触发器是否使用一个时钟脉冲源来分，有同步计数器和异步计数器。根据计数器的不同，分为二进制计数器，十进制计数器和任意进制计数器。根据计数的增减趋势，又分为加法、减法和可逆计数器。还有可预置数和可编程序功能计数器等。目前，无论是 TTL 还是 CMOS 集成电路，都有品种较齐全的中规模集成计数电路。使用者只要借助于器件手册提供的功能表和工作波形图以及引出端的排列，就能正确地运用这些器件。

1. 用 D 触发器构成异步二进制加/减计数器。

实验图 9-1 是用四只 D 触发器构成的四位二进制异步加法计数器，它的连接特点是将每只 D 触发器接成 T′ 触发器，再由低位触发器的 $\overline{Q}$ 端和高一位的 CP 端相连接。

实验图 9-1

若将实验图 9-1 稍加改动，即将低位触发器的 Q 端与高一位的 CP 端相连接，即构成了一个四位二进制减法计数器。

2. 中规模十进制计数器。

74LS192 是同步十进制可逆计数器，具有双时钟输入，并具有清除和置数等功能，其引脚排列及逻辑符号如实验图 9-2 所示。

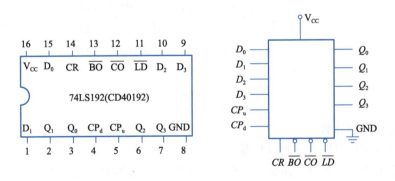

实验图 9-2

图中：$\overline{LD}$——置数端；CP_u——加计数端；CP_d——减计数端；
$\overline{CO}$——非同步进位输出端；$\overline{BO}$——非同步借位输出端；
D_0、D_1、D_2、D_3——计数器输入端；
Q_0、Q_1、Q_2、Q_3——数据输出端；CR——清除端。

实验表 9-1

CR	$\overline{LD}$	CP_u	CP_d	D_3	D_2	D_1	D_0	Q_3	Q_2	Q_1	Q_0
1	×	×	×	×	×	×	×	0	0	0	0
0	0	×	×	d	c	b	a	d	c	b	a
0	1	↑	1	×	×	×	×	加计数			
0	1	1	↑	×	×	×	×	减计数			

74LS192（CD40192，二者可互换使用）的功能见实验表 9-1，说明如下：

当清零端 CR 为高电平"1"时，计数器直接清零；当 CR 置低电平则执行其他功能。

当 CR 为低电平，置数端 $\overline{LD}$ 为低电平时，数据直接从置数端 D_0、D_1、D_2、D_3 置入计数器。

当 CR 为低电平，$\overline{LD}$ 为高电平时，执行计数功能。执行加计数时，减计数端 CP_d 接高电平，计数脉冲由 CP_u 输入；在计数脉冲上升沿进行 8421 码的十进制加法计数。执行减计数时，加计数端 CP_u 接高电平，计数脉冲由减计数端 CP_d 输入。

3. 计数器的级联使用。

一个十进制计数器只能表示 0~9 共十个数，为了扩大计数器范围，常用多个十进制加法计数器级联使用。

同步计数器往往设有进位（或借位）输出端，故可选用其进位（或借位）输出信号驱动下一级计数器。

实验图 9-3 是由低位 160 计数器利用进位输出与高位 160 连接构成的加法计数级联图。

实验图 9-3

4. 实现任意进制计数。

（1）用复位法获得任意进制计数器。

假定已有 N 进制计数器，而需要得到一个 M 进制计数器时，只要 $M<N$，用复位法使计数器计数到 M 时置"0"，即获得 M 进制计数器。

（2）利用预置功能获得 M 进制计数器。

实验图 9-4 是一个特殊十二进制的计数器电路方案。在数字钟里，对时位的计数序列是 1,2,…,11,12,1,…是十二进制的，且无 0 数。当计数到 13 时，通过与非门产生一个复位信号，使 74LS192(2)（时十位）直接置成 0000，而 74LS192(1)（时个位）直接置成 0001，从而实现了 1~12 计数。

实验图 9-4

三、实验设备与备件（见实验表 9-2）

实验表 9-2

序号	元器件名称	数量	序号	元器件名称	数量
1	+5 V 直流电源	1	8	74LS74（CD4013）	2
2	双踪示波器	1	9	74LS192（CD40192）	3
3	连续脉冲源	1	10	CD40160	2
4	单次脉冲源	1	11	CD4510	2
5	逻辑电平开关	1	12	74LS00（CD4011）	1
6	0-1 指示器	1	13	74LS20（CD4012）	1
7	译码显示器	1			

四、实验内容

1. 用 74LS74 或 CD4013 D 触发器构成 4 位二进制异步加法计数器。

（1）按实验图 9-1 连接，$\overline{R_d}$ 接至逻辑开关输出插口，将低位 CP_0 端接单次脉冲源，输出端 Q_3、Q_2、Q_1、Q_0 接逻辑电平显示输入插口，各 $\overline{S_d}$ 接高电平 +5 V。

（2）清零后，逐个送入单次脉冲，观察并列表记录 $Q_3 \sim Q_0$ 状态。

（3）将单次脉冲改为 1 Hz 的连续脉冲，观察 $Q_3 \sim Q_0$ 的状态。

（4）将 1 Hz 的连续脉冲改为 1 kHz，用双踪示波器观察 CP、Q_3、Q_2、Q_1、Q_0 端波形，并描绘。

（5）将实验图 9-1 电路中的低位触发器的 Q 端与高一位的 CP 端相连接，构成减法计数器，按实验内容（2）、（3）、（4）进行实验，观察并列表记录 $Q_3 \sim Q_0$ 的状态。

2. 测试 74LS192 或 CC40192 同步十进制可逆计数器的逻辑功能。

计数脉冲由单次脉冲源提供，清零端 $\overline{LD}$、数据输入端 D_3、D_2、D_1、D_0 分别接逻辑开关，输出端 Q_3、Q_2、Q_1、Q_0 接实验设备的一个译码显示输入的相应插口 A、B、C、D；CO 和 BO 逻辑电平显示插口。按实验表 9-1 逐项测试并判断该集成块的功能是否正常。

（1）清除。

令 $CR = 1$，其他输入为任意态，这时 $Q_3Q_2Q_1Q_0 = 0000$，译码数字显示为 0。清除功能完成后，置 $CR = 0$。

（2）置数。

$CR = 0$，CP_u、CP_d 任意，数据输入端输入任意一组二进制数，令 $\overline{LD} = 1$，观察计数译码显示输出，予置功能是否完成，此后置 $LD=1$。

(3) 加计数。

$CR=0$，$\overline{LD}=CP_d=1$，CP_u 接单次脉冲源。清零后送入10个单次脉冲，观察输出状态变化是否发生在 CP_u 的上升沿。

(4) 减计数。

$CR=0$，$\overline{LD}=CP_u=1$，CP_d 接单次脉冲源。参照（3）进行实验。

3. 用两片74LS192组成两位十进制加法计数器，输入 1 Hz 连续计数脉冲，进行由 00～99 累加计数，并记录。

4. 将两位十进制加法计数器改为两位十进制减法计数器，实现由 99～00 递减计数，并记录。

五、实验预习要求

1. 复习有关计数器部分内容。
2. 绘出各实验内容的详细线路图。
3. 拟出各实验内容所需的测试记录表格。
4. 查手册，给出并熟悉实验所用各集成块的引脚排列图。

六、实验报告要求

1. 画出实验线路图，记录、整理实验现象及实验所得的有关波形。对实验结果进行分析。
2. 总结使用集成计数器的体会。

实验十　综合实验——设计24时制数字电子钟

一、实验目的

1. 学习数字电路中基本数字逻辑电路、时钟发生器及计数、译码显示等单元电路的综合应用。
2. 学习数字逻辑电路的综合应用设计及调试方法。

二、设计要求

1. 显示格式为"时-分-秒"共6位 LED 数码管。
2. "时""分"各位数值可独立设置。
3. 器件：使用基本的数字逻辑门电路、组合逻辑电路、时序逻辑电路及 LED 数码管，具体型号及逻辑功能不限。
4. 实验室可提供 10 Hz 标准方波信号源，设计时可将此信号源处理后作为时钟源（也可自行设计时钟源）。

三、部分器件参考

1. 计数器：74160、74162、7490、74190、74191、74192、74290、74293、4510。
2. 译码器：7447、7448、4511。
3. 其他：7400、7420、4009、7404、数码管、电阻、电容等。

四、实验报告要求

以设计论文的形式提交。

习题参考答案

第1章

1. 电子计算机采用二进制 0 和 1 两个数码进行运算，主要基于以下原因：

电子元器件的两态特性：计算机内部电路具有两种稳定状态，即开与关，这两种状态正好可以用二进制的 0 和 1 表示。

采用二进制进行运算有以下好处：

技术上容易实现：二进制数在物理上最容易实现，例如，可以用高、低两个电平表示"1"和"0"，简化了计算机内部电路的设计。

运算规则简单：二进制数的编码、计数、加减运算规则相对简单，有利于提高计算机的运算速度。

可靠性高：二进制只有两个状态，计算机在处理数据时更容易判断和控制，减少了错误和故障的可能性。

与逻辑量相吻合：二进制数 0 和 1 正好与逻辑命题的两个值"是"和"否"或"真"和"假"相对应，为计算机实现逻辑运算提供了便利条件。

2. （1） $F = AB + \overline{AB}$

输 入		输 出
A	*B*	*F*
0	0	0
0	1	1
1	0	1
1	1	0

（2） $F = \overline{A}B + A\overline{B}$

输 入		输 出
A	*B*	*F*
0	0	0
0	1	1
1	0	1
1	1	0

（3） $F = ABC + A\overline{BC}$

输 入			输 出
A	*B*	*C*	*F*
0	0	0	0
0	0	1	0
0	1	0	0
0	1	1	0

续表

输入			输出
A	B	C	F
1	0	0	1
1	0	1	0
1	1	0	0
1	1	1	1

(4) $F = \overline{A}B\overline{C} + A\overline{B}C$

输入			输出
A	B	C	F
0	0	0	0
0	0	1	0
0	1	0	1
0	1	1	0
1	0	0	0
1	0	1	1
1	1	0	0
1	1	1	0

3.

(1) $F = 1 + A + B$ 1

(2) $F = 0 \cdot A \cdot B$ 0

(3) $F = A + \overline{A}$ 1

(4) $F = A \cdot \overline{A}$ 0

4. (1)

(2)

(3)

(4)

5. (1)

(2)

(3)

(4)

(5)

第 2 章

1. 略。
2. (1) $Y = A + B$ (2) $Y = 1$ (3) $Y = 1$ (4) $Y = AD$ (5) $Y = 0$
   (6) $Y = ABCD\overline{E}$ (7) $Y = A + CD$ (8) $Y = A$
   (9) $Y = B\overline{C} + A \oplus D$ (10) $Y = AC + AD + A\overline{E}F + BD\overline{E} + \overline{B}DE$
3. (1) $\overline{Y} = \overline{A}C + \overline{B}C$ (2) $\overline{Y} = \overline{A} + C + \overline{D}$ (3) $\overline{Y} = \overline{B} + \overline{C}$
   (4) $\overline{Y} = \overline{A} + B + \overline{C}$ (5) $Y = \overline{A}\overline{B}CD$ (6) $Y = 0$
4. (1) $\overline{B} + A + \overline{C} + D$ (2) $\overline{A}C\overline{D} + \overline{C}D$ (3) $AB + \overline{D} + \overline{A}C + B\overline{C}$
   (4) $\overline{B}D + B\overline{C}$ (5) $B\overline{C} + \overline{C}D + \overline{B}D\overline{E}$
5. 略。
6. 略。

7. （1）$CD + \overline{A}BC + A\overline{B}D$ （2）$ACD + \overline{B}CD$ （3）$\overline{CD} + AD + \overline{A}C + \overline{B}C$
（4）$\overline{B} + C + D$

第3章

1. 解：$F = \overline{\overline{\overline{AB} + A\overline{B}}} = \overline{AB} + A\overline{B} = A \oplus B$
该电路实现异或门的功能。

2. 解：$F = [(A \oplus B) \oplus B] \oplus B = A \oplus B$

3. 解：

$F = \overline{\overline{A \cdot \overline{AB}} \cdot \overline{B \cdot \overline{AB}}} = \overline{A \cdot \overline{AB}} \cdot \overline{B \cdot \overline{AB}} = A\overline{B} \cdot \overline{A}B = \overline{A \oplus B}$

4. 解：

（1）$L = \overline{\overline{CD} \cdot \overline{BC} \cdot \overline{ABD}} = CD + BC + ABD$

（2）

A B C D	L	A B C D	L
0 0 0 0	0	1 0 0 0	0
0 0 0 1	0	1 0 0 1	0
0 0 1 0	0	1 0 1 0	0
0 0 1 1	1	1 0 1 1	1
0 1 0 0	0	1 1 0 0	0
0 1 0 1	0	1 1 0 1	1
0 1 1 0	1	1 1 1 0	1
0 1 1 1	1	1 1 1 1	1

根据真值表可知，四个人当中 C 的权利最大。

5. 解：（1）根据波形图得到真值表：

A B C	F
0 0 0	1
0 0 1	0
0 1 0	0
0 1 1	1
1 0 0	0
1 0 1	0
1 1 0	1
1 1 1	0

（2）由真值表得到逻辑表达式为

$$F = \overline{AB}\overline{C} + \overline{A}BC + AB\overline{C}$$

6. 解：(1) 将逻辑函数化成最简与或式并转换成最简与非式。

$$F = B\overline{C}D + A\overline{D} + \overline{B}C\overline{D} + AB\overline{C} = \overline{\overline{B\overline{C}D} + \overline{A\overline{D}} + \overline{\overline{B}C\overline{D}} + \overline{AB\overline{C}}}$$
$$= \overline{\overline{B\overline{C}D} \cdot \overline{A\overline{D}} \cdot \overline{\overline{B}C\overline{D}} \cdot \overline{AB\overline{C}}}$$

根据最简与非式可画出用与非门实现的最简逻辑电路。路略。

(2) 由上述卡诺图还可得到最简或与表达式：

$$F = (\overline{C} + D)(A + B + C)(A + \overline{B} + \overline{C})(\overline{B} + \overline{D})$$
$$= \overline{\overline{\overline{C} + D} + \overline{A + B + C} + \overline{A + \overline{B} + \overline{C}} + \overline{\overline{B} + \overline{D}}}$$

即可用或非门实现。

(3) 由上步可继续做变换：

$$F = \overline{CD + \overline{A}\,\overline{B}\,\overline{C} + \overline{A}BC + B\overline{D}}$$

根据最简与或非式可画出用与或非门实现的最简逻辑电路。图略。

7. 解：(1) 根据题意，设输入逻辑变量为 A、B、C，输出逻辑变量为 F，列出真值表为

$A\ B\ C$	F
0　0　0	0
0　0　1	1
0　1　0	1
0　1　1	0
1　0　0	1
1　0　1	0
1　1　0	0
1　1　1	1

(2) 由真值表得到逻辑函数表达式为

$$F = \overline{A}\,\overline{B}C + \overline{A}B\overline{C} + A\overline{B}\,\overline{C} + ABC = A \oplus B \oplus C$$

(3) 画出逻辑电路图

8 解：(1) 根据题意列出真值表为：

$D_3\ D_2\ D_1\ D_0$	L	$D_3\ D_2\ D_1\ D_0$	L
0　0　0　0	1	1　0　0　0	1
0　0　0　1	1	1　0　0　1	1

续表

$D_3\ D_2\ D_1\ D_0$	L	$D_3\ D_2\ D_1\ D_0$	L
0 0 1 0	1	1 0 1 0	×
0 0 1 1	1	1 0 1 1	×
0 1 0 0	1	1 1 0 0	×
0 1 0 1	0	1 1 0 1	×
0 1 1 0	0	1 1 1 0	×
0 1 1 1	0	1 1 1 1	×

（2）由真值表可得到输出逻辑函数表达式为

$$L(D_3D_2D_1D_0) = \sum m(0,1,2,3,4,8,9) + \sum m(10,11,12,13,14,15)$$

（3）将输出逻辑函数表达式化简并转换为与非式为

$$L(D_3D_2D_1D_0) = \overline{D_2} + \overline{D_1}\,\overline{D_0} = \overline{D_2 \cdot \overline{\overline{D_1}\,\overline{D_0}}}$$

（4）画出逻辑电路图。

9. 解：（1）根据题意，列出真值表。

$C_1\ C_0\ A\ B$	F	$C_1\ C_0\ A\ B$	F
0 0 0 0	0	1 0 0 0	0
0 0 0 1	0	1 0 0 1	0
0 0 1 0	1	1 0 1 0	0
0 0 1 1	1	1 0 1 1	1
0 1 0 0	0	1 1 0 0	0
0 1 0 1	1	1 1 0 1	1
0 1 1 0	1	1 1 1 0	1
0 1 1 1	0	1 1 1 1	1

（2）由真值表列出逻辑函数表达式为

$$F(C_1,C_0,A,B) = \sum m(2,3,5,6,11,13,14,15) = \overline{C_1}\,\overline{C_0}A + C_0\overline{A}B + C_1AB + C_0A\overline{B}$$

（3）根据逻辑函数表达式画出逻辑电路图。

10. 解：（1）根据题意，列出真值表

A B C	R Y G
0 0 0	1 1 0
0 0 1	0 1 0
0 1 0	0 1 0
0 1 1	1 0 0
1 0 0	0 1 0
1 0 1	1 0 0
1 1 0	1 0 0
1 1 1	0 0 1

由题意可知，令输入为 A、B、C 表示三台设备的工作情况，"1" 表示正常，"0" 表示不正常，令输出为 R、Y、G 表示红、黄、绿三个批示灯的状态，"1" 表示亮，"0" 表示灭。

（2）由真值表列出逻辑函数表达式为：

$$R(A,B,C) = \sum m(0,3,5,6)$$
$$Y(A,B,C) = \sum m(0,1,2,4)$$
$$G(A,B,C) = m_7$$

（3）根据逻辑函数表达式，选用译码器和与非门实现，画出逻辑电路图。

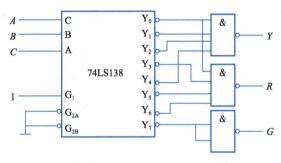

11. 解：（1）74LS148 在输入 $6=0$，$3=0$，其余为 1 时，输出所有端均为 1。
（2）74LS148 在输入 $EI=0$，$6=0$，其余为 1 时，输出 $A_2 A_1 A_0 = 001$，$CS=0$，$EO=1$。
（3）74LS148 在输入 $EI=0$，$6=0$，$7=0$，其余为 1 时，输出 $A_2 A_1 A_0 = 000$，$CS=0$，$EO=1$。
（4）74LS148 在输入 $EI=0$，$0 \sim 7$ 全为 0 时，输出 $A_2 A_1 A_0 = 000$，$CS=0$，$EO=1$。
（5）74LS148 在输入 $EI=0$，$0 \sim 7$ 全为 1 时，输出 $A_2 A_1 A_0 = 111$，$CS=1$，$EO=0$。

12. 解：

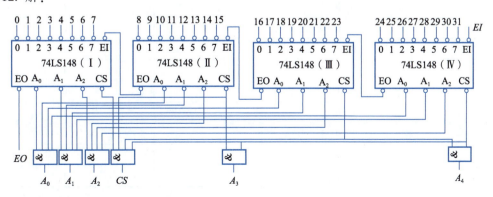

13. 解：(1) $F_1(A,B,C,D) = \sum m(0,4,7,9,13,14)$

$F_2(A,B,C,D) = \sum m(5,7,8,9,13,15)$

当 $ABCD = 0111$ 或 $ABCD = 1001$ 或 $ABCD = 1101$ 时，$F_1 = F_2 = 1$。

(2) 由题意得到真值表如下：

A_1 A_0 B_1 B_0	F_1 F_2	A_1 A_0 B_1 B_0	F_1 F_2
0 0 0 0	0 0	1 0 0 0	1 0
0 0 0 1	0 1	1 0 0 1	1 0
0 0 1 0	0 1	1 0 1 0	0 0
0 0 1 1	0 1	1 0 1 1	0 1
0 1 0 0	1 0	1 1 0 0	1 0
0 1 0 1	0 0	1 1 0 1	1 0
0 1 1 0	0 1	1 1 1 0	1 0
0 1 1 1	0 1	1 1 1 1	0 0

$F_1(A,B,C,D) = \sum m(4,8,9,12,13,14)$

$F_2(A,B,C,D) = \sum m(1,2,3,6,7,11)$

画出逻辑电路图为：

14. 解：(1) 由题可得逻辑函数表达式为

$F(A,B,C) = \sum m(1,2,4,7)$

(2) 列出真值表如下：

A B C	F
0 0 0	0
0 0 1	1
0 1 0	1
0 1 1	0
1 0 0	1
1 0 1	0
1 1 0	0
1 1 1	1

电路的逻辑功能为：奇偶判别电路。

15. 解：(1)

(2) $F_2(A,B,C) = A \odot B \odot C = (\overline{A \oplus B})C + (A \oplus B)\overline{C} = \overline{A}\,\overline{B}C + ABC + A\overline{B}\,\overline{C} + \overline{A}B\overline{C}$
$= \sum m(1,2,4,7)$

16. 解：用3线-8线译码器74LS138设计一个能对32个地址进行译码的译码器，如下图所示。

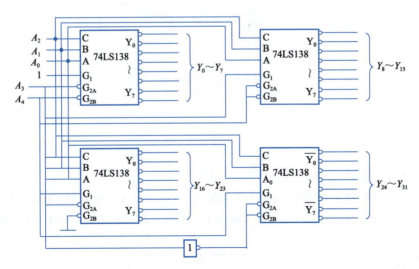

17. 解：图3-17 (a) 电路中，数据从 G_1 端输入，分配器的输出端得到的是 G_1 信号的非。
图3-17 (b) 电路中，G_{2A} 端加脉冲，芯片的输出端应得到的是 G_{2A} 的分配信号。

18. 解：(1) 由图可知输出 F 的逻辑函数表达式为

$F(A,B,C,D) = \sum m(1,3,4,6,8,11,12,15)$
$= \overline{A}\overline{B}D + A\overline{B}\,\overline{D} + \overline{A}C\overline{D} + ACD$

(2) $F(A,B,C,D) = \overline{A}BD + A\overline{B}\overline{D} + \overline{A}\overline{C}D + ACD$
$= \overline{\overline{\overline{A}BD} \cdot \overline{A\overline{B}\overline{D}} \cdot \overline{\overline{A}\overline{C}D} \cdot \overline{ACD}}$

电路略。

(3) 当 $D=1$ 时，$F = \overline{A}B + AC = \sum m(0,1,5,7) = F_1(A,B,C)$

当 $D=0$ 时，$F = \overline{A}B + A\overline{C} = \sum m(2,3,4,6) = F_2(A,B,C)$

用两片译码器和与非门实现，电路如下图所示。

19. 解：(1)

(2) $F_2(A,B,C,D) = \sum m(1,5,6,7,9,11,12,13,14)$
$= \overline{A}\overline{B}\overline{C}D + \overline{A}B\overline{C}D + \overline{A}BC\overline{D} + \overline{A}BCD + A\overline{B}\overline{C}D + A\overline{B}CD + AB\overline{C}\overline{D} + AB\overline{C}D + ABC\overline{D}$
$= \overline{A}\overline{B}\overline{C} \cdot D + \overline{A}B\overline{C} \cdot D + \overline{A}BC \cdot 1 + A\overline{B}\overline{C} \cdot D + A\overline{B}CD + AB\overline{C} \cdot 1 + ABC \cdot \overline{D}$

(3) $F_3(A,B,C,D) = \sum m(0,2,3,5,6,7,8,9) + \sum d(10,11,12,13,14,15)$
$= \overline{A}\overline{B}\overline{C} \cdot 1 + \overline{A}B\overline{C} \cdot 1 + \overline{A}BC \cdot 1 + A\overline{B}\overline{C}D + \overline{A}\overline{B}CD$

20. 解：将74LS85接成一个五位二进制数比较器，如下图所示，输入两个五位二进制数分别为 $X_4X_3X_2X_1X_0$ 和 $Y_4Y_3Y_2Y_1Y_0$。

第4章

1. 2　8　　　　　　　　　　　　2. 0　0
3. $Q=1$　$Q'=0$　　$Q=0$　$Q'=1$　　4. $RS=0$
5. 空翻　主从　边沿　　　　　　　6. N
7. 2　　　　　　　　　　　　　　8. 8
9. 1　Q'　　　　　　　　　　　10. 0　Q'
11. Q　　　　　　　　　　　　　12. Q'

13. 解：
$Q_{n+1} = D = T \oplus Q_n$　故 $D = T \oplus Q_n$
如下图所示。

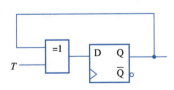

14. 解：
（1）T触发器构成D触发器：
$$Q_{n+1} = D = T \oplus Q_n$$
$\therefore T = D \oplus Q_n$
如下图所示。

(2) T 触发器构成 JK 触发器：

$$Q_{n+1} = T\overline{Q_n} + \overline{T}Q_n = J\overline{Q_n} + \overline{K}Q_n = T \oplus Q_n$$

$$\therefore T = (J\overline{Q_n} + \overline{K}Q_n) \oplus Q_n = J\overline{Q_n} + KQ_n$$

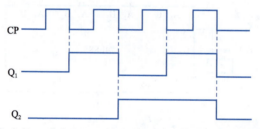

15. 解：

JK 触发器构成了 T′触发器，逻辑电路为异步加法计数，Q_1 和 Q_2 端的输出波形如下图所示。

Q_1 输出波形为 CP 脉冲的二分频，Q_2 输出波形为 CP 脉冲的四分频。

如果 CP 脉冲频率为 4 000 Hz，则 Q_1 波形的频率是 2 000 Hz，Q_2 波形的频率是 1 000 Hz。

第 5 章

1. 写方程并计算

$Q_0^{n+1} = D_0 = Q_2^n$

$Q_1^{n+1} = D_1 = Q_0^n$

$Q_2^{n+1} = D_2 = Q_1^n$

$Q_2^n Q_1^n Q_0^n = Q_2^{n+1} Q_1^{n+1} Q_0^{n+1}$

000 ↻   001 → 100   011 → 101   111 ↻
          ↖ 010 ↙   ↖ 110 ↙

2.
(1) 写方程

$D_0 = \overline{Q_0^n Q_1^n Q_2^n}$

$D_1 = Q_0^n$

$D_2 = Q_1^n$

(2) 求状态方程：

$Q^{n+1} = D$

$Q_0^{n+1} = D_0$

$Q_1^{n+1} = D_1$

$Q_2^{n+1} = D_2$

（3）画状态图和时序图

$Q_2^n Q_1^n Q_0^n - Q_2^{n+1} Q_1^{n+1} Q_0^{n+1}$

3. 写出方程：驱动方程，状态方程。

$J_0 = K_0 = 1$

$J_1 = K_1 = \overline{Q_0^n}$

$J_2 = K_2 = \overline{Q_0^n} \, \overline{Q_1^n}$

$Q^{n+1} = J\overline{Q^n} + \overline{K}Q^n$

$Q_2^n Q_1^n Q_0^n - Q_2^{n+1} Q_1^{n+1} Q_0^{n+1}$

000 → 001 → 010 → 011
↑   ↓
111 ← 110 ← 101 ← 100

4. 写出输出方程：

$B = \overline{Q_0^n Q_1^n}$

$C = \overline{Q_1^n Q_0^n}$

5. 写出方程：驱动方程，状态方程。

$J_0 = \overline{Q_2^n Q_1^n}$　　$J_1 = Q_0^n$　　$J_2 = Q_0^n Q_1^n$

$K_0 = 1$　　　$K_1 = \overline{Q_0^n Q_2^n}$　　$K_2 = Q_1^n$

$Q^{n+1} = J\overline{Q^n} + \overline{K}Q^n$

$Q_0^{n+1} = J_0 \overline{Q_0^n} + \overline{K_0}Q_0^n = \overline{Q_2^n Q_1^n} + \overline{Q_0^n} \, \overline{Q_0^n}$

$Q_1^{n+1} = J_1 \overline{Q_1^n} + \overline{K_1}Q_1^n = \overline{Q_1^n}Q_0^n + \overline{Q_2^n Q_1^n} \, \overline{Q_0^n}$

$Q_2^{n+1} = J_2 \overline{Q_2^n} + \overline{K_2}Q_2^n = \overline{Q_2^n}Q_1^n Q_0^n + Q_2^n \overline{Q_1^n}$

$Q_2^n Q_1^n Q_0^n - Q_2^{n+1} Q_1^{n+1} Q_0^{n+1}$

111 → 000 → 001 → 010 → 011 → 100 → 101 → 110

6.

（1）写方程：

$J_0 = \overline{\overline{Q_2^n Q_1^n} \, \overline{Q_2^n Q_1^n}} = \overline{Q_2^n Q_1^n} + \overline{Q_2^n Q_1^n} = \overline{Q_2^n \oplus Q_1^n}$　　$J_1 = \overline{Q_2^n}Q_0^n$　　$J_2 = Q_1^n \overline{Q_0^n}$

$K_0 = Q_2^n \oplus Q_1^n$　　　　　　　　　　　　　　　　$K_1 = Q_2^n Q_0^n$　　$K_2 = \overline{Q_1^n}$

（2）$Q_0^{n+1} = J_0 \overline{Q_0^n} + \overline{K_0}Q_0^n = \overline{Q_2^n \oplus Q_1^n}$

$Q_1^{n+1} = J_1 \overline{Q_1^n} + \overline{K_1}Q_1^n = \overline{Q_2^n} \, \overline{Q_1^n}Q_0^n + \overline{Q_2^n Q_0^n}Q_1^n + \overline{Q_1^n Q_0^n}$

$Q_2^{n+1} = J_2 \overline{Q_2^n} + K_2 Q_2^n = Q_1^n \overline{Q_0^n} + \overline{Q_1^n}Q_2^n$

$Q_2^n Q_1^n Q_0^n - Q_2^{n+1} Q_1^{n+1} Q_0^{n+1}$

（3）100 → 000 → 001 → 011 → 010 → 110 → 111 → 101

(4) $N = 7$；可以自启动。

7.

(1) 时钟方程与驱动方程

$J_0 = K_0 = 1$

$J_1 = \overline{Q_2^n}$

$K_1 = 1$

$J_2 = Q_1^n$

$K_2 = 1$

(2) 状态方程

$Q_0^{n+1} = \overline{Q_0^n}$

$Q_1^{n+1} = \overline{Q_2^n} \, \overline{Q_1^n}$

$Q_2^{n+1} = Q_1^n \overline{Q_2^n}$

(3) 状态图

```
111 ← 110
 ↓         ↑
000 → 001 → 010 → 011 → 100 → 101
```

(4) 时序图

8. $Q_2^n Q_1^n Q_0^n Q_2^{n+1} Q_1^{n+1} Q_0^{n+1}$

(1)
```
000 → 001 → 011
 ↑              ↓
111 ← 110 ← 100
```

(2)

$Q_1^n Q_0^n$				
Q_2^n	00	01	11	10
0	0	0	1	x
1	0	x	1	1

Q_2^{n+1}

$Q_1^n Q_0^n$				
Q_2^n	00	01	11	10
0	0	1	1	x
1	0	x	1	0

Q_1^{n+1}

$Q_1^n Q_0^n$				
Q_2^n	00	01	11	10
0	1	1	1	x
1	0	x	0	0

Q_0^{n+1}

(3)
$Q_2^{n+1} = Q_1^n$ $J_2 = Q_1^n$ $K_2 = \overline{Q_1^n}$

$Q_1^{n+1} = Q_0^n$ $J_1 = Q_0^n$ $K_1 = \overline{Q_0^n}$

$Q_0^{n+1} = \overline{Q_2^n}$ $J_0 = \overline{Q_2^n}$ $K_0 = Q_2^n$

（4）

9.

（1） 000 → 001 → 011 → 010 $Q_2^n Q_1^n Q_0^n / Y$
       110 ← 100 ← 101

$Q_2^n \backslash Q_1^n Q_0^n$	00	01	11	10
0	000/0	011/0	010/0	110/0
1	101/0	000/0	xxx/x	100/1

$Q_2^n \backslash Q_1^n Q_0^n$	00	01	11	10
0	0	0	0	1
1	1	0	x	1

Q_2^{n+1}

$Q_2^n \backslash Q_1^n Q_0^n$	00	01	11	10
0	0	1	1	1
1	0	0	x	0

Q_1^{n+1}

$Q_2^n \backslash Q_1^n Q_0^n$	00	01	11	10
0	1	1	0	0
1	1	0	x	0

Q_0^{n+1}

$Q_2^n \backslash Q_1^n Q_0^n$	00	01	11	10
0	0	0	0	0
1	1	0	x	1

y

10．（略）

11．（略）

12.

$Q_3^n Q_2^n Q_1^n Q_0^n \xrightarrow{M/C1C2} Q_3^{n+1} Q_2^{n+1} Q_1^{n+1} Q_0^{n+1}$

```
                              0/01
        ┌─────────────────────────────────────────────┐
        ↓   0/00      0/00      0/00      0/00     0/00      0/00
      0000 ────→ 0001 ────→ 0010 ────→ 0011 ────→ 0100 ────→ 0101
        ↑  1/00       1/00      1/00      1/00      1/00       │ 1/00
        │ 0/01                                                  ↓
      0011 ←──── 1010 ←──── 1001 ←──── 1000 ←──── 0111 ←──── 0110
           1/00       1/00      1/00       1/00      1/00
```

13.

（1）六进制

$Q_3^n Q_2^n Q_1^n Q_0^n \longrightarrow Q_3^{n+1} Q_2^{n+1} Q_1^{n+1} Q_0^{n+1}$

```
0000 ────→ 0001 ────→ 0010
  ↑                    │
  │                    ↓
0011 ←──── 0100 ←──── 0101
```

（2）八进制

$Q_3^n Q_2^n Q_1^n Q_0^n \longrightarrow Q_3^{n+1} Q_2^{n+1} Q_1^{n+1} Q_0^{n+1}$

```
0000 ────→ 0001 ────→ 0010 ────→ 0011
  ↑                                │
  │                                ↓
0111 ←──── 0110 ←──── 0101 ←──── 0100
```

(3) 十进制

14.

(1) 十三进制 74163 同步清零：0000—1100

(2) 十三进制计数器；74161 同步置数法；0000—1100

15.

16.

(1) $S_N = 1010$　$S_{N-1} = 1001$

(2) $SN = 3CH = 00111100B$；$SN - 1 = 00111011$

(3) SN = 64H = 01100100B   SN − 1 = 01100011

(4) SN = 0B4H = 10110100B   sn − 1 = 10110011

17. 用 74LS90
（1）构成 9 进制计数器
SN = 1001

（2）构成 50 进制计数器
SN = 01010000

（3）构成 88 进制计数器
SN = 10001000

（4）构成30进制计数器
SN = 00110000

18. （1）$D = Q_2^n$　　（2）$D = Q_3^n$　　（3）$D = Q_6^n$

第6章

1.
（1）只读存储器　随机存储器　读出数据　修改或重新写入数据　不会丢失　写入数据或读取数据　会丢失

（2）半定制的

（3）集成度高　可靠性好　工作速度快　提高系统的灵活性　缩短设计周期　增加系统的保密性能　降低成本

（4）固定ROM　一次性可编程ROM（PROM）　光可擦除可编程ROM（EPROM）　电可擦除可编程ROM（E²PROM）　快闪存储器

（5）时序

2. 64 GB

3. ROM存储信息或信息擦除时均需使用专用设备，读出信息是随机的，具有非易失性。RAM存储或读出信息均是随机的，具有易失性。

EPROM和E²PROM的擦除方式不同，EPROM采用紫外光照射擦除存储的信息，E²PROM采用电擦除存储的信息。

4. 提示：256MB×16位的SRAM芯片具有28根地址线，16根数据线。采用字扩展方式，选用2线-4译码器74LS139（或3线-8线译码器74LS138）作为地址线的扩展就可以组成最大容量为1024 MB×16位的RAM存储器。

5. 提示：将每2片256 MB×16位的SRAM进行位扩展，并将扩展后的当成一个芯片看待，选用2线-4线译码器74LS139（或3线-8线译码器74LS138）作为地址线的扩展（字扩展）就可以组成最大容量为512 MB×32位的RAM存储器。

第7章

1. $D = \dfrac{U_{om}}{U_{LSB}} = \dfrac{10}{4 \times 10^{-3}} = (2500)_{10}$；$n = 12$

2. $U_{LSB} = \dfrac{U_{om}}{2^{10}} = 4.88 \times 10^{-3} = 4.88$ mV

3. $I_{REF} = \dfrac{U_{REF}}{2R} = \dfrac{10}{2 \times 10}$ mA $= 0.5$ mA

$i_u = \dfrac{I_{REF}}{2^{10}}(2^9 + 2^8 + 2^3 + 2^2) = \dfrac{0.5}{2^{10}} \times 780$ mA $= 0.38$ mA

$u_o = -i_o R = -0.38 \times 10$ V $= -0.38$ V

4. 略

5. 略

6. $l = (n+2)T = (10+2) \times \dfrac{1}{1 \times 10^6} = 12 \times 10^{-6}$ s $= 12$ μs

7. (1) $\Delta = \dfrac{-U_{LSB}}{2^n} = \dfrac{-(-5)}{2^3}$ V $= 0.625$ V

$D = \dfrac{u_i}{\Delta} = \dfrac{4}{0.625} = (6.4)_{10} = 110$

(2) 应取 $U_{REF} = +6$ V

8. $\Delta = \dfrac{-U_{LSB}}{2^n} = \dfrac{-(-5)}{2^8}$ V $= 6$ V

9. $T_{TR} = 2 \times N_i \times T_{cp} = 2 \times 2000 \times \dfrac{1}{10 \times 10^3} = 0.4$ s $= 400$ ms

$D = u_i / \dfrac{-U_{REF}}{N_i}$

$u_i = D \times \dfrac{-U_{REF}}{N_i} = 369 \times \dfrac{\pm 6}{2000} = \pm 10\,107$ V

10. $T_{TR} = 2 \times 2^n T_{CP} = 2 \times 2^8 \times \dfrac{1}{100 \times 10^3} = 5.12 \times 10^{-3}$

$f_{TR} = \dfrac{1}{T_{TR}} = \dfrac{1}{5.12 \times 10^{-3}} = 195$ Hz

11. $|u_i| < |U_{REF}|$

第8章

1. 电阻分压器　电压比较器　基本 SR 触发器
2. 单稳态触发电路　　　　　　3. 控制端外加电压
4. 外接电压　　　　　　　　　5. 0.36 us
6. 不可重复触发　可重复触发　7. C
8. A　　　　　　　　　　　　9. C

10. 解：该电路为溶液高度探测器，当溶液较多，淹没电极将电极短接，则电容 C 被短接，扬声器不发声；溶液位置下降到电极以下时，多谐振荡器开始工作，扬声器发出报警。

11. 解：(1) 该电路为施密特触发电路

(2) 电路的主要参数是正、负向阈值电压和回差电压，$V_{T+} = V_R$，$U_{T-} = V_R/2$，$\Delta U_{T-} = V_R/2$。

(3) 根据施密特触发电路的特性可以得出 $V_i < V_R/2$ 时，电路输出高电平，发光二极管 VD2 亮，当 $V_i > V_R$ 时，电路输出低电平，发光二极管 VD1 亮。当 $V_R/2 < V_i < V_R$ 时，电路输出状态不变。所以电路可检测的高低电平分别为 V_R 和 $V_R/2$。

参 考 文 献

[1] 任骏原,赵丽霞,王学艳.电子技术基础:微课视频版[M].北京:高等教育出版社,2022.
[2] 康华光,张林.电子技术基础:数字部分[M].7版.北京:高等教育出版社,2021.
[3] 白彦霞,赵燕,陈晓芳.数字电路与逻辑设计[M].北京:高等教育出版社,2021.
[4] 白中英,朱正东.数字逻辑[M].北京:科学出版社,2021.
[5] 李景宏.数字逻辑与数字系统学习指导及习题解答[M].北京:电子工业出版社,2024.